国家科学技术学术著作出版基金资助出版

PLATEAU
CONCRETE

高原混凝土

田 波 李立辉 葛 勇 柯国炬 罗 翥 等 著

人民交通出版社股份有限公司
北京

内 容 提 要

本书主要介绍高原环境下混凝土制备、硬化及耐久性机理,包括青藏高原气候特点、高原混凝土常见病害、高原低气压下混凝土引气特征、高原低湿度下混凝土硬化性能、高原复杂环境下混凝土的开裂机制、负温下混凝土硬化与防冻、高原大体积混凝土温控、高原混凝土泵送技术。

本书可提供相关科研人员及在校师生参考阅读。

图书在版编目(CIP)数据

高原混凝土 / 田波等著. — 北京 : 人民交通出版社股份有限公司, 2023.4

ISBN 978-7-114-18371-3

Ⅰ. ①高… Ⅱ. ①田… Ⅲ. ①高原—混凝土—研究 Ⅳ. ①TU528

中国版本图书馆 CIP 数据核字(2022)第 234078 号

审图号:GS(2020)3713 号

Gaoyuan Hunningtu

书　　名: 高原混凝土
著 作 者: 田　波　李立辉　葛　勇　柯国炬　罗　翥　等
责任编辑: 周　宇　潘艳霞
责任校对: 席少楠
责任印制: 张　凯
出版发行: 人民交通出版社股份有限公司
地　　址: (100011)北京市朝阳区安定门外外馆斜街 3 号
网　　址: http://www.ccpcl.com.cn
销售电话: (010)59757973
总 经 销: 人民交通出版社股份有限公司发行部
经　　销: 各地新华书店
印　　刷: 北京市密东印刷有限公司
开　　本: 787 × 1092　1/16
印　　张: 13.75
字　　数: 277 千
版　　次: 2023 年 4 月　第 1 版
印　　次: 2023 年 4 月　第 1 次印刷
书　　号: ISBN 978-7-114-18371-3
定　　价: 120.00 元

交通运输科技丛书

编审委员会

（委员排名不分先后）

总　序

GENERAL ORDER

科技是国家强盛之基，创新是民族进步之魂。中华民族正处在全面建成小康社会的决胜阶段，比以往任何时候都更加需要强大的科技创新力量。党的十八大以来，以习近平同志为总书记的党中央作出了实施创新驱动发展战略的重大部署。党的十八届五中全会提出必须牢固树立并切实贯彻创新、协调、绿色、开放、共享的发展理念，进一步发挥科技创新在全面创新中的引领作用。在最近召开的全国科技创新大会上，习近平总书记指出要在我国发展新的历史起点上，把科技创新摆在更加重要的位置，吹响了建设世界科技强国的号角。大会强调，实现"两个一百年"奋斗目标，实现中华民族伟大复兴的中国梦，必须坚持走中国特色自主创新道路，面向世界科技前沿、面向经济主战场、面向国家重大需求。这是党中央综合分析国内外大势、立足我国发展全局提出的重大战略目标和战略部署，为加快推进我国科技创新指明了战略方向。

科技创新为我国交通运输事业发展提供了不竭的动力。交通运输部党组坚决贯彻落实中央战略部署，将科技创新摆在交通运输现代化建设全局的突出位置，坚持面向需求、面向世界、面向未来，把智慧交通建设作为主战场，深入实施创新驱动发展战略，以科技创新引领交通运输的全面创新。通过全行业广大科研工作者长期不懈的努力，交通运输科技创新取得了重大进展与突出成效，在黄金水道能力提升、跨海集群工程建设、沥青路面新材料、智能化水面溢油处置、饱和潜水成套技术等方面取得了一系列具有国际领先水平的重大成果，培养了一批高素质的科技创新人才，支撑了行业持续快速发展。同时，通过科技示范工程、科技成果推广计划、专项行动计划、科技成果推广目录等，推广应用了千余项科研成果，有力促进了科研向现实生产力转化。组织出版"交通运输建设科技丛书"，是推进科技成果公开、加强科技成果推广应用的一项重要举措。"十二五"期间，该丛书共出版72册，全部列入"十二五"国家重点图书出版规划项目，其中12册获得国家出版基金支持，6册获中华优秀出版物奖图书提名奖，行业影响力和社会知名度不断扩大，逐渐成为交通运输高端学术交流和科技成果公开的重要平台。

“十三五”时期，交通运输改革发展任务更加艰巨繁重，政策制定、基础设施建设、运输管理等领域更加迫切需要科技创新提供有力支撑。为适应形势变化的需要，在以往工作的基础上，我们将组织出版“交通运输科技丛书”，其覆盖内容由建设技术扩展到交通运输科学技术各领域，汇集交通运输行业高水平的学术专著，及时集中展示交通运输重大科技成果，将对提升交通运输决策管理水平、促进高层次学术交流、技术传播和专业人才培养发挥积极作用。

当前，全党全国各族人民正在为全面建成小康社会、实现中华民族伟大复兴的中国梦而团结奋斗。交通运输肩负着经济社会发展先行官的政治使命和重大任务，并力争在第二个百年目标实现之前建成世界交通强国，我们迫切需要以科技创新推动转型升级。创新的事业呼唤创新的人才。希望广大科技工作者牢牢抓住科技创新的重要历史机遇，紧密结合交通运输发展的中心任务，锐意进取、锐意创新，以科技创新的丰硕成果为建设综合交通、智慧交通、绿色交通、平安交通贡献新的更大的力量！

杨传堂

2016年6月24日

前　言
Foreword

1999 年 11 月，中央经济工作会议提出对西部进行大开发的战略决策。加快基础设施建设是开发重点，其中西藏自治区交通运输以公路建设为重点，不断延伸的干线公路，构筑起青藏高原交通主框架，支撑起高原地区发展与腾飞的基本脉络。

混凝土工程在青藏高原各种建筑物工程中占有相当大的比例。混凝土作为与路桥工程紧密相关的建筑材料，其大量应用于桥涵隧道、路面结构、路基边坡等各个方面，从一般公路建设中附属设施的路基防护结构、地上地下排水设施，到最广泛采用的就地浇筑的混凝土路面、桥面铺装、桥梁墩柱等。保障高原地区混凝土结构物的长期耐久性能是一个巨大的挑战。青藏高原作为世界第三极，独特的喜马拉雅山作用形成了世界独有的高海拔、低气压、低湿度、大温差、强辐射等环境特点，对交通基础设施混凝土结构物的耐久性能和服役性能产生了深远影响，造成现有公路、铁路混凝土构造物开裂严重、耐久性不足。因此，研究具有高耐久性、高工作性和高强度的高原混凝土，以应对青藏高原的严酷环境，完善高原地区道路建设施工技术和养护技术，为高原地区混凝土工程提供理论指导和技术支撑，是青藏高原道路工程技术创新的迫切需求，具有显著的社会效益和经济效益。

针对高原混凝土构造物存在的问题，在田波和葛勇的建议下，研究团队对青藏高原全境混凝土进行了全面深入的研究，结合我国青藏高原典型环境下公路混凝土性能，系统研究了基于气象资料的西藏自治区水泥混凝土气候分区；根据青藏高原混凝土破坏典型特征，较为完备地给出了青藏高原地区各类集料的分布信息要点；以低气压混凝土为高原环境下混凝土“气-液”界面引气特征的研究对象，进一步分析了在高原环境下混凝土在受力过程中的破坏原因，总结了高原环境下的混凝土在不同因素下的耐久性规律；分析了典型高原剧变天气下混凝土内部的受力状态，为对混凝土后期开裂机制的探索提供帮助；同时融入了契合高原气候特征的混凝土防冻技术，对高原环境下的大体积混凝土温控技术、大流态混凝土的泵送技术等进行了研究。上述研究取得的成果在国际上也属于首创,填补了在高原混凝土方面的技术空缺,完善了相关技术标准,促进了混凝土技术向海拔更高、耐久更好和服役环境更复杂的方向发展,为青藏高原既有混凝土构造物耐久与安全提升提供理论支撑,为中低纬度高原混凝土设施建设提供参考,为川藏铁路和青藏高速公路建设积累科学数据,意义显著。

全书共分为8章,第1章概述了高原环境与高原混凝土特征,第2章分析了大气压强对引气剂气泡发育和引气特征的影响,第3章讨论了低气压和低湿度条件下混凝土的硬化性能,第4章介绍了硬化阶段混凝土的负温防冻,第5章阐述了典型高原气候条件下混凝土构件的开裂机制,第6章介绍了大温差缺掺合料地区大体积混凝土的温度控制,第7章介绍了高原混凝土的泵送性能,第8章讨论了大温差和低湿度条件下道面混凝土的硬化性能。

本书第1章由田波和罗翥完成,第2章由李立辉、田波、傅子千和葛勇完成,第3章由葛勇和葛昕完成,第4章由田波、杨文萃和孙晓彬完成,第5章由葛昕、陈歆、葛勇和田波完成,第6章由田波、胡双达和李立辉完成,第7章由李立辉、田波和陈喜旺完成,第8章由田波、柯国炬、韩聪聪和罗翥完成。全书由田波审定。

本书研究成果是在交通建设科技项目“川藏公路南线(西藏境)整治改建工程关键技术研究”“西藏地区高耐久性混凝土技术研究”“低湿度大温差区域桥隧混凝土品质提升关键技术研究”、国家自然科学基金“青藏高原复杂环境混凝土缺陷微结构形成与损伤演变机制”以及国家国际科技合作项目“寒区大温差交通基础设施混凝土抗裂性与安全性研究”等项目的资助下取得;在本书的编写过程中,许多相关单位和从事寒区、高原混凝土材料领域的专家提供了不少宝贵经验和资料,并对书中的内容进行了认真的评阅和校正,在此向他们表示衷心的感谢,同时还要感谢张晓松女士为本书封面提供图片。

由于高原独特气候条件,高原混凝土的拌和、制作、养护、硬化、损伤等均有别于平原地区,作者通过近10年时间获得一些不同于平原地区的成果,这些成果尚处在管中窥豹阶段,相信今后通过不断实践、总结和创新研究,有关高原混凝土的新认识、新理论、新材料、新技术将会不断涌现,高原混凝土的质量定会达到一个更高的水平。

由于作者水平所限,书中难免存在谬误和不妥之处,敬请有关专家和读者不吝赐教。

作　者

2022年1月

目　录

Contents

第 1 章　高原环境与高原混凝土 ………… 1
1.1　高原环境 ………… 1
1.2　青藏高原集料分布 ………… 7
1.3　高原混凝土 ………… 17
本章参考文献 ………… 20
第 2 章　大气压强对引气剂气泡发育和引气特征的影响 ………… 22
2.1　大气压强对引气剂溶液气泡发育与稳定性的影响 ………… 22
2.2　大气压强对水泥砂浆引气效果与孔结构的影响 ………… 37
2.3　本章小结 ………… 42
本章参考文献 ………… 43
第 3 章　低气压和低湿度条件下混凝土的硬化性能 ………… 46
3.1　混凝土的吸水与失水性能 ………… 46
3.2　混凝土的孔结构特征 ………… 53
3.3　混凝土表面的显微硬度与回弹值 ………… 57
3.4　混凝土的强度特征 ………… 59
3.5　混凝土的耐久性 ………… 65
3.6　混凝土的收缩变形 ………… 71
3.7　本章小结 ………… 75
本章参考文献 ………… 75
第 4 章　硬化阶段混凝土的负温防冻 ………… 77
4.1　负温条件下混凝土 ………… 77
4.2　防冻组分对砂浆、混凝土性能的影响研究 ………… 81
4.3　防冻组分对引气组分的影响研究 ………… 90
4.4　负温条件下混凝土强度预测 ………… 97
4.5　本章小结 ………… 107

本章参考文献……………………………………………………………………………… 108
第5章　典型高原气候下混凝土构件的开裂机制 ………………………………………… 109
5.1　高原地区静稳天气条件下混凝土的开裂机制 ……………………………………… 109
5.2　高原地区剧变天气条件下混凝土的开裂机制 ……………………………………… 116
5.3　本章小结 ……………………………………………………………………………… 119
本章参考文献……………………………………………………………………………… 119
第6章　大温差缺掺合料地区大体积混凝土的温度控制………………………………… 120
6.1　大体积混凝土 ………………………………………………………………………… 120
6.2　高效通水冷却温控技术 ……………………………………………………………… 125
6.3　水化热量抑制温控技术 ……………………………………………………………… 152
6.4　本章小结 ……………………………………………………………………………… 157
本章参考文献……………………………………………………………………………… 158
第7章　高原混凝土的泵送性能…………………………………………………………… 159
7.1　混凝土泵送技术 ……………………………………………………………………… 159
7.2　泵送混凝土的性能影响 ……………………………………………………………… 163
7.3　泵送过程管内混凝土的压力 ………………………………………………………… 167
7.4　泵送混凝土可泵性预评价 …………………………………………………………… 175
7.5　本章小结 ……………………………………………………………………………… 176
本章参考文献……………………………………………………………………………… 177
第8章　大温差和低湿度条件下道面混凝土的硬化性能………………………………… 178
8.1　内养护与混凝土性能的影响 ………………………………………………………… 178
8.2　喷洒养护材料对混凝土早期收缩变形的影响 ……………………………………… 189
8.3　本章小结 ……………………………………………………………………………… 202
本章参考文献……………………………………………………………………………… 203
附录　Sheludko 弹性方程修正过程 ……………………………………………………… 205
索引………………………………………………………………………………………… 207

第1章　高原环境与高原混凝土

1.1　高原环境

高原是指海拔1000m以上，地形开阔，周边以明显的陡坡为界，比较完整的大面积隆起地区。以较大的高度区别于平原，又以较大的平缓地面和较小的起伏区别于山地。高原素有"大地的舞台"之称，是在长期连续的大面积地壳抬升运动中形成的。

我国四大高原分别为：青藏高原、内蒙古高原、黄土高原、云贵高原。青藏高原是我国最大、世界海拔最高的高原，被称为"世界屋脊""第三极"，南起喜马拉雅山脉南缘，北至昆仑山、阿尔金山和祁连山北缘，西部接帕米尔高原和喀喇昆仑山脉，东及东北部与秦岭山脉西段和黄土高原相连，主要位于我国西藏、青海、四川等地。与其他高原相比，青藏高原一般海拔在3000~5000m之间，平均海拔在4000m以上，地形复杂，气候多变，是我国四大高原中最具代表性的高原。

西藏地区的地形地貌特点：为喜马拉雅山脉、昆仑山脉和唐古拉山脉所环抱，全区大致可分为四个地带。一是藏北高原，位于昆仑山脉、唐古拉山脉和冈底斯—念青唐古拉山脉之间；二是藏南谷地，海拔平均在3500m左右，位于雅鲁藏布江及其支流；三是藏东高山峡谷，即藏东南横断山脉、三江流域地区，山势较陡峻，山顶终年积雪，山腰森林茂密，山麓有四季常青的田园，景色奇特；四是喜马拉雅山地，由几条大致东西走向的山脉构成，平均海拔6000m左右，山区内西部海拔较高，气候干燥寒冷，东部气候温和，雨量充沛，森林茂密。

西藏地区气候独特多变，总体上具有西北严寒、东南温暖湿润的特点。如果以气温和降雨为主要依据，可把西藏自治区划分为不同的气候区，即：藏东南亚热带山地湿润气候区，波密、林芝高原温暖湿润气候区，三江高原温暖半湿润气候区，雅鲁藏布江流域高原温带半湿润半干旱气候区，喜马拉雅山脉北麓高原温带半干旱气候区，阿里南部高原温带干旱气候区，藏东北高原亚温带湿润气候区，南羌塘高原亚寒带半干旱气候区，北羌塘高原亚寒带干旱气候区。西藏自然气候区划见图1-1。

我国部分城市的海拔及大气压参考数据见表1-1，青海、西藏、云贵高原等地气压明显低于东部平原地区。

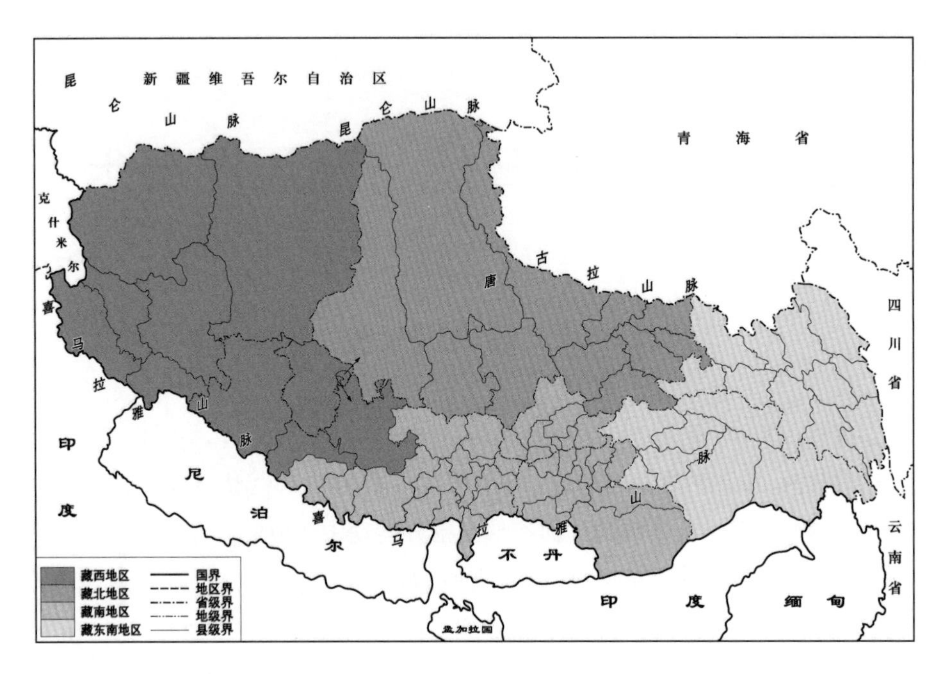

图 1-1 西藏自然气候区划

我国部分城市的海拔及大气压参考数据 表 1-1

城市	海拔(m)	气压(kPa)	城市	海拔(m)	气压(kPa)
北京	31.2	100.21	哈尔滨	171.1	98.51
上海	4.5	100.53	济南	51.6	99.85
呼和浩特	1063	88.94	海拉尔	612.8	93.55
贵阳	1071.2	88.79	西昌	1590.7	83.48
丽江	1647.8	83.13	格尔木	2807.7	72.4
拉萨	3658	65.23	日喀则	3836	63.83
西宁	2261.2	77.35	玉树	3681.2	65.1

正负温频繁交替、干旱少雨、多风且风速大,气压低、氧气总量少是西藏地区的气候特征,并且很多地区土壤的碱盐含量高。而我国的一些重要的基础设施,如铁路、高速公路、机场等,有时无法避开这些自然条件恶劣的地区。这些混凝土结构在其养护期间如果处理不当,必然会对混凝土后期的力学性能和耐久性造成负面影响,影响建(构)筑物的使用。

根据气象资料统计:西藏地区区域内年均气温为 -2.8 ~ 12.0℃,总体呈现东南向西北递减的规律,6、7 月平均气温高,1 月平均气温最低。气温年变化小、日变化大。西藏 22 个气象站点及周边 3 省 4 个气象站点(图 1-2)1981—2010 年间的累年年平均气温、累年平均最高及最低气温、年均降水量等数据见表 1-2 和表 1-3。

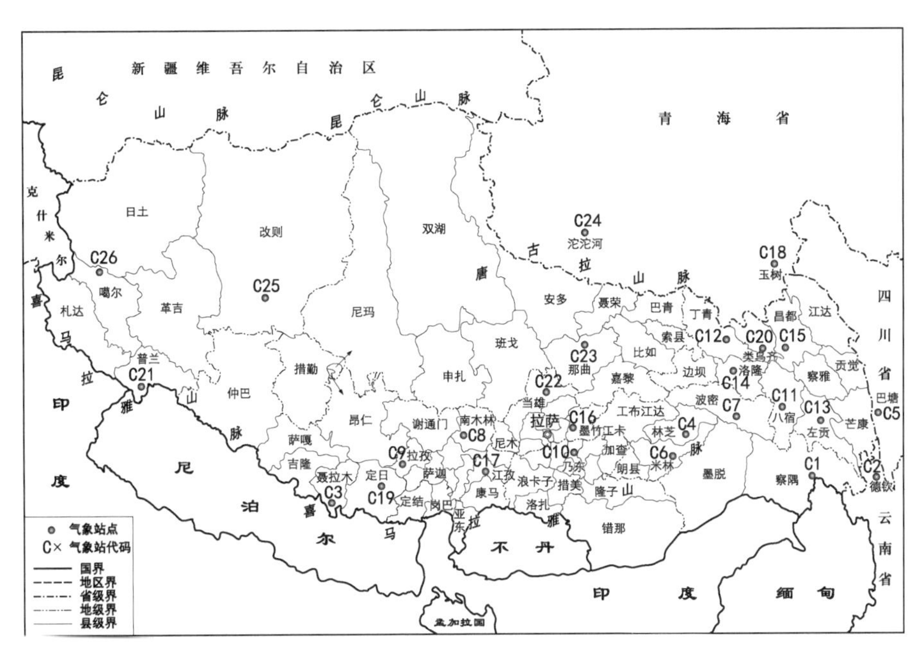

图 1-2　高原地区气象站分布图

西藏地区及周边 26 个气象站点 1981—2010 年气温观测数据(单位:℃)　　表 1-2

序　号	测站点名称	累年年平均气温	累年年平均最高气温	累年年平均最低气温	累年年极端最高气温	累年年极端最低气温	累年年平均气温日较差	累年年最大气温日较差	累年年最小气温日较差	累年年气温标准差
C1	察隅	12.1	18.9	7.8	32.6	-5.3	11.1	22	1.1	0.5
C2	德钦(云南)	5.9	11.9	2.1	27.1	-14	9.8	18.9	1.45	0.4
C3	聂拉木	3.9	9.7	-0.2	22.4	-19.1	9.9	22.1	1.7	0.6
C4	林芝	9.1	16.4	4.2	31.4	-13.7	12.2	24.2	2.5	0.5
C5	巴塘(四川)	12.9	21.8	6.2	37.9	-11.6	15.6	26.6	1.9	0.5
C6	米林	8.6	15.6	3.9	29.7	-15.8	11.8	27.2	2.2	0.5
C7	波密	9	16.3	4.1	31.2	-14.5	12.2	26.4	1.7	0.5
C8	南木林	6.1	13.7	-0.7	27.4	-17.8	14.4	27.5	3	0.4
C9	拉孜	7	14.5	0.1	28.9	-19.1	14.3	28.4	3.9	0.6
C10	泽当	9.2	16.9	2.7	30.3	-18.2	14.3	27.2	3.3	0.7
C11	八宿	10.7	17.8	4.9	33.4	-16.9	12.9	23.4	2.9	0.6
C12	丁青	3.7	11.1	-1.9	26.7	-23.4	12.9	26.2	2.9	0.6
C13	左贡	4.7	12.8	-1.4	27.9	-23	14.2	28.2	2.9	0.6
C14	洛隆	5.7	13.6	-0.7	30.6	-22.1	14.3	28.4	2.7	0.6
C15	昌都	7.8	16.9	1	32.7	-20.7	15.8	29.9	2.8	0.6
C16	墨竹工卡	6.3	14.8	-0.5	28.5	-23.1	15.2	30.9	3.5	0.7

续上表

序　号	测站点名称	累年年平均气温	累年年平均最高气温	累年年平均最低气温	累年年极端最高气温	累年年极端最低气温	累年年平均气温日较差	累年年最大气温日较差	累年年最小气温日较差	累年年气温标准差
C17	江孜	5.3	13.9	-2.5	28.7	-23.9	16.3	31.1	3.9	0.6
C18	玉树(青海)	3.8	12.2	-2.6	29.6	-27.6	14.7	30.2	2.5	0.8
C19	定日	3.2	12.1	-4.8	25.8	-27.7	16.8	31.1	3.9	0.6
C20	类乌齐	3.2	12.1	-3.5	28.7	-29.4	15.7	33.2	2.3	0.6
C21	普兰	3.6	11.2	-2.7	28.4	-29.4	13.9	24.8	2	0.8
C22	当雄	2.1	9.9	-4.6	26.5	-32.5	14.5	31.7	3.2	0.7
C23	那曲	-0.7	7.2	-7.3	24.2	-37.6	14.5	31.5	2.4	0.8
C24	沱沱河(青海)	-3.8	4.6	-10.8	24.7	-45.2	15.4	32.2	3.3	1.1
C25	改则	0.4	8.5	-8	27.6	-44.6	16.5	35.2	4.1	0.9
C26	狮泉河	1	8.5	-6.7	32.1	-36.6	15.2	27.4	2.3	0.9

西藏地区及周边26个气象站点1981—2010年湿度及降水量观测数据　　表1-3

序　号	测站点名称	累年年平均相对湿度（%）	累年年相对湿度标准差（%）	累年20时~次日20时平均年降水量（mm）	累年年最多降水量（mm）	累年年最少降水量（mm）
C1	察隅	67	3	792.3	1204.1	419.7
C2	德钦(云南)	70	2	631.2	845.5	421.1
C3	聂拉木	66	4	654.3	946.6	396.7
C4	林芝	63	2	692.6	985	509.6
C5	巴塘(四川)	47	3	497	828.8	291.5
C6	米林	71	3	702.1	891.9	544.7
C7	波密	71	3	891	1152.6	536.2
C8	南木林	42	6	458.3	709.1	234.5
C9	拉孜	34	4	328.5	587.8	122.9
C10	泽当	42	3	384.6	586.3	204.3
C11	八宿	40	3	259.9	390.1	105.8
C12	丁青	58	3	641.1	830	420.5
C13	左贡	55	4	456	683.2	302.2
C14	洛隆	54	4	421.9	558.7	263.4
C15	昌都	51	4	489.3	704.3	287.7
C16	墨竹工卡	47	3	556.2	784.4	284.5
C17	江孜	47	4	276.9	403.4	131.2

续上表

序　号	测站点名称	累年年平均相对湿度（%）	累年年相对湿度标准差（%）	累年20～次日20时平均年降水量（mm）	累年年最多降水量（mm）	累年年最少降水量（mm）
C18	玉树（青海）	53	4	293.9	503	162.7
C19	定日	41	5	289	443.4	104.9
C20	类乌齐	59	4	608.5	849.1	384.1
C21	普兰	47	3	150.7	259.9	83.4
C22	当雄	55	6	477.9	706.3	327.7
C23	那曲	53	5	449.6	620.5	307.5
C24	沱沱河（青海）	53	4	481.8	638.3	321.7
C25	改则	34	4	171.4	262	73.8
C26	狮泉河	33	3	66.4	135	21.2

与我国几个典型城市的多年平均相对湿度（图1-3）对比发现，西藏地区相对湿度低，多地常年低于50%，尤其是10月～次年4月，相对湿度低至30%。

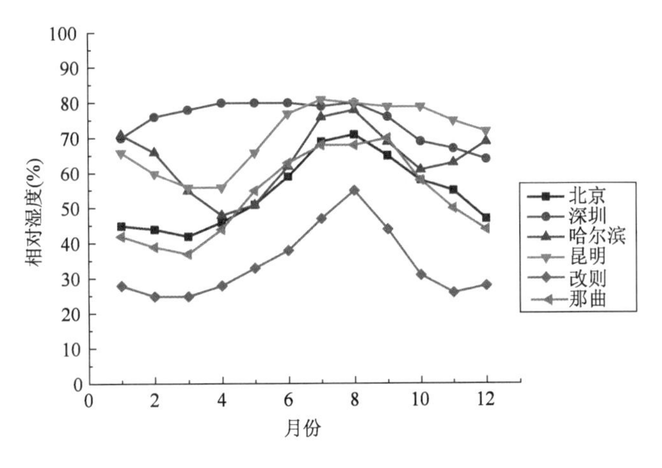

图1-3　我国几个典型城市1981—2010年月平均相对湿度统计

年降水量和降水天数是表征各地区降水情况的直接指标，是划分潮湿、干旱地区的依据。西藏地区1981—2010年年平均降水量，如图1-4所示。

西藏全区呈现从东南至西北降水量递减的趋势，但总体来看西藏大部分地区年平均降水量不足500mm，全区除东南部地区外，呈现为干旱地区。干燥、低湿环境加剧了混凝土收缩开裂的风险。

对于水泥混凝土而言，不仅干燥、低湿环境对结构抗裂和耐久性有影响，气温的交替变化，尤其是正、负温的交替作用对水泥混凝土耐久性也有重要影响。如果最高温度高于0℃且最低温度低于0℃,则认为这一天为冻融循环日。根据冻融天数数据将相同天数的地区连成曲线,形成西藏地区冻融循环天数等值线图(图1-5)。冻融循环次数增加,极易引起混凝土的冻胀破坏。

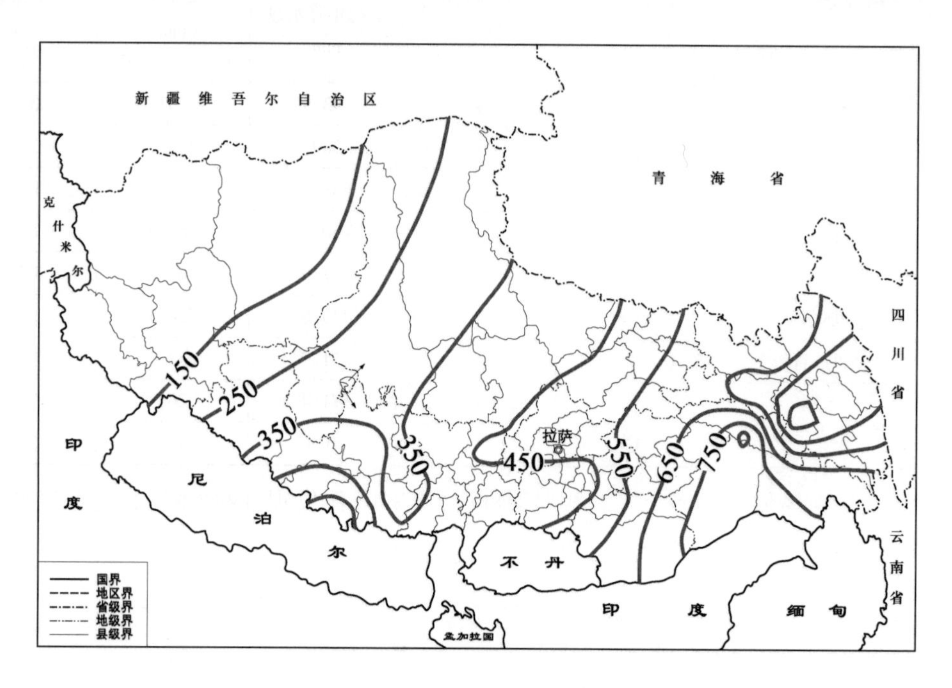

图1-4 西藏地区1981—2010年年平均降水量(单位:mm)

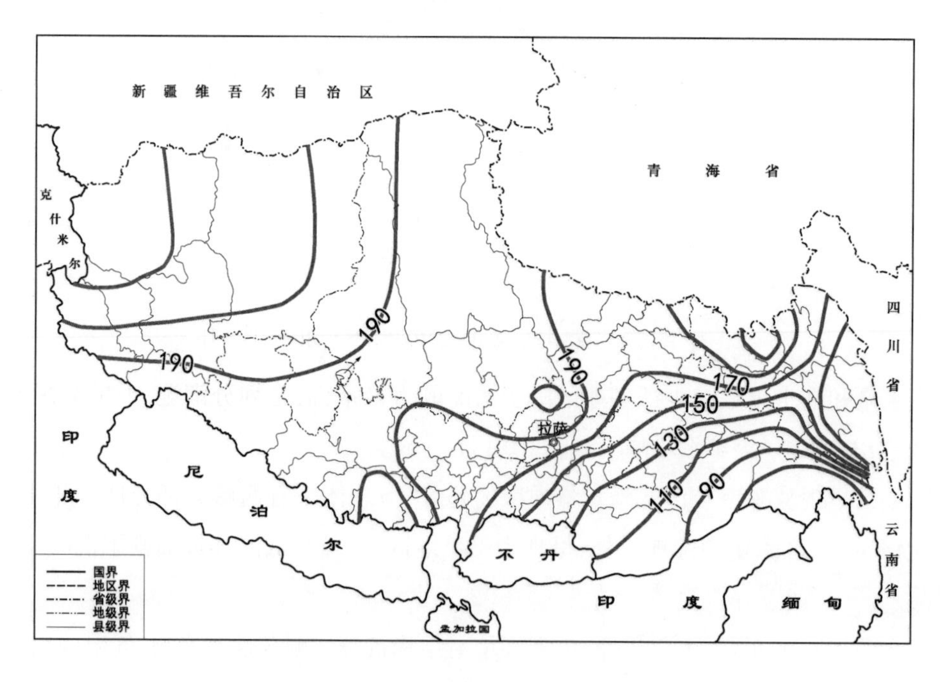

图1-5 西藏地区冻融循环天数等值线图

高原地区的太阳辐射量大,如拉萨、阿里、日喀则年平均辐射量是上海市的 2 倍左右(图 1-6)。从图 1-7 可知,拉萨地区的紫外线辐射日总量是广州市的 1.5 ~ 2.5 倍。从逐月变化情况来看,拉萨地区 7—10 月的紫外线辐射较强,1—4 月紫外线辐射较弱。

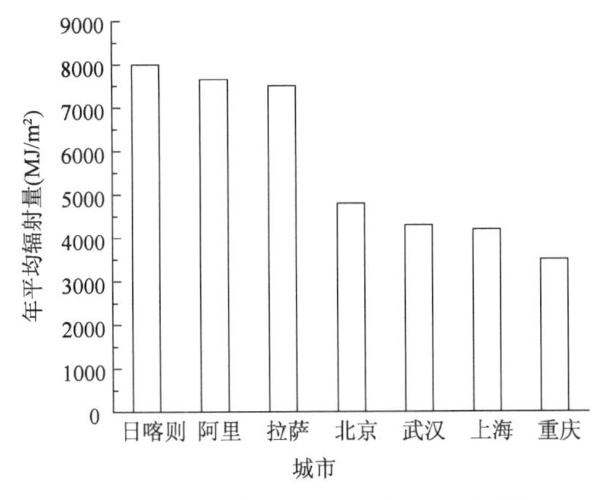

图 1-6　我国不同地区的太阳年平均辐射量

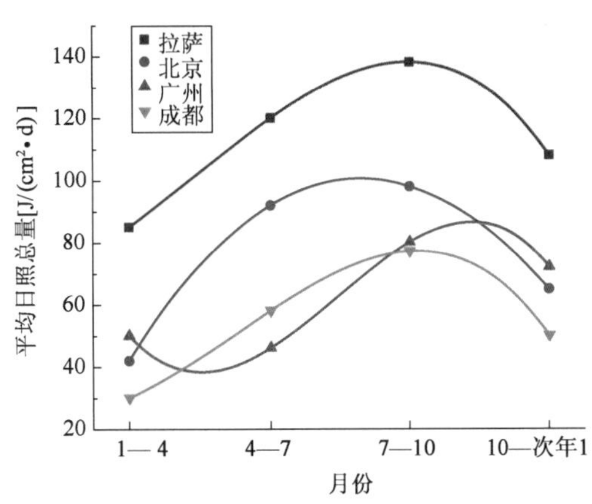

图 1-7　我国不同地区紫外线辐射日平均总量

我国部分地区的月平均风速的统计结果见表 1-4。根据拉萨市气象站 1981—2010 年间的观测数据,拉萨 3 月的月平均风速最大(2.44m/s),8 月最小(1.56m/s),风向以西南偏西为主。西藏山南、那曲地区的月平均风速相对较高,年平均风速可达 2.5m/s 以上(表 1-4)。西藏大风日数远比同纬度其他地区多,平均年大风日数在 0 ~ 150d 之间。拉萨地区北部、昌都地区西北部、日喀则地区西南部在 50 ~ 100d 之间。

各地月平均风速统计表(单位:m/s)　　表 1-4

地区	1 月	2 月	3 月	4 月	5 月	6 月	7 月	8 月	9 月	10 月	11 月	12 月
山南	2.5	2.9	3.1	2.9	3.0	2.9	2.5	2.5	2.4	2.7	3.2	3.2
那曲	3.2	—	—	3.5	—	—	2.6	—	—	2.5	—	—
重庆	0.8	1.0	1.1	1.1	1.1	1.0	1.0	1.0	1.0	0.8	0.8	0.8
广州	2.0	2.0	1.9	1.8	1.8	1.8	1.9	1.7	1.8	1.9	2.1	2.0

受高空大气环流和太阳辐射等因素影响,青藏高原形成低气压、低湿干燥、多风低氧、高频次正负温交替、区域差异和垂直变化显著的高原气候,给混凝土材料的工作性和耐久性保证带来严峻的考验。

1.2　青藏高原集料分布

1.2.1　西藏集料分布

西藏全区面积约为 120 万 km^2。西藏是世界最高的地区,西南部喜马拉雅山和冈底斯山地区尤为高耸,珠穆朗玛峰海拔为 8848.86m,是世界第一高峰,还有希夏邦马峰等几个海拔

8000m 以上的高峰。这些地区山顶积雪终年不化。藏北高原海拔在 5000m 以上，地势起伏，湖泊星罗棋布。藏南隆子、墨脱、察隅一带是雅鲁藏布江急拐弯的地区，北高南底，地势较缓。藏东昌都地区，怒江、澜沧江、金沙江由向东南流转向南流，将著名的横断山脉北段、原先基准面为 5000m 的高原冲刷切割，形成大面积高山峡谷区，一般高差为 1000 ~ 2000m，青山耸立，江水咆哮，气势磅礴。

各类集料在西藏全部出露，见表 1-5。其中，石灰岩、砂(砾)岩和页岩集料分布广泛，三者总分布面积为 61.9 万 km^2，约占西藏集料分布面积的 57%。西藏中新生代火山活动较为强烈，沿喜马拉雅山脉构造带，分布有较多的火山岩。超基性岩基本呈线状沿西藏 219 国道分布，出露面积约 8494.77km^2。西藏的喷出岩类集料，安山岩、流纹岩主要分布在西藏中西部，与国道距离较远。

西藏各类集料分布面积情况　　表 1-5

序　号	集 料 类 型	总面积(km^2)	所占比例(%)
1	超基性岩	8494.77	0.72
2	基性侵入岩	2695.36	0.23
3	玄武岩	8632.34	0.73
4	闪长岩	32838.07	2.80
5	安山岩	19268.58	1.64
6	粗面岩	536.01	0.04
7	花岗岩	97705.11	8.32
8	流纹岩	56824.39	4.84
9	石灰岩	224615.92	19.13
10	白云岩	451.51	0.04
11	砂(砾)岩	258206.19	21.99
12	页岩	186070.18	15.84
13	片麻岩	30231.40	2.57
14	片岩	62192.12	5.30
15	板岩	78253.33	6.66
16	石英岩	10081.66	0.86
17	第四系砂、砾石	97224.66	8.28
合计		1174321.62	100.00

(1)砂(砾)岩集料

砂(砾)岩集料是西藏分布最广的集料类型，该集料分布于西藏全境。该类集料总分布面积为 258206.19km^2，占西藏集料分布面积的 21.99% 左右。值得注意的是，在该类集料分布区中间,夹有大量的页岩集料。

采样地点位于日喀则东郊料场和白郎县江塘料场,318 国道旁侧。西藏砂(砾)岩集料样品的物理特性见表 1-6。

西藏砂(砾)岩集料样品的物理特性　　表 1-6

料场名称	地点	储量(万 t)	压碎值(%)	磨耗值(%)	视密度(kg/m^3)	吸水率(%)	磨光值
日喀则东郊料场	日喀则	2250	13.5	13.5	2650	2.2	48
白郎县江塘料场	白郎	5000	16.0	17.8	2780	2.3	56

(2)石灰岩集料

石灰岩分布集料分布仅次于砂(砾)岩集料,主要形成时代为二叠纪。在西藏中北部有大面积分布,境内 317 国道沿线石灰岩集料资源十分丰富,分布总面积为 224615.92km^2 以上,约占西藏集料分布面积的 19.13%。

采集石灰岩集料样品 1 件,采样地点位于拉萨市曲水县聂唐料场,318 国道旁侧。西藏石灰岩集料样品的物理特性见表 1-7。

西藏石灰岩集料样品的物理特性　　表 1-7

料场名称	地点	储量(万 t)	压碎值(%)	磨耗值(%)	视密度(kg/m^3)	吸水率(%)	磨光值
曲水县聂唐料场	曲水	2800	23.2	30.7	2740	0.60	48.5

(3)玄武岩集料

采样地点位于拉萨市曲水县咔惹料场,318 国道旁侧。西藏玄武岩集料样品的物理特性见表 1-8。

西藏玄武岩集料样品的物理特性　　表 1-8

料场名称	地点	储量(万 t)	压碎值(%)	磨耗值(%)	视密度(kg/m^3)	吸水率(%)	磨光值
曲水县咔惹料场	曲水	5000	14.0	15.2	2830	0.47	42

(4)闪长岩和花岗岩集料

闪长岩集料主要呈近东西向,分布在拉萨一带,分布面积为 3 万 km^2,占西藏集料分布面积的 2.80%。318 和 109 国道附近该类集料资源比较丰富。花岗岩在该地区也有较多的分布,但分布面积更广,在西藏西部阿里地区和东部的昌都、左贡、芒康地区都有分布,花岗岩分布总面积为 97705.11km^2,占西藏集料分布面积的 8.32%左右。

采样地点位于拉萨市尼木县托夏料场,318 国道旁侧。西藏花岗岩集料样品的物理特性见表 1-9。

西藏花岗岩集料样品的物理特性 表1-9

料场名称	地点	储量(万t)	压碎值(%)	磨耗值(%)	视密度(kg/m^3)	吸水率(%)	磨光值
尼木县托夏料场	尼木	5000	22.6	30.2	2830	0.8	43.2

(5)变质岩型集料

片麻岩、片岩、板岩、石英变质岩集料在西藏都有出露,但不十分发育,西藏变质岩集料分布总面积为180758.51km^2,约占西藏集料分布面积的15.39%。该类变质岩集料主要呈北-北西方向展布,南部沿喜马拉雅山山脉、北部沿唐古拉山脉方向展布。除西藏东部109国道北段和317国道附近出现片麻岩集料资源外,其他交通干线附近均稍有该类集料资源。

(6)第四系砂、砾石

该类集料在西藏分布比较广泛,主要分布于各个山间或河流流域,由于西藏近代地壳活动比较强烈,大多砂、砾石集料磨圆度稍差。从分布情况看,西部比东部面积大。采集第四系砂、砾石集料样品1件,采样地点位于日喀则市仁布县切娃乡苦龙采石场,318国道旁侧。西藏第四系砂、砾石集料样品的物理特性见表1-10。

西藏第四系砂、砾石集料样品的物理特性 表1-10

料场名称	地点	储量(万t)	压碎值(%)	磨耗值(%)	视密度(kg/m^3)	吸水率(%)	磨光值
仁布县切娃乡苦龙采石场	仁布	600	15.8	18.8	2740	1.1	37

西藏粗集料试验结果(平均值)汇总见表1-11。

西藏粗集料试验结果(平均值)汇总 表1-11

集料类型	试样数量(件)	储量(万t)	抗压强度(MPa)	压碎值(%)		磨耗值(%)	视密度(t/m^3)	吸水率(%)	沥青黏附性(级)	磨光值	
				沥青	混凝土					检值	样量
玄武岩	1	5000	104.0	14.0	6.4	15.2	2.83	0.5	3.0	42.0	1
花岗岩	1	5000	139.0	22.6	13.4	30.2	2.83	0.8	2.0	43.2	0
石灰岩	1	2800	93.0	23.2	13.9	30.7	2.74	0.6	3.0	48.5	0
砂(砾)岩	2	7250	79	14.8	7.0	15.7	2.72	2.3	2.5	52.0	2
第四纪砂、砾石	1	600	—	15.8	7.9	18.8	2.74	1.1	2.0	37.0	1
总计	6	20650	—								4

1.2.2 青海集料分布

青海省地处青藏高原,面积约72万km^2。昆仑山系呈东西向横亘南部,北面屹立北西走向的祁连山,西北为北东展布的阿尔金山;群山起伏,峰峦矗立,三山环抱形如月状的柴达木盆地，河流纵横，湖泊星布；长江、黄河、澜沧江发源于南部，青海湖居于东北。

有16类集料在青海省出露，其中沉积岩砂（砾）岩集料，第四系砂、砾石集料，石灰岩集料分布最为广泛，三者合计分布面积为44869.56km²，约占青海省集料分布面积的75.09%。其次分布面积较大的为岩浆岩集料，包括花岗岩、闪长岩、安山岩，见表1-12。

青海省各类集料分布面积情况　　表1-12

序　号	集 料 类 型	总面积（km²）	所占比例（%）
1	超基性岩	2391.74	0.40
2	基性侵入岩	1174.07	0.20
3	玄武岩	721.29	0.12
4	闪长岩	23505.34	3.93
5	安山岩	13840.17	2.31
6	花岗岩	24889.00	4.16
7	流纹岩	4989.89	0.83
8	石灰岩	36705.69	6.14
9	白云岩	2358.71	0.39
10	砂（砾）岩	273023.83	45.66
11	页岩	40500.86	6.77
12	片麻岩	11173.65	1.87
13	片岩	2401.29	0.40
14	板岩	17464.90	2.92
15	第四系砂、砾石	139240.04	23.29
16	其他	3647.61	0.61
合计		597968.50	100.00

（1）超基性岩和基性侵入岩集料

超基性岩和基性侵入岩集料在青海分布不十分广泛，规模较小，仅315国道德令哈—乌兰段资源比较丰富，其他地区因远离交通干道，研究意义不大。

（2）玄武岩集料

玄武岩集料在青海有三处分布面积较大，即青海北部的祁连山南麓一带、中部的阿尼玛卿山一带和南部与西藏交界处的唐古拉山脉一带，它们均为近东西向偏北展布，总出露面积为721.29km²。青海境内的109和217国道部分地段可见该类集料。

采样地点主要分布在青海109和217国道两侧。青海省玄武岩集料样品的物理特性见表1-13。

青海省玄武岩集料样品的物理特性　表1-13

料场名称	地点	储量（万t）	压碎值（%）	磨耗值（%）	视密度（kg/m^3）	吸水率（%）	抗压强度（MPa）	磨光值
玉树州歇武3号料场	称多	517	8.1	8.3	3030	0.4	114	34
唐古拉山乡沱沱河桥砂岩采石场	海西	1500	12.9	12.5	2880	1.2	116	48

（3）闪长岩集料

该类集料主要分布在塔里木盆地的周边地区和青海东部地区，109国道格尔木以西和315国道两侧分布有较多的该类集料资源。闪长岩集料出露总面积为23505.34km^2，约占青海集料分布面积的3.93%。

采样地点位于海东市乐都县老鸦峡料场，109国道旁侧。青海省闪长岩集料样品的物理特性见表1-14。

青海省闪长岩集料样品的物理特性　表1-14

料场名称	地点	储量（万t）	压碎值（%）	磨耗值（%）	视密度（kg/m^3）	吸水率（%）	抗压强度（MPa）	磨光值
老鸦峡料场	乐都	628	17.9	26.0	2750	0.5	104	43

（4）安山岩集料

该类集料主要分布在柴达木盆地周边和青海东部的乌兰、都兰、化隆、祁连等地。青海境内的315、227国道和109国道中段均有该类集料分布，总分布面积为13840.17km^2，约占青海集料分布面积的1.31%。采集安山岩集料样品4件，采样地点主要分布在青海109、214、215、315国道两侧。青海省安山岩集料样品的物理特性见表1-15。

青海省安山岩集料样品的物理特性　表1-15

料场名称	地点	储量（万t）	压碎值（%）	磨耗值（%）	视密度（kg/m^3）	吸水率（%）	抗压强度（MPa）	磨光值
茫崖料场	海西	3000	11.9	14.9	27700	0.9	92	52
夏日哈料场	都兰	1500	17.7	16.5	29200	1.1	107	46
锡铁山料场	海西	4800	17.2	16.7	29300	0.6	117	48
和平乡料场	湟源	715	18.8	22.9	28300	1.1	110	34

（5）花岗岩集料

在格尔木—都兰—西宁109国道一线和西宁至德令哈—鱼卡一线的215国道，该类集料资源十分丰富，其次格尔木向西的省道，其他地区分布相对较少。该类集料总分布面积为24889.00km^2，约占青海集料资源分布面积的4.16%。本次共采集花岗岩集料样品5件，采样地点主要分布在青海109和214国道两侧。青海省花岗岩集料样品的物理特性见表1-16。

青海省花岗岩集料样品的物理特性　　表1-16

料场名称	地点	储量（万t）	压碎值（%）	磨耗值（%）	视密度（kg/m^3）	吸水率（%）	抗压强度（MPa）	磨光值
药水峡隧道料场	湟源	620	27.8	35.8	2660	0.6	73	43
尕牙台采石场	格尔木	1500	22.7	28.2	2720	0.4	128	47
热水乡上庄料场	都兰	2500	23.9	31.3	2680	0.6	116	39
茶卡镇料场	乌兰	3000	17.2	21.5	2650	0.5	135	43
大水桥料场	共和	2500	15.6	18.4	2790	0.7	124	45

(6)流纹岩集料

该类集料分布于青海中部,呈近东西向,断续分布。其中分布面积较大的一处在青海中部的乌兰—兴海。共采集流纹岩集料样品2件,采样地点主要分布在青海109和215国道两侧。青海省流纹岩集料样品的物理特性见表1-17。

青海省流纹岩集料样品的物理特性　　表1-17

料场名称	地点	储量（万t）	压碎值（%）	磨耗值（%）	视密度（kg/m^3）	吸水率（%）	抗压强度（MPa）	磨光值
热水乡赛什塘料场	都兰	3000	11.9	12.1	2670	0.5	109	40
鱼卡2号料场	海西	1000	18.0	21.5	2690	0.6	117	41

(7)石灰岩集料

在格尔木向南青藏公路(109国道)和青海境内的315国道中部一带,该类集料资源比较丰富,其他地区也有少量分布,但远离主要交通干线,研究意义不大。该类集料资源总分布面积为36705.69km^2,约占青海集料分布面积的6.14%。共采集石灰岩集料样品5件,采样地点主要分布在青海109、214、227、315国道两侧。青海省石灰岩集料样品的物理特性见表1-18。

青海省石灰岩集料样品的物理特性　　表1-18

料场名称	地点	储量（万t）	压碎值（%）	磨耗值（%）	视密度（kg/m^3）	吸水率（%）	抗压强度（MPa）	磨光值
玉树州歇武2号料场	称多	683	20.0	18.6	2750	0.4	109	37
格尔木纳赤台料场	格尔木	2000	15.1	15.1	2830	0.4	107	42
唐古拉山乡沱沱河桥采石场	海西	2000	17.6	20.6	2710	0.5	108	36
毛家沟料场	大通	742	16.2	15.1	2810	0.8	96	46
二狼洞料场	天峻	3000	18.0	17.0	2720	0.4	83	38

(8)砂(砾)岩集料和页岩集料

砂砾岩集料是青海省资源最多的集料类型,分布十分广泛,遍布青海各个主要国道。该类集料自古生代到第三系的各个时代都有,分布面积为273023.83km^2,约占青海省集料分布面积的45.66%。在该类集料分布区域,往往分布有页岩集料,两者相间分布伴生,生成时代基本一致。共采集砂(砾)岩集料样品10件,采样地点主要分布在青海109、214、315国道两侧。青海省砂(砾)岩集料样品的物理特性见表1-19。

青海省砂(砾)岩集料样品的物理特性 表1-19

料场名称	地点	储量(万t)	压碎值(%)	磨耗值(%)	视密度(kg/m^3)	吸水率(%)	抗压强度(MPa)	磨光值
花石峡南1号料场	玛多	529	14.6	18.5	2660	1.5	86	55
玛多县砂厂	玛多	597	18.0	20.5	2700	2.7	76	62
野牛沟上游料场	玛多	617	10.3	12.5	2710	0.6	82	46
格尔木大平沟料场	格尔木	1500	15.4	18.7	2730	1.2	83	48
治多县二道沟料场	治多	1500	14.8	18.0	2710	0.8	97	56
雁石坪镇采石场	海西	2500	12.6	16.1	2730	1.1	89	64
黑马河料场	共和	25	11.2	12.4	2710	0.6	85	51
达坂山隧道北口料场	门源	560	15.8	23.5	2680	1.4	84	60
哈尔盖料场	刚察	500	12.0	18.5	2670	0.8	79	50
大风山料场	海西	2000	14.2	20.4	2680	0.7	82	54

(9)片麻岩集料

该类集料主要分布于青海东北部地区的祁连山南麓和青海中部乌兰至鱼卡一带,青海境内的227国道和315国道东段该类集料分布较多,分布总面积为11173.65km^2,约占青海集料分布面积的1.87%。共采集片麻岩集料样品3件,采样地点主要分布在青海315国道两侧。青海省片麻岩集料样品的物理特性见表1-20。

青海省片麻岩集料样品的物理特性 表1-20

料场名称	地点	储量(万t)	压碎值(%)	磨耗值(%)	视密度(kg/m^3)	吸水率(%)	抗压强度(MPa)	磨光值
羊肠子沟料场	海西	1000	15.5	18.2	2750	0.5	103	38
德令哈料场	德令哈	380	18.5	21.9	2720	0.5	97	44
海晏料场	海晏	2000	22.0	24.4	2730	0.8	102	55

(10)板岩集料

该类集料分布比较分散,其中,青海境内的214国道南段、227国道、109国道乌兰地区和南段的通天河一带有该类集料资源分布,其他地区板岩类集料均远离主要交通干道。该类集料分布总面积为17464.90km^2,约占青海集料分布的2.92%。共采集板岩样品4件,采样地点主要分布在青海省109和214国道两侧。青海省板岩集料样品的物理特性见表1-21。

青海省板岩集料样品的物理特性　表1-21

料场名称	地点	储量（万t）	压碎值（%）	磨耗值（%）	视密度（kg/m³）	吸水率（%）	抗压强度（MPa）	磨光值
倒淌河东料场	共和	426	8.9	9.0	2780	0.4	93	41
倒淌河北柳哨沟料场	共和	257	16.9	14.6	2790	1.0	87	56
花石峡南2号料场	玛多	638	16.4	13.0	2810	0.8	92	45
曲麻莱县不冻泉料场	曲麻莱	500	13.9	17.6	2790	0.7	113	44

（11）石英岩集料

该类集料分布面积很小，仅在青海东部的海曼至西宁一带出现。本次共采集石英岩集料样品1件，采样地点主要分布在青海109和315国道两侧。有关石英岩集料样品的物理特性见表1-22。

青海省石英岩集料物理特性　表1-22

料场名称	地点	储量（万t）	压碎值（%）	磨耗值（%）	视密度（kg/m³）	吸水率（%）	抗压强度（MPa）	磨光值
史纳料场	民和	431	14.8	20.5	2.66	0.4	93	43

（12）第四系砂、砾石集料

该类集料在青海省分布十分广泛，除柴达木盆地地中部315国道外，几乎所有的国道均有该类集料分布。该类集料分布面积达139240.04km²，约占青海省集料分布面积的23.29%。共采集第四系砂、砾石集料样品27件，采样地点主要分布在青海109、214、215、315国道和部分省道两侧。青海省第四系砂、砾石集料样品的物理特性见表1-23。

青海省第四纪砂、砾石集料样品的物理特性　表1-23

料场名称	地点	储量（万t）	压碎值（%）	磨耗值（%）	视密度（kg/m³）	吸水率（%）	磨光值
日月山砂场	湟源	418	17.5	28.5	2680	1.3	46
曲沟农场砂场	共和	364	19.6	29.4	2670	1.5	48
河卡北砂场	兴海	544	20.1	31.5	2680	1.6	49
鄂拉山北坡砂场	兴海	382	22.3	32.0	2640	1.7	51
青根河北岸砂场	兴海	240	19.6	30.2	2640	1.2	50
温泉砂厂	兴海	476	16.4	26.7	2700	1.3	46
花石峡砂场	玛多	271	18.2	27.3	2680	1.1	44
玛多县砂厂	玛多	340	17.9	28.6	2680	0.9	46
清水河1号砂场	称多	268	16.4	27.3	2680	0.6	48
清水河2号砂场	称多	584	18.8	27.6	2650	1.1	50
格尔木市南郊砂厂	格尔木	2000	19.4	30.2	2650	1.3	51

续上表

料场名称	地点	储量(万 t)	压碎值(%)	磨耗值(%)	视密度(kg/m³)	吸水率(%)	磨光值
曲麻莱县不冻泉洗砂厂	曲麻莱	5000	16.4	27.1	2670	0.6	42
楚玛尔河大桥砂石场	曲麻莱	2500	16.1	26.5	2680	0.4	41
唐古拉山乡沱沱河桥洗砂厂	海西	2500	18.7	30.1	2670	1.6	47
雁石坪镇料场	海西	2500	18.3	30.4	2640	1.6	49
油砂料场	海西	2000	17.3	27.5	2640	1.2	46
大格勒乡砂石场	格尔木	5000	16.8	28.5	2660	1.1	45
诺木洪砂石场	都兰	5000	18.0	24.9	2680	0.5	44
宗加乡砂石场	都兰	465	19.2	26.2	2680	0.8	43
香日德农场科儿桥砂石场	都兰	300	18.4	24.1	2670	0.9	46
直沟里采石场	都兰	3000	20.8	25.5	2680	0.5	45
江西沟上社料场	共和	2500	20.2	31.6	2650	1.7	53
洪水砂场	乐都	397	20.6	30.2	2640	1.3	50
野紫滩料场	乌兰	30000	19.4	28.0	2660	1.0	48
花海子料场	海西	30000	18.6	27.6	2670	0.8	47
苏干湖料场	海西	20000	19.2	28.8	2670	0.6	45
冷湖镇丁字口料场	海西	25000	18.5	26.7	2670	1.1	46

青海省粗集料试验结果(平均值)汇总见表 1-24。

青海省粗集料试验结果(平均值)汇总 表 1-24

集料类型	试样数量(件)	储量(万 t)	抗压强度(MPa)	压碎值(%)		磨耗值(%)	视密度(kg/m³)	吸水率(%)	沥青黏附性(级)	磨光值	
				沥青	混凝土					检值	样量
玄武岩	2	2017	115.0	10.5	3.6	10.4	2960	0.8	3.5	41.0	2
闪长岩	1	628	104.0	17.9	9.6	26.0	2750	0.5	2.0	43.0	1
安山岩	2	7800	104.5	14.6	6.9	15.8	2850	0.8	3.5	50.0	2
花岗岩	5	10120	115.2	21.4	12.5	27.0	2700	0.6	2.4	43.4	5
流纹岩	2	4000	113.0	15.0	7.2	16.8	2680	0.6	2.0	40.5	2
石灰岩	5	8425	100.6	17.4	9.2	17.3	2760	0.5	3.8	41.5	2
白云岩	1	715	110.0	18.8	10.3	22.9	2830	1.1	4.0	34.0	1
砂(砾)岩	8	6828	84.8	13.7	6.2	17.5	2700	1.2	3.3	55.5	8
片麻岩	3	3380	100.7	18.7	10.2	21.5	2730	0.6	2.3	45.7	3
板岩	3	1183	97.7	13.2	5.8	13.7	2790	0.7	4.0	47.0	3
石英岩	1	431	93.0	14.8	7.4	20.5	2660	0.4	2.0	43.0	1
第四纪砂、砾石	3	10500	—	19.0	10.5	25.9	2670	0.9	2.3	46.0	3
总计	36	56027	—								33

1.3 高原混凝土

高原地区空气干燥,相对湿度低,大风天数多,环境水分蒸发量大,使得新拌混凝土拌合物坍落度损失快,给施工带来不利影响。同时,在相对湿度极低的环境下(RH<30%),刚拆模混凝土还面临各种收缩开裂的风险,这对混凝土早龄期的保湿养护提出了更高的要求。

高频次正负温交替是高原环境的另一突出特点。青藏高原河流发育,高山深谷穿行,如此频繁的正负温交替,使得处于干湿交替区的混凝土结构物历经高频次冻融循环,产生冻融破坏。此外,混凝土是多元复合材料,材料各组分的热学性能差异较大,较大的日温差变异,使得混凝土内部各组分频繁处于热胀冷缩的变化过程中,导致混凝土因组分热变形不一致而出现热疲劳破坏问题。

我国一些高原地区常年处于低温甚至负温,使得新建工程的混凝土早龄期强度得不到保证。同时,长时间处于低温甚至负温,其工程结构性能也将受到影响。

1.3.1 典型破坏

混凝土质量受材料、配合比、施工、成型、养护、环境等因素影响,在材料配合比相同、施工成型方法一致时,混凝土性能主要取决于养护环境。

(1)收缩破坏

混凝土全生命周期内,其体积稳定性问题始终存在,其中,早期(投入使用前)稳定性行为破坏是预防控制研究的重点,包括塑性收缩、化学减缩、自收缩、干燥收缩、温度收缩和碳化收缩(图1-8),其中,干燥收缩和温度收缩受高原外部环境影响更大。

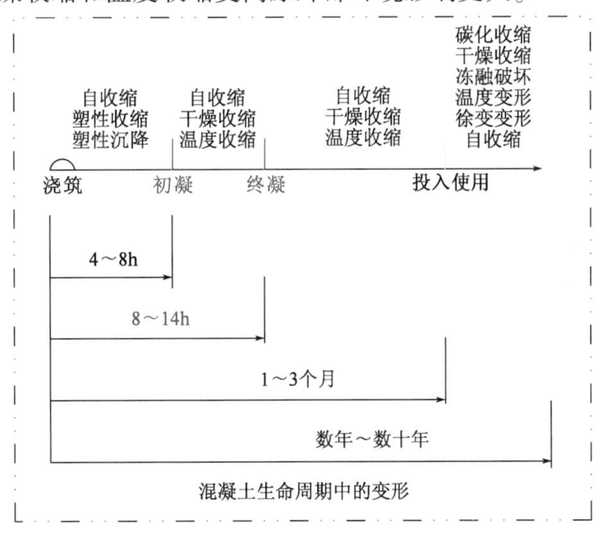

图1-8 混凝土生命周期的变形

①干燥收缩。高原地区空气干燥、风速大、昼夜温差大、环境水分蒸发量大。如此特殊的气候环境使得混凝土拆模前后出现深浅不一的微裂缝，这些微裂缝一旦形成，则随着环境、荷载等因素的耦合作用而不断扩张延伸（图1-9）。

图1-9　墩柱表面干燥收缩开裂

②温度收缩。一是混凝土水化硬化过程中由于水泥水化放热反应产生温度应力，其大小与混凝土的热膨胀系数、混凝土内部最高温度和降温速率等因素有关。二是阴面与阳面的温度差，由于高原地区物体表面温度受阳光热辐射影响大，当海拔大于3500m时，一般太阳直射部位温度为正温，而阴面为负温，由此形成了温度梯度，加速混凝土结构物损伤破坏（图1-10）。

图1-10　墩柱表面温度收缩开裂

（2）磨蚀与冲蚀

使用一定年限的混凝土结构物均会出现不同程度风和水的磨蚀破坏，局部甚至出现大尺寸的刮削损坏（图1-11）。由于桥梁所处高山深谷存在大量松散堆积体，雅鲁藏布江支流从高海拔地区经过汇集，流经沟槽状地质破碎段，会挟带大量甚至大块的砂石，具备非常大的能量，经过桥梁墩柱时，对其造成极大的冲蚀和磨蚀；同时，高原地区常年风大，几乎所有混凝土结构物都暴露在大风作用下，这会加剧混凝土表层的磨损。

图 1-11　混凝土构造物表面出现磨蚀

(3)冻融破坏

处于高频次正负温交替变化地区的混凝土，尤其频繁与水接触，例如桥墩水位变化区、过水混凝土涵洞雪后水泥混凝土路面等，极易发生冻融破坏(图 1-12)。

图 1-12　青藏高原某地区桥墩冻融破坏

恒负温与频繁正负温交替会使新浇筑混凝土遭受早期冻害，当温度处于 0℃以下时，处于早龄期的混凝土强度发展缓慢或停滞，而此时自由水冻结后将会产生冰胀应力，该应力值常大于混凝土内部形成的初期强度值，最终导致混凝土早期受冻破坏，影响混凝土后期强度的发展。而融化后的冰晶又会在混凝土内部形成各种孔隙，从而降低混凝土的密实性和耐久性。

1.3.2　问题与挑战

青藏高原中低纬度(北纬 26°00′～39°47′)、高海拔(平均海拔 4000m 以上)特征产生了独有的低气压(50kPa 左右)、低湿度(RH30% ~50%)、大温差("一日见四季")环境特点,如此极端气候条件对混凝土的损坏机制非常复杂,既有内部损伤缺陷(混凝土气孔微结构缺陷),还有外界损伤加速破坏(低气压多因素加速缺陷损伤),且各种影响因素并不是简单的叠加,而是它们之间的综合效应。

(1)高原低气压环境下的混凝土引气效果与孔结构问题

通过引入微小气泡可有效提高混凝土的抗冻性和耐久性,但是,在混凝土中引入气泡是一个复杂的物理—化学过程,包括使用表面活性剂降低液体表面张力的化学过程以及在混凝土搅拌过程中裹挟、截留产生大量气泡的物理过程。

青藏高原低气压环境下气孔结构的形成与演化过程中,由于混凝土内部环境的多样性及养护条件的复杂性,混凝土的内部气孔结构仍被很多气压以外的因素影响。高海拔低气压下混凝土引气是否困难?引气剂所形成的气泡尺寸随海拔如何演变发育?高原环境下硬化混凝土气孔结构如何变化?高原地区混凝土抗冻耐久性设计的关键参数是什么?这些问题对于高原混凝土的抗冻性和耐久性影响至关重要。

(2)高原低湿度、大温差环境下的混凝土水化硬化质量控制

充足的相对湿度是保证混凝土力学性能的重要条件之一。实际工程中,新拌混凝土一般需要进行良好的前期养护,以提供充足的水分来保证水泥水化的顺利进行,从而提高混凝土的力学性能和耐久性能。

环境大气压强降低,水的饱和蒸气压减小,沸点降低,加速混凝土表面和内部水分蒸发,水分流失产生收缩变形。因而,高原环境的低气压与低湿度、大温差以及较高的风速,会使混凝土表面和内部的水分加速向外迁移,从而增大混凝土的内外湿度差。水分的失去不仅影响水泥的水化反应,而且增大混凝土表面层与内部的孔隙率、平均孔半径,使水化产物凝胶体减小,显微硬度降低。而这些都会反映到混凝土的宏观性能上,即表现为抗压强度、抗折强度等力学性能以及抗渗性、抗冻性等耐久性能降低。

(3)高原混凝土的长期典型性能

太阳辐射变化引起的日内大温差、快速升降温和结构阴阳面温差导致混凝土跨尺度频繁不均匀胀缩;高频次正负温交替加速混凝土冻融破坏或胀缩疲劳损伤,高原严酷环境耦合作用对混凝土从拌和开始的全生命周期产生影响,然而,在低气压对混凝土的损伤破坏作用机制、加速破坏研究方法以及模型预测等方面结论不清,仍有很多工作需要探究。

本章参考文献

[1] 叶笃正,高由禧.青藏高原气象学[M].北京:科学出版社,1979.

[2] 吕骄阳,权磊.西藏地区公路沥青路面路用性能气候分区及 PG 分级[J].公路交通科技,2017,34(09):1-7+13.

[3] Ge X, Ge Y, Li Q, et al. Effect of low air pressure on the durability of concrete. Construction and Building Materials. 2018, 187: 830-838.

[4] Ge X, Ge Y, Du Y, et al. Effect of low air pressure on mechanical properties and shrinkage of concrete. Magazine of Concrete Research. 2018, 70(18): 919-927.

[5] 葛昕. 高原气候条件对混凝土性能及开裂机制影响的研究[D]. 哈尔滨:哈尔滨工业大学,2019.

[6] 马新飞. 低压低湿养护对混凝土性能影响的研究[D]. 哈尔滨:哈尔滨工业大学,2016.

[7] 吕骄阳,权磊. 西藏地区水泥混凝土路面耐候性设计指标分区划分研究[J]. 公路,2017,62(12):84-90.

[8] 周世华,汪在芹,李家正,等. 西藏的气候特征及其对混凝土性能的影响[J]. 水力发电,2012,38(06):44-47.

[9] 李立辉,陈歆,田波,等. 大气压强对混凝土引气剂引气效果的影响[J]. 建筑材料学报,2021,24(4):866-873.

[10] 朱长华. 青藏高原多年冻土区高性能混凝土的试验研究[D]. 铁道部科学研究院,2004.

[11] 聚山. 高寒条件下混凝土表面早期裂纹成因及防治措施[J]. 铁道标准设计,2004(06):34-37+118.

[12] 刘朋欢. 几种盐对混凝土早期自收缩及抗裂性能影响的研究[D]. 哈尔滨:哈尔滨工业大学,2015.

[13] 葛昕,葛勇,杜渊博,等. 高原气候条件下混凝土力学性能的研究[J]. 混凝土,2020,(3):1-4+8.

[14] 牛开民,田波,等. 西部地区地方性材料在公路路面中的应用[R]. 交通运输部公路科学研究所,2005.

第2章　大气压强对引气剂气泡发育和引气特征的影响

2.1　大气压强对引气剂溶液气泡发育与稳定性的影响

青藏高原有着世界屋脊之称,平均海拔在4000m以上,气候环境严酷,空气干燥稀薄、昼夜温差大、冻融交替频繁等。这些气候特征都会对混凝土拌合物流变特性、硬化特性以及混凝土构造物的长期服役性能产生深远影响。

在混凝土中掺加引气剂引入大量微小的独立气泡,这些气泡可阻断毛细孔之间的连通,有效缓冲冻胀应力对混凝土结构的破坏作用。然而,对于高原低气压环境下混凝土的引气特征,不同学者持有不同观点。岑国平指出,在西安含气量大于4%的混凝土配合比,在玉树复现时含气量只有1%~2%。Y. Li和X. Li在北京和拉萨两地测试新拌混凝土含气量,同样表明低气压环境会降低这一指标,但前者认为降低幅度同引气剂种类有关,而后者明确表示低气压会削弱引气剂的引气能力,导致引气困难。以上学者认为,在高原地区存在混凝土引气困难的问题。但是,Shi的研究则表明,西藏山南地区的引气混凝土含气量只比武汉低1.5%。路明的研究表明,西藏山南地区加查附近的引气混凝土含气量只比贵阳低1.1%。陈华鑫的研究结果则显示,拉萨的引气混凝土与西安的引气混凝土硬化后二者含气量(均小于5.5%的情况下)无明显区别。

引气剂气泡的稳定性与环境气压和引气剂材料性质相关,同时也决定了硬化混凝土孔结构特征。Shi认为当引气剂气泡具有良好的稳定性时,其能够在混凝土中引入损失较小、强度较高的细腻气泡。因此,探究高原低气压环境下引气剂气泡的发育情况变得尤为重要。刘旭和李立辉采用规律振荡方式进行发泡,前者认为低气压环境下引气剂溶液的起泡性能和稳泡性能均有所下降;后者对引气剂溶液气泡尺寸和经时变化进行统计,发现低气压环境初始气泡平均尺寸较常压环境增加70%以上,且发育更快。李扬采用高速搅拌装置进行发泡,对引气剂溶液的气泡产生、气液混合、气液分离和气泡衰亡四个阶段进行分析,认为溶液中气泡的产生和发展与大气压强基本无关。Ley采用升压-释压方式探究新拌水泥浆体中气泡结构的变化情况,结果表明,当气压升至大气压以上0.7bar❶时,浆体中气泡直径减小近20%。

---

❶1bar=0.1MPa。

当前研究人员对于低气压环境下引气剂稳定性的研究，多集中在泡沫的宏观表现和气泡尺寸经时变化等方面，而对于气泡液膜厚度及力学性能的研究较少。A. YD 和 V. M 先后基于颜色仿真法和相移干涉法测量肥皂泡膜厚，作者结合相移干涉和干涉图谱成像技术，自制激光干涉仪，测定引气剂气泡液膜厚度，并结合 Gibbs 弹性方程表征其膜弹性。与此同时，在北京（海拔 50m，气压 101.2kPa）、哈尔滨（海拔 150m，气压 99.5kPa）、楚雄（海拔 2100m，气压 81.2kPa）、拉萨（海拔 3650m，气压 63.1kPa）、日喀则（海拔 3830m，气压 63.8kPa）等地开展测试了引气剂溶液的表面张力和拐点浓度，记录不同时刻引气剂溶液气泡发育情况和泡沫排液情况，讨论大气压强对引气剂溶液的气泡尺寸和泡沫稳定性的影响规律、引气水泥净浆的表观密度和孔径分布特征以及引气水泥砂浆的表观密度和含气量的影响规律，系统地总结大气压强对混凝土引气剂发泡性能的影响规律，为高原地区混凝土引气剂的使用和混凝土材料抗冻性设计提供理论指导。

试验用引气剂分别为竹本油脂（TM-O）、226A 和 226S 共 3 种引气剂，其中 226A 和 TM-O 为市售引气剂；226S 以 226A 引气剂为母液，根据阴阳离子复合协同效应配制而成。引气剂技术参数见表 2-1。为排除离子效应对溶液表面张力的影响，使用蒸馏水配制试验用的引气剂溶液，其他试验用引气剂溶液均使用当地自来水配制，质量浓度均为 0.3wt.%。

引气剂技术参数　　表 2-1

引气剂	简写	类型	颜色	质量浓度(g/L)
竹本油脂	TM-O	烷基醚类阴离子表面活性剂	无色液体	30%
226A	226A	α-烯烃磺酸钠（AOS）	淡黄色液体	33%
226S	226S	复配引气剂	乳白色液体	—

2.1.1 大气压强对引气剂溶液表面张力和拐点浓度的影响

一些研究人员认为，引气剂溶液的表面张力与环境气压呈负相关，低气压环境下引气剂溶液表面张力的增加导致起泡量降低。为进一步验证，分别在北京和拉萨实地测试 TM-O、226A、226S 3 种引气剂溶液，以及自来水、蒸馏水等溶液的表面张力测试结果，如图 2-1 所示。

根据 ASTM D1331，使用自动界面张力仪测量不同环境下引气剂溶液的表面张力和拐点浓度。

（1）表面张力（γ）测试：分别称取 3 种引气剂（各 0.3g）溶于 1000g 纯净水中，配制质量浓度为 0.3wt.% 的引气剂水溶液各 1000mL；移取各组溶液 30mL 至试验皿中，恒温水浴控制在（20 ± 0.5）℃范围，测试各组引气剂溶液的表面张力。

（2）拐点浓度测试：随着引气剂溶液浓度不断增加，溶液内的表面活性分子开始聚集，最终形成表面活性分子团簇，称为胶束，对应的引气剂溶液浓度称为临界胶束浓度（CMC）。表面活性剂的 CMC 值能够很好地衡量其发泡效率,CMC 越低,表面活性剂的发泡效率越高。由于本实验所用引气剂均为混合型引气剂,因此采用文献[24]方法测试各组引气剂溶液的拐点浓度来代替 CMC 值,从而表征大气压强对引气剂发泡效率的影响。具体方法:分别配制质量浓度(c)为 2.4wt.%的 3 种引气剂溶液;依次将试验溶液浓度稀释为上一次溶液浓度的 1/2,分别测试各组稀释溶液对应表面张力值,直到混合溶液的表面张力接近纯净水的表面张力;对所测数据处理并绘制 γ-lg$c$ 曲线,将曲线拐点所对应的质量浓度定义为拐点浓度(N)。

由图 2-1 两地不同溶液的表面张力实测数据可知,当环境气压由 101.2kPa 降至 63.1kPa 时,TM-O、226A 和 226S 3 种引气剂溶液的表面张力发生微小的变化,分别为增加了 1.8%、1.4%和 1.1%,即随大气压强的降低,引气剂溶液的表面张力略有增长,但变化微小,均在 1mN/m 以内。自来水中由于含有一定的离子浓度,因此其表面张力略低于蒸馏水,但两者的表面张力同样受环境气压影响很小。该研究结果与 Y. Li 和贾旭宏等人的结论一致。

当溶液超过这个浓度时,溶液的表面张力和起泡量基本不再变化,因此,引气剂溶液的 CMC 值能够很好地衡量其发泡效率。大气压强对引气剂溶液拐点浓度的影响如图 2-2 所示。

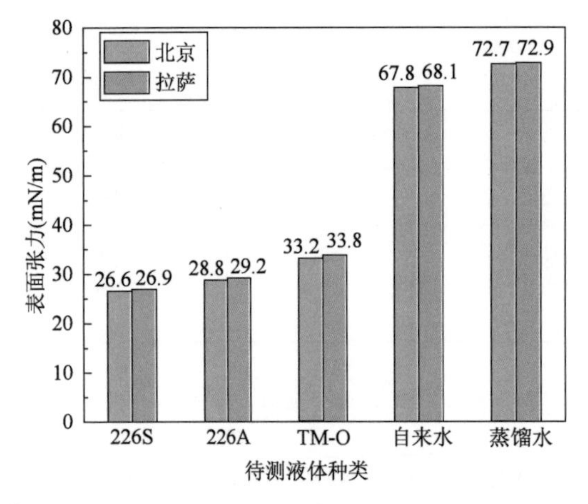

图 2-1 不同大气压强下引气剂溶液的表面张力

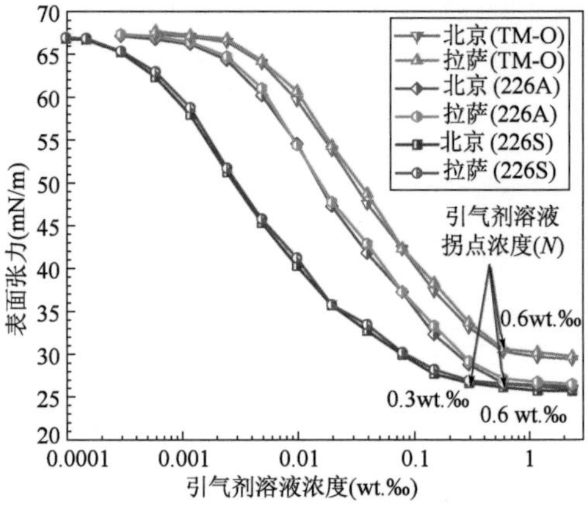

图 2-2 大气压强对引气剂溶液拐点浓度的影响

由图 2-2 可知,大气压强对上述 3 种引气剂溶液的拐点浓度和 γ-lg$c$ 曲线的走势影响甚微。这说明,当环境气压由 101.2kPa 降低至 63.1kPa 时,其对引气剂溶液表面张力和拐点浓度的影响均可以忽略不计。但是,被观测样品所处的环境温度、样品温度以及样品黏度等因素不容忽视。

2.1.2 大气压强对引气剂溶液气泡发育特征的影响

气剂溶液经振荡后形成溶液-泡沫体系,体系内的泡沫随时间逐渐减少,从泡沫全生命期的角度来说,该阶段处于气泡衰亡阶段,即气泡发育过程。泡沫体系内气泡不断发育的主要原因在于相邻气泡间的气体扩散和气泡液膜层排液，气泡在该过程中的形态变化表现为熟化、排液和聚并3种形式。气泡熟化是指相邻气泡间发生气体扩散，进而导致气泡尺寸随时间不断变化的过程；同时，由于液相重力和液膜层内压力差的存在，泡沫体系不断排液；随着相邻气泡间的气体扩散和气泡液膜层排液，气泡间尺寸差异不断增加，气泡液膜厚度不断减小，最终小气泡被大气泡吞噬或液膜层破裂，气泡聚并。通过在不同气压环境下微距拍摄引气剂气泡的几何参数和经时变化、记录引气剂泡沫的排液情况，利用激光干涉仪测定引气剂气泡液膜厚度并结合Gibbs弹性系数方程表征其膜弹性，综合多角度探究大气压强对引气剂气泡发育速率和稳定性的影响规律。

（1）低气压对引气剂气泡初始尺寸和经时变化的影响

在北京（海拔50m，气压101.2kPa）和拉萨（海拔3650m，气压63.1kPa）两地对TM-O、226A和226S三种引气剂的水溶液进行振荡起泡试验，观测振荡后静置5min、15min和30min的气泡平面形态，并对引气剂溶液气泡尺寸测试与分析，按如下步骤进行：

①称取0.1g引气剂溶于200g温度为（12±1）℃的自来水中，获得质量浓度为0.5‰的引气剂溶液。移取该溶液100mL至1000mL量筒中，用橡胶膜密封量筒端口。

②沿水平方向以约30cm的幅度往返振荡量筒，频率为1次/s，振荡30s。结束后竖直量筒，打开橡胶膜，静置5min。

③微距模式下拍摄量筒侧面气泡，如图2-3a）所示。继续静置至第15min和30min时再次拍摄。

④将拍摄的照片导入软件中，准确切取4mm×4mm区域，如图2-3b）所示；识别并处理区域中的气泡壁，如图2-3c）和图2-3d）所示；最终计算出区域内气泡直径、面积和数量等参数，如图2-3e）所示。

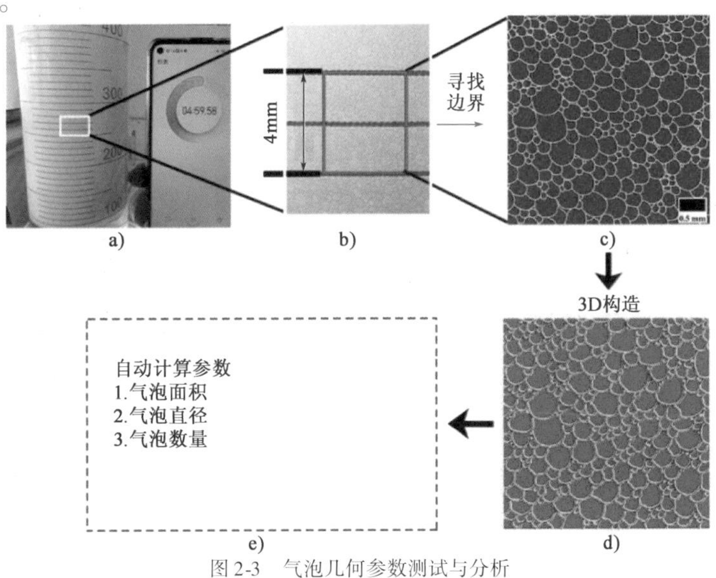

图2-3　气泡几何参数测试与分析

图 2-4 ~ 图 2-6 分别记录了不同气压环境下 TM-O、226A、226S 摇泡结束后静置 5min、15min、30min 的气泡发育情况(均截取 4mm × 4mm 平面区域)。

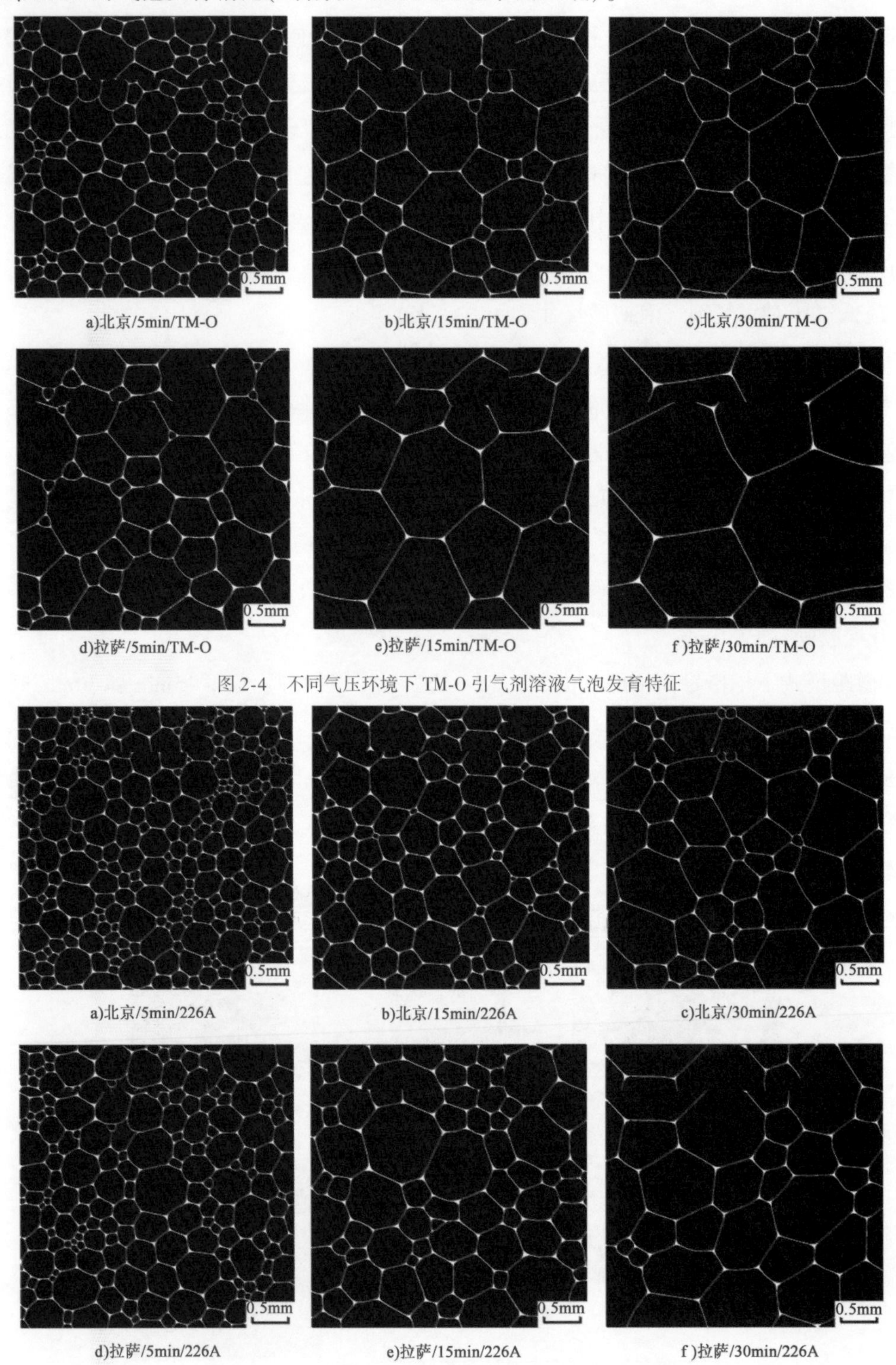

图 2-4　不同气压环境下 TM-O 引气剂溶液气泡发育特征

图 2-5　不同气压环境下 226A 引气剂溶液气泡发育特征

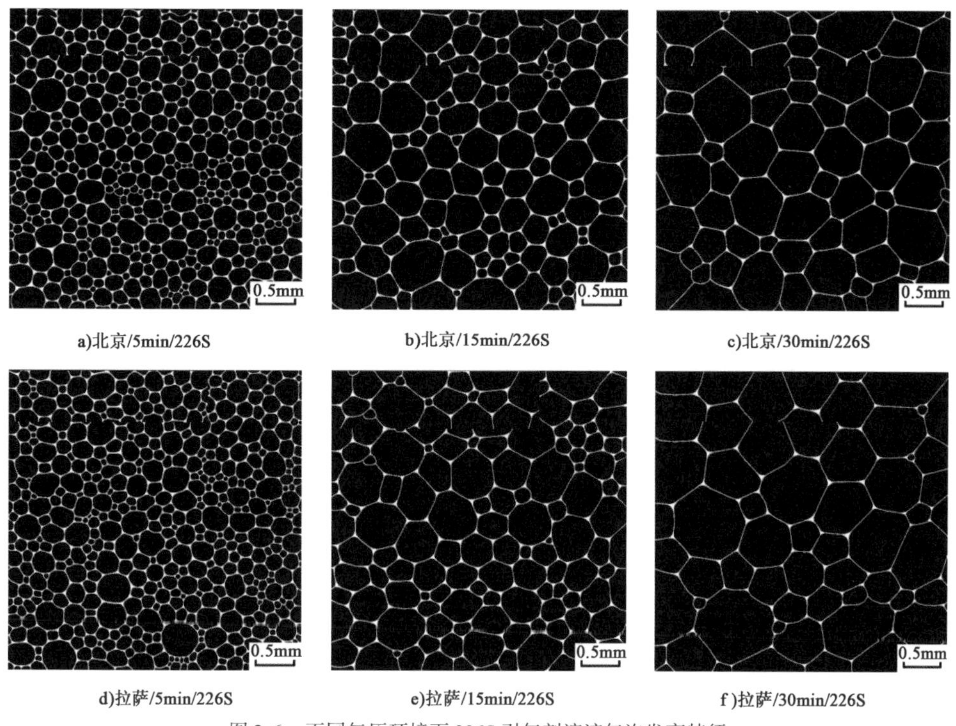

a)北京/5min/226S　b)北京/15min/226S　c)北京/30min/226S

d)拉萨/5min/226S　e)拉萨/15min/226S　f)拉萨/30min/226S

图 2-6　不同气压环境下 226S 引气剂溶液气泡发育特征

对比图 2-4a)、b)、c)和图 2-4d)、e)、f)可知，相比常压环境(101.2kPa)，TM-O 溶液在低气压环境(63.1kPa)下振荡形成的气泡初始尺寸更大，发育速率更快(由于气泡形成初期分散在溶液中不易观测，这里将振荡-起泡后静置 5min 时刻的气泡尺寸定义为“初始尺寸”)。观察图 2-5a)、d)和图 2-6a)、d)发现，以 226A 引气剂为母液，根据阴阳离子复合协同效应制备的 226S，与原引气剂(226A)相比，其产生的气泡初始尺寸有较大幅度减小，气泡群分布区间更为狭小、细腻。观察图 2-4 ~ 图 2-6 发现，226S 水溶液气泡的初始尺寸和发育速率与另外两种引气剂相比，其受低气压环境影响更小。低气压环境(63.1kPa)下，3 种引气剂溶液气泡初始尺寸排序为：TM-O > 226A > 226S。使用 Image J 软件对图 2-4 ~ 图 2-6 中各组引气剂气泡特征参数进行数值化处理，可以得到区域内气泡的费雷特平均直径(近似气泡平均直径)，具体数值详见表 2-2。

不同气压环境下引气剂溶液气泡平均直径　　表 2-2

引气剂	大气压强(kPa)	平均直径(μm)		
		5min	15min	30min
TM-O	101.2，北京	400	673	927
	63.1，拉萨	574	1046	1455
226A	101.2，北京	286	456	651
	63.1，拉萨	336	542	807
226S	101.2，北京	211	381	592
	63.1，拉萨	219	413	633

由表2-2数据可知，当气压环境由101.2kPa降至63.1kPa时，TM-O、226A和226S 3种引气剂溶液形成气泡的初始平均直径均有不同程度的增加，其中，TM-O气泡初始平均直径由400μm增加至574μm，增加了43.5%；226A气泡增加了17.5%；226S气泡相对比较稳定，仅增加了3.8%。该现象证实了引气剂溶液经振荡后形成气泡的初始尺寸与气压环境呈负相关，而不同类型的引气剂所受影响程度不同。其原因是，相比常压环境(101.2kPa)，低气压环境(63.1kPa)中单位体积空气组分稀薄，气泡内外压差比例下降，同时大气压强对溶液表面张力的影响微乎其微。由拉普拉斯方程($R = 2\gamma/\Delta P$)可知，气泡初始尺寸随大气压强的降低而增加。一般认为，不同溶液所形成的气泡其稳定性与溶液的表面张力、黏度、pH值，以及气泡膜弹性、机械强度等性质密切相关。

对图2-4～图2-6的气泡群，按照一定分布区间统计，可得到两种气压环境下，3种引气剂溶液静置不同时刻下的气泡直径分布特征，如图2-7所示(图中B代表北京，L代表拉萨)。

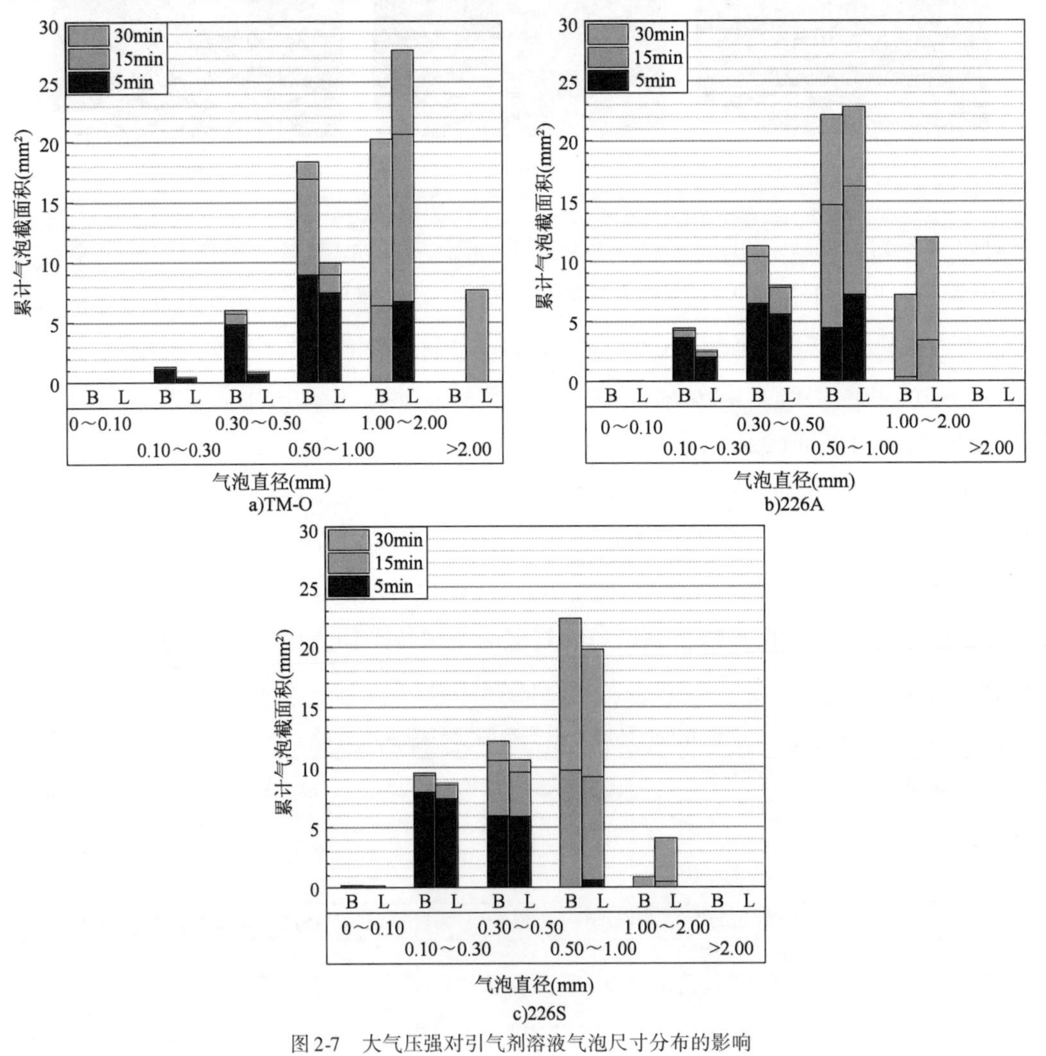

图2-7　大气压强对引气剂溶液气泡尺寸分布的影响

观察图2-7a)、b)、c)中各组引气剂在不同时段内的气泡尺寸分布可以发现,随引气剂溶液静置时间的延长,区域内小气泡累计截面积减少、大气泡累计截面积增加,溶液中的大气泡吞噬、合并周围的小气泡并形成了更大的气泡,使气泡总表面积减小、体系自由能降低。另外,以图2-7a)为例,对比15min时刻气泡尺寸分布发现,相比常压环境(101.2kPa),低气压环境(63.1kPa)下,平均直径在1mm以下的气泡累计截面积减少,1mm以上气泡累计截面积显著增加,这种现象说明低气压环境下大气泡吞噬、合并周围小气泡的速率更快,即气泡发育速率更快。低气压环境(63.1kPa)下,3种引气剂溶液的气泡发育速率排序为:TM-O>226A>226S。

决定气泡发育速率的一个重要因素是气体穿过分隔两个气泡之间的液膜层(图2-8),从一个气泡扩散到另一个气泡中的速率,气体在两个半径分别为R_1、R_2的气泡中的扩散速率q由式(2-1)给出:

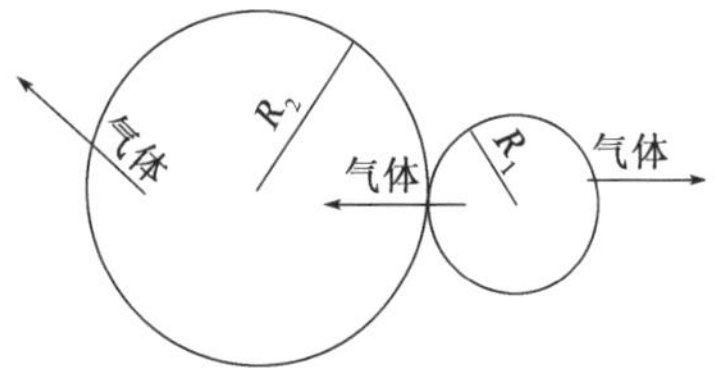

图2-8　相邻气泡间气体扩散模型

$$q = -JA\Delta p \tag{2-1}$$

式中:q——相邻气泡间的气体扩散速率(m/s);

J——扩散路径的渗透率;

A——两气泡间发生扩散位置的有效投影面积(mm^2);

Δp——两气泡中气体的压力差(kPa)。

负号"-"表示气体扩散是朝向压力低的方向进行(即由小气泡到大气泡)。

结合拉普拉斯方程可知,相邻气泡尺寸差异越大,所引起的气体扩散压力差越大。根据式(2-1)可知,相邻气泡压力差越大,气体扩散速率也就越快。对于同一种引气剂,低气压环境下初始气泡尺寸增加,尺寸较大的气泡所占比例高,进而导致大气泡越大、越多,小气泡越小、越少。因此,高原低气压环境下气泡间气体扩散速率更快,气泡发育速率更快。图2-7a)、b)、c)观测数据也证实上述结论,226S溶液的初始气泡尺寸最小,气泡间尺寸差异度最小,受气压影响最小;反之,TM-O溶液形成气泡间尺寸差异最大,气泡发育速率最快,高原稳定性较差。低气压环境(63.1kPa)下,3种引气剂溶液气泡初始尺寸和经时变化的影响程度排序为:TM-O>226A>226S。

(2)大气压强对引气剂溶液泡沫排液速率的影响

泡沫体系中液膜层的排液速率是决定气泡稳定性的重要因素之一。排液会导致液膜层变薄,当膜厚达到临界厚度(50~100Å)时,液膜会自发破裂。

记录一定时间内引气剂溶液泡沫排液情况,具体试验步骤如下:

①分别移取300mL引气剂溶液至自制泡沫分液装置,并采用2.1.1中(1)方法获取引气剂溶液泡沫。

②振荡结束后,立即倒置分液装置,开启秒表计时器静置30s,此时,溶液出现明显泡沫-溶液分层,打开分液开关并重新计时。

③分别记录1min、5min、15min和30min时刻析出液体质量(每组试验重复3次,取平均值),并反算相应剩余泡沫质量(这里将1min时刻剩余泡沫质量记为初始泡沫质量),将试验数据代入公式(2-2)中。

$$m_n = m_0 - kt \tag{2-2}$$

式中:m_n——剩余泡沫质量(g);

m_0——初始泡沫质量(g);

k——泡沫破裂(排液)速率;

t——时间(s)。

由于不同种类引气剂溶液其初始泡沫体积不同,初始泡沫质量差异较大,仅依据排液速率并不能反映真实的泡沫稳定性。这里定义一个排液指数K,K值越小,泡沫稳定性越好,其表达式如式(2-3):

$$K = n \cdot k \tag{2-3}$$

式中:k——泡沫破裂(排液)速率(g/min);

n——析出液体质量占初始泡沫质量的百分比(%)。

以单位时间内泡沫消耗量为评价指标,讨论大气压强对引气剂溶液泡沫排液速率的影响。图2-9记录了TM-O、226A、226S三种引气剂溶液泡沫在北京和拉萨两地30min内的排液规律。

由图2-9可知,随排液时间的延长,剩余泡沫质量逐渐减少。排液过程可以分为两个阶段:第一阶段为快速期,一般发生在振荡-起泡后1~5min内,该时段内气泡刚刚形成,气泡间液膜层较厚,此时,泡沫体系内以重力排液为主导,泡沫排液速率最快;第二阶段为缓慢期,一般在振荡-起泡5min以后,该时段气泡间液膜层逐渐变薄,泡沫排液由重力排液转向压力差排液,排液速率逐渐减缓,直至气泡完全破灭。

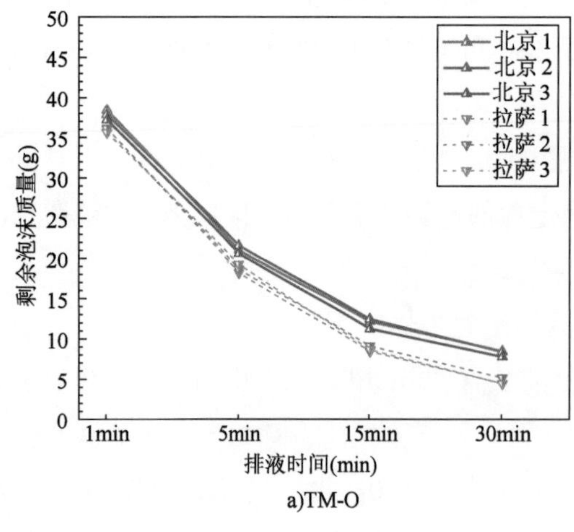

a)TM-O

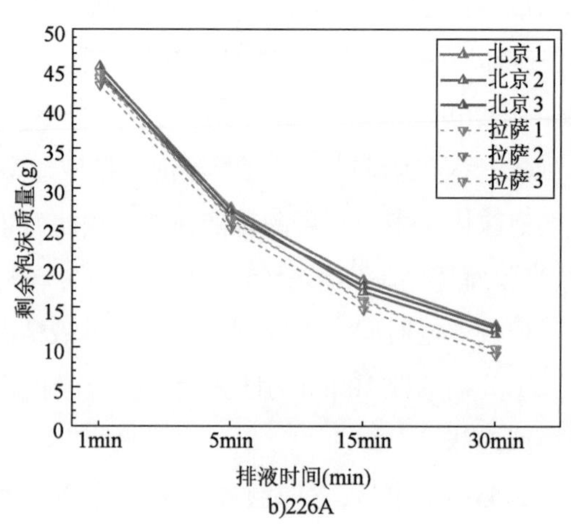

b)226A

图 2-9

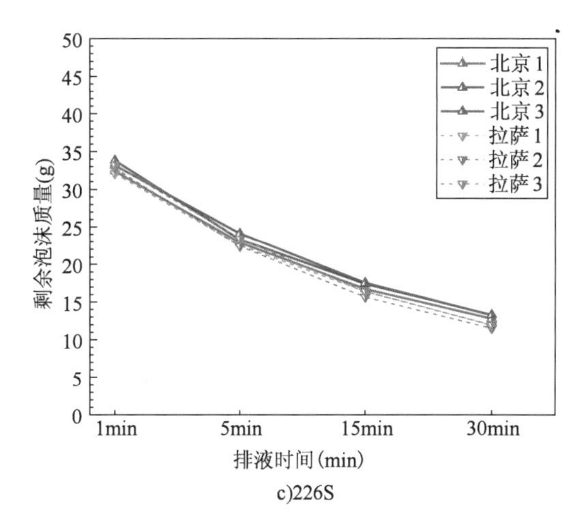

c)226S

图 2-9　低气压环境对引气剂溶液泡沫排液速率的影响

以图 2-9 中 5～15min 的泡沫排液情况为例，对 5min 和 15min 时刻剩余泡沫质量进行统计，并计算该时段内泡沫的排液速率和排液指数，具体数值详见表 2-3。

不同气压环境下引气剂溶液泡沫的排液速率和排液指数　　表 2-3

引气剂	大气压强(kPa)	剩余泡沫的质量(g)		Δm (g)	k (g/min)	K
		5min	15min			
TM-O	101.2,北京	21.197	12.067	9.130	0.913	0.393
	63.1,拉萨	18.790	8.883	9.907	0.991	0.523
226A	101.2,北京	27.193	17.753	9.440	0.944	0.328
	63.1,拉萨	25.713	15.467	10.246	1.025	0.408
226S	101.2,北京	23.380	17.177	6.203	0.620	0.164
	63.1,拉萨	22.720	16.087	6.633	0.663	0.194

由表 2-3 可知，相比常压环境(101.2kPa)，低气压环境(63.1kPa)下 3 种引气剂溶液泡沫的排液速率 k 均有所增加。其中，TM-O 增幅为 8.5%，226A 为 8.6%，226S 为 6.9%。考虑北京和拉萨两地的重力加速度差异较小(9.80m/s^2 和 9.78m/s^2)，且该时段内以压力差排液为主导，故这里主要考虑压力差对排液速率造成的影响。对于同一种引气剂溶液，低气压环境下经振荡形成水膜气泡，其初始气泡尺寸和气泡发育速率较常压环境均有所增长。气泡室体积变大，液膜层 B 处的空间受到压缩变小(图 2-10)；相应地，气泡曲率增长，Plateau 边界 A 处三角区域的空间得以伸展(图 2-10)。因此，相比常压环境(101.2kPa)，低气压环境(63.1kPa)下液膜层内部压力差增加，从而导致泡沫体系的排液速率增加。

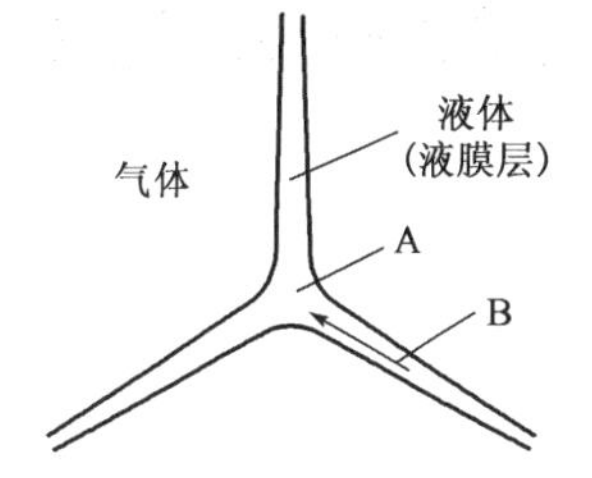

图 2-10　Plateau 边界

仅从排液速率增长幅度来看，大气压强对 3 种引气剂溶液气泡稳定性的影响差异不大。对表 2-3 中泡沫的排液指数进一步分析发现，当环境气压由 101.2kPa 降至 63.1kPa 时，TM-O

的排液指数增长 33.1%,226A 增长 24.4%,而 226S 仅增长 18.3%(图 2-11)。由此可判断,大气压强对 TM-O 溶液气泡稳定性的影响最大,226A 次之,226S 最小。引气剂溶液气泡的稳定性除与泡沫体系的排液速率有关,还与气泡液膜自身的机械强度和膜弹性相关,气泡液膜强度和弹性越高,其在发育演变过程中受环境气压的影响越小。

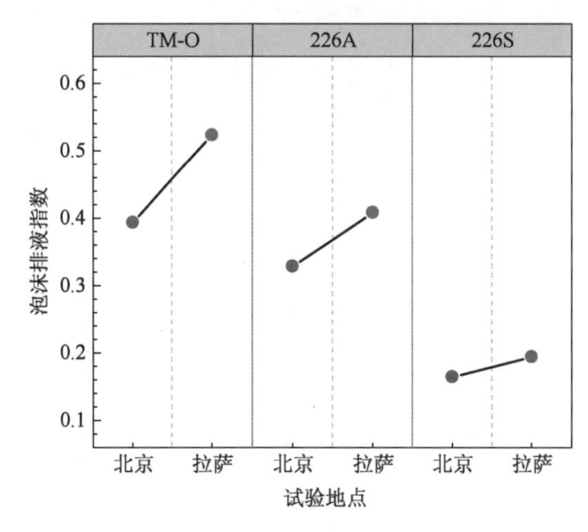

图 2-11　低气压环境对引气剂溶液泡沫排液指数的影响

(3)大气压强对引气剂溶液气泡液膜厚度及膜弹性的影响

①气泡液膜厚度测试原理及方法。

一束单色光射入气泡,气泡液膜的上下表面会同时反射光线并产生干涉。根据薄膜干涉理论,并结合光线波长 λ、干涉条纹间距 L 和反射光线的光程差 Δ,可求得气泡液膜厚度 e。

由于入射光线垂直射入气泡,故所测区域为气泡弧顶位置。静置状态的水膜气泡会发生重力排水(图 2-12),弧顶区域薄膜厚度由中心向四周呈递减趋势。基于此,采用等厚干涉中的劈尖干涉模型(图 2-13)。

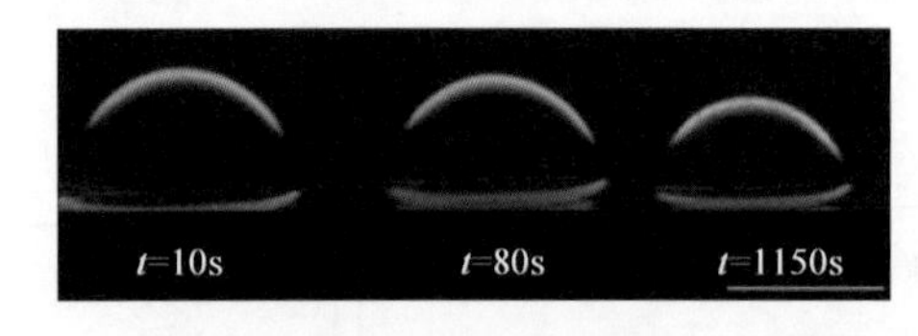

图 2-12　气泡重力排水

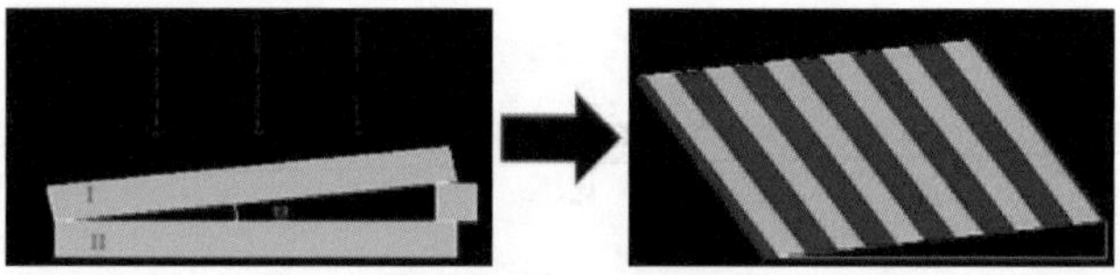

图 2-13　劈尖干涉模型

已知反射光线的光程差公式如下:

$$\Delta = 2ne\cos\theta + \frac{\lambda}{2} = k\lambda(k = 1,2,3\cdots) \text{ 或 } \frac{(2k+1)\lambda}{2}(k = 0,1,2,3\cdots) \tag{2-4}$$

式中:Δ——反射光线的光程差(nm);

n——待测薄膜层间液体折射率(无量纲);

e——薄膜厚度(nm);

θ——入射角度(rad)；

λ——入射光线波长(nm)。

由光程差公式结合劈尖干涉模型可以推得：

$$\begin{cases} 2ne_k + \dfrac{\lambda}{2} = k\lambda & ① \\ 2ne_{k+1} + \dfrac{\lambda}{2} = (k+1)\lambda & ② \end{cases} \tag{2-5}$$

联立公式(2-5)中①、②两式，可推出相邻条纹厚度差 $\Delta e = \dfrac{\lambda}{2n}$③。由于薄膜倾角很小，这里认为 $\theta = \sin\theta = \dfrac{\Delta e}{l}$④。联立③、④两式，可推出液膜厚度 e：

$$e = \theta \cdot L = \frac{\lambda}{2nl} \cdot L \tag{2-6}$$

式中：L——测试区域干涉条纹间距总和(mm)；

λ——入射光线波长(nm)；

n——薄膜层间液体折射率，这里取 1.33；

l——干涉条纹间距(mm)。

依据薄膜干涉原理，结合迈克尔逊干涉仪光路系统[图 2-14a)]，开发激光干涉仪[图 2-14b)]。

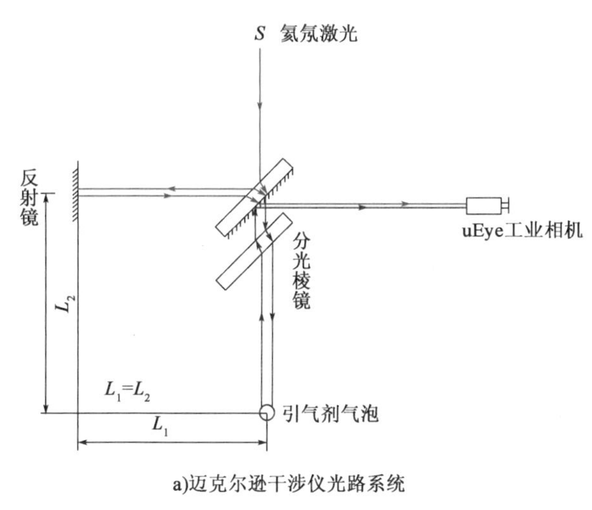

a)迈克尔逊干涉仪光路系统

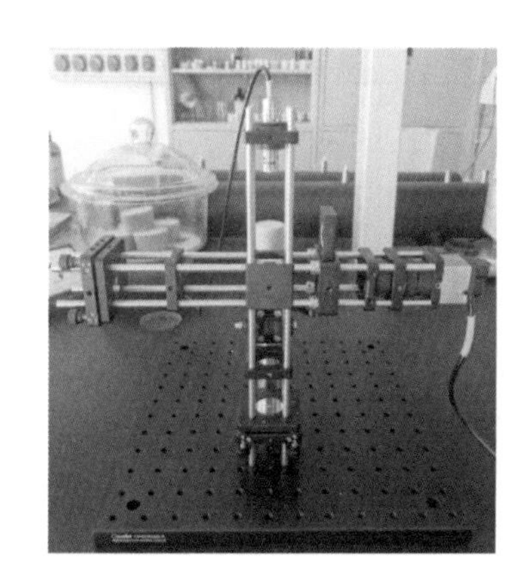

b)激光干涉仪

图 2-14　干涉仪

具体试验步骤：a. 将激光干涉仪、uEye 工业相机、计算机接收系统连接构成干涉系统[干涉系统如图 2-15a)所示，详细参数见表 2-4]；b. 开启光源，光线竖直射向基座铝膜反射镜片，通过调节微调螺母，使之呈现出一系列平行等距、明暗相间的清晰直条纹[图 2-15b)]；c. 使用微型注射器抽取 1mL 引气剂溶液，并将注射器固定于载物台中心位置，轻轻推进活塞约 5mm，吹制得水膜气泡[图 2-15c)]；d. 此时，显示器中干涉条纹部分区域发生变化[图 2-15e)]，截取此刻干涉图样,根据图样标尺,计算该区域干涉条纹间距平均值 l,并统计测试区域内干涉条纹间距总和 L(每组试验重复 5 次,取平均值);e. 将试验数据代入公式(2-6),计算得出气泡液膜平均厚度。

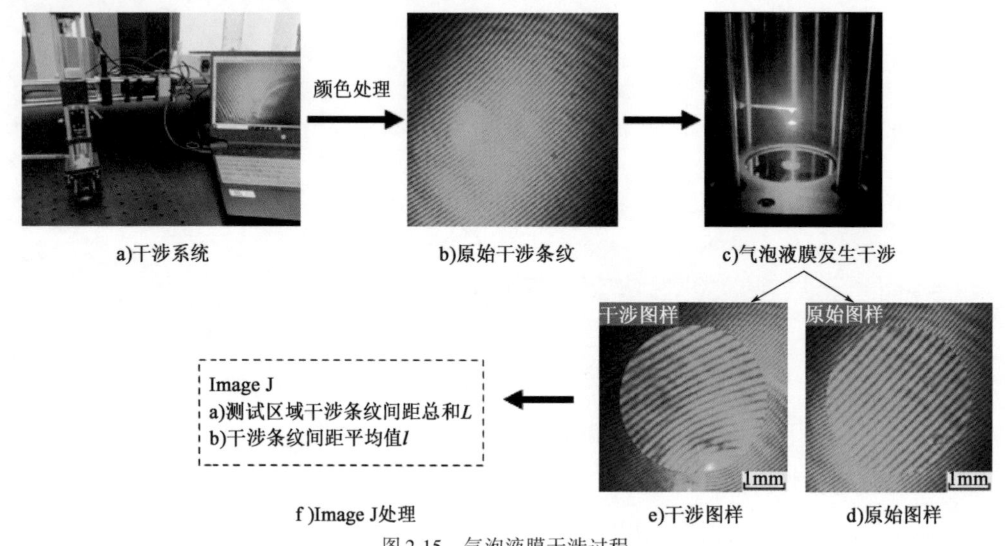

图 2-15 气泡液膜干涉过程

干涉系统规格 表 2-4

测量原理	光源	光圈	快门时间	相机	分辨率	像素比
薄膜干涉理论	氦氖激光 $\lambda=632.8$nm	50.8mm	200ms(高分辨率模式,10 帧)	uEye UI-2240SE-C-HQ	1280×1024	10bt

②结果讨论。

由 TM-O、226A 和 226S 3 种引气剂溶液吹制而成的单个水膜气泡经 He-Ne 激光直射所产生的干涉图样,如图 2-16 所示。

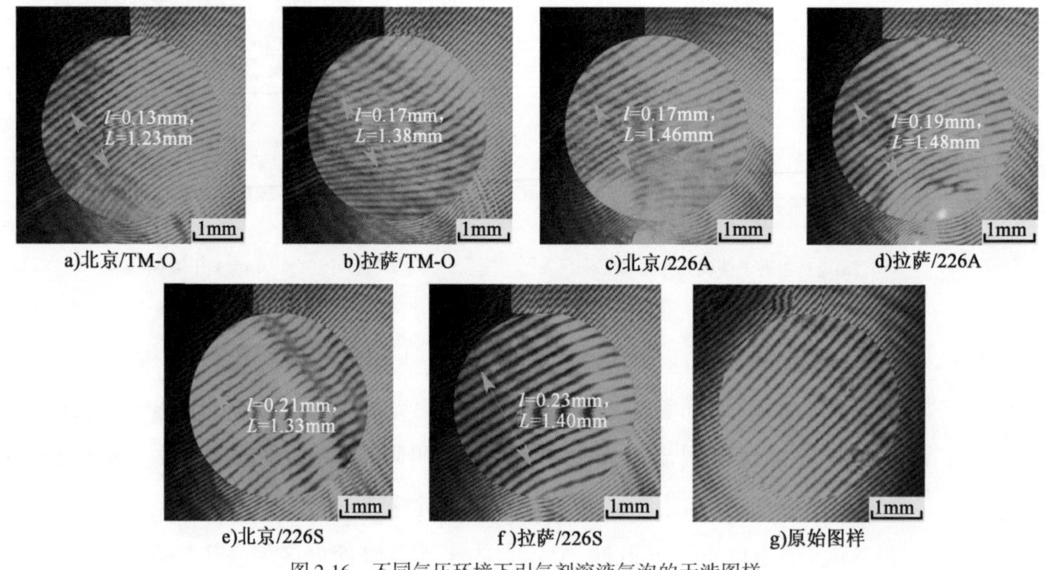

图 2-16 不同气压环境下引气剂溶液气泡的干涉图样

利用 Image J 软件对上述干涉图样进行处理，计算干涉条纹间距。根据公式(2-6)可计算得出各组气泡液膜厚度，如表 2-5 所示。

不同气压环境下引气剂溶液气泡液膜厚度　　表 2-5

引气剂	TM-O		226A		226S	
大气压强(kPa)	101.2，北京	63.1，拉萨	101.2，北京	63.1，拉萨	101.2，北京	63.1，拉萨
液膜厚度(μm)	2.19	1.93	2.04	1.87	1.52	1.43

由表 2-5 可知，3 种引气剂所形成的气泡液膜厚度为微米量级，当环境气压由 101.2kPa 下降至 63.1kPa 时，3 种引气剂气泡液膜厚度均有不同程度的减小。其中，TM-O 减小幅度最大，为 11.9%；226A 为 8.3%，而 226S 仅减小了 6.0%。对于单个气泡而言，气压降低导致气泡内外压差比例下降，气泡室体积膨胀，气泡液膜因受到拉应力而变薄。当泡沫液膜层(气泡液膜)中的某一区域变薄或拉伸时，该区域膜面积增加，引气剂分子密度减小，导致表面张力增加，从而产生一个界面张力梯度，驱动液体从周围厚膜区域流向薄膜区域，阻止液膜进一步变薄(图 2-17)。该现象称为 Gibbs-Marangoni 效应。Marangoni 效应和 Gibbs 效应分别基于平衡表面张力和瞬态表面张力解释了这一现象，两种膜弹性理论均主张：薄膜拉伸时，产生的局部表面张力增加，进而引起薄膜弹性。

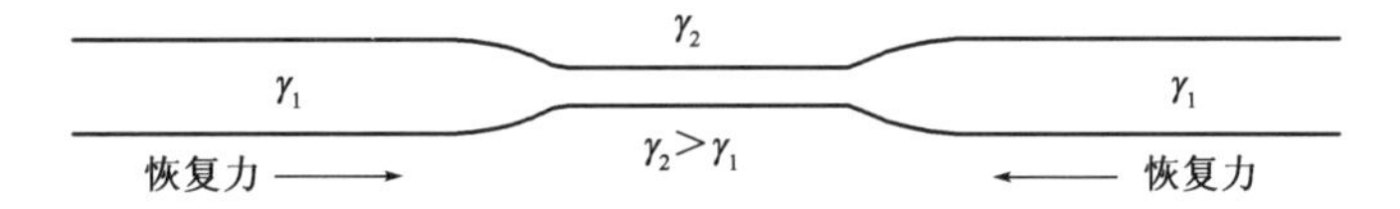

图 2-17　泡沫液膜层局部伸展及膜弹性产生机理

当某种溶质溶于水形成溶液时，根据能量最低原理，若溶质具有降低溶剂表面张力的效能，则 c(表面层) > c(体相)；反之，c(表面层) < c(体相)。溶质在溶液表面层与在溶液体相中的浓度差异现象称为溶液的表面吸附，表面吸附程度可用表面吸附量(或称表面过剩浓度 Γ_1)来表示，表面过剩浓度(Γ_1)为溶液表面(界面)上单位面积某组分的实际浓度(或称表面浓度 Γ)与其在一个相同体积的参照体系中的浓度差额，即 $\Gamma_1 = \Gamma - Bc$(B 为参照体系当量)，单位为 mol/cm^2。对于表面活性剂形成的溶液，其溶液的体相浓度(c)远小于表面浓度(Γ)，因此，研究人员通常认为溶液的表面浓度(Γ)与表面过剩浓度(Γ_1)相近或一致。然而 Rosen 认为，该假设在气泡液膜研究中并不准确，他认为这种浓度差异不可忽略，即溶液的表面过剩浓度(Γ_1)为表面浓度(Γ)与参照体系中的体相浓度(c)之差($\Gamma_1 = \Gamma - Bc$)；只有当溶液达到表面“饱和”时，表面过剩浓度(Γ_1)才近似等于表面浓度(Γ)($\Gamma_1 \approx \Gamma$)。

基于此，Rosen 对 Sheludko 定义的液膜元素的溶质含量模型进行修正，并结合 Gibbs 表面弹性系数 $E = \frac{2\mathrm{d}r}{\mathrm{d}A/A}$和 Langmuir 吸附方程 $\Gamma = \frac{\Gamma_{\mathrm{m}} c}{B + c}$，推导出可用于定量估计气泡液膜弹性的方程：

$$E = \frac{4\Gamma_1^2 RT}{h_b c + 2\Gamma\left(1 - \frac{\Gamma}{\Gamma_m}\right)} \tag{2-7}$$

式(2-7)的推导过程见附录。

当引气剂溶液浓度超过 CMC 的 1/3 时(这里看作溶液拐点浓度的 1/3),认为溶液达到表面"饱和",此时,溶液表面浓度 Γ 达到一个不变的最大值 Γ_m,即 $\Gamma = \Gamma_m$,$\Gamma_1 \approx \Gamma$。此时有:

$$E = \frac{4\Gamma^2 RT}{h_b c} \tag{2-8}$$

式中:E——气泡液膜的表面弹性系数(dyn/cm^2);

Γ_1——溶液表面过剩浓度(mol/cm^2);

R——$8.31 \times 10^7 erg/(mol \cdot K)$;

T——溶液温度(K);

h_b——液膜层厚度,这里近似看作液膜厚度(cm);

c——溶液体相浓度(mol/cm^3);

Γ——溶液表面浓度(mol/cm^2);

Γ_m——溶液表面饱和时的表面浓度(mol/cm^2)。

对于公式(2-8),气泡液膜的表面弹性系数 E 越大,气泡液膜变薄时抵抗冲击的能力越强。同时,当溶液的表面浓度和体相浓度一定时,表面膜弹性与液膜临界厚度(50~100Å)呈负相关。

对于离子型表面活性剂溶液,$\Gamma = -\frac{1}{4.606RT}\left(\frac{\partial\gamma}{\partial \lg c}\right)_T$,当引气剂溶液浓度范围在 1/3CMC ~ CMC(1/3N ~ N)时,界面被表面活性分子所饱和,γ-lg$c$ 曲线斜率基本是一个常数。因此,对该段 γ-lg$c$ 曲线做线性拟合分析,得到各组引气剂溶液的$\partial\gamma/\partial\lg c$ 值,从而求得溶液在表面饱和时的表面浓度 Γ_m,然后根据表 2-5 中各组气泡液膜厚度,结合公式(2-8),计算各组气泡液膜的表面弹性系数 E,结果如表 2-6 所示。

不同气压环境下引气剂溶液气泡液膜的表面弹性系数 表 2-6

引气剂	TM-O		226A		226S	
气压(kPa)	北京(101.2)	拉萨(63.1)	北京(101.2)	拉萨(63.1)	北京(101.2)	拉萨(63.1)
Γ_m[(mol/cm^2)(1×10^{-10})]	1.71	1.74	1.63	1.65	1.42	1.43
E(dyn/cm^2)	13.23	15.72	13.02	14.51	13.31	14.58

虽然大气压强的变化对引气剂溶液表面浓度影响甚微,但是对气泡膜弹性影响较为显著。由表 2-6 中数据可知,当环境大气压强由 101.2kPa 下降至 63.1kPa 时,226A 和 226S 气泡液膜的表面弹性系数增长幅度相当,TM-O 增长幅度最大,由 13.23dyn/cm^2增至 15.72dyn/cm^2,增加了 18.8%。由于该过程中 TM-O 气泡尺寸增长幅度最大,其气泡液膜受到拉伸变薄的趋势

也最大，因此，膜弹性系数变化最明显。此外，表2-6数据证实，并不是气泡液膜的表面弹性系数越大，其气泡就越稳定，气泡液膜的表面弹性系数只是表征其液膜达到临界厚度的水平，即当溶液体相浓度和溶液表面浓度一定时，气泡液膜的表面弹性系数越大，气泡破灭时液膜的临界厚度越小。低气压下TM-O气泡在其液膜达到临界厚度前具有最大膜弹性，但由于自身液膜强度较低、分子排列致密性差，所以稳定性仍然较差。

2.2　大气压强对水泥砂浆引气效果与孔结构的影响

2.2.1　大气压强对引气水泥净浆孔径分布的影响

试验用两种引气剂AES和303R溶液（AES有效成分为脂肪醇聚氧乙烯醚硫酸钠，质量分数为27%；303R有效成分为烷基糖苷，质量分数为32%）掺入量为水泥质量的0.5wt.‰，试验水泥净浆与砂浆的配合比见表2-7。

试验水泥净浆与砂浆的配合比　　表2-7

试样	水(g)	水泥(g)	ISO标准砂(g)	减水剂掺量(%)	引气剂掺量(‰)
水泥净浆	500	1000	—	—	0,0.15,0.30,0.45
水泥砂浆	225	450	1350	1.0	0,0.15,0.30,0.45

引气剂在水泥净浆中的引气效果以硬化后引气水泥净浆的表观密度来表征。北京（海拔50m，气压101.2kPa）、楚雄（海拔2100m，气压81.2kPa）和日喀则（海拔3830m，气压63.8kPa）三地不同气压条件下，引气水泥净浆的表观密度见图2-18。由图2-18可知，硬化引气水泥净浆的表观密度随着搅拌成型环境气压的降低，即其内部孔隙率随着气压下降而增加。该趋势在引气剂掺量较大时更为清晰。

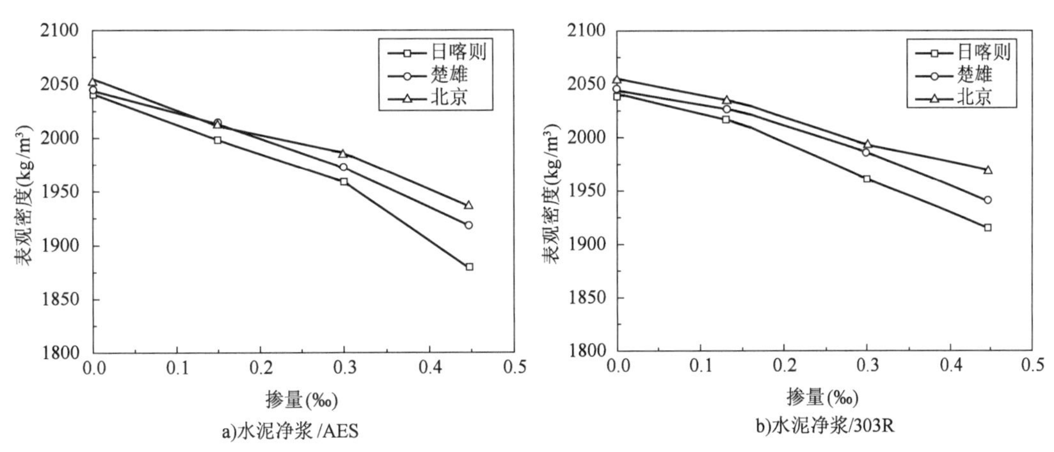

图2-18　不同气压下硬化水泥净浆的表观密度

利用压汞法，对三地成型的引气水泥净浆进行孔结构试验，得出不同气压下成型硬化的引气水泥净浆孔径分布，见图2-19。

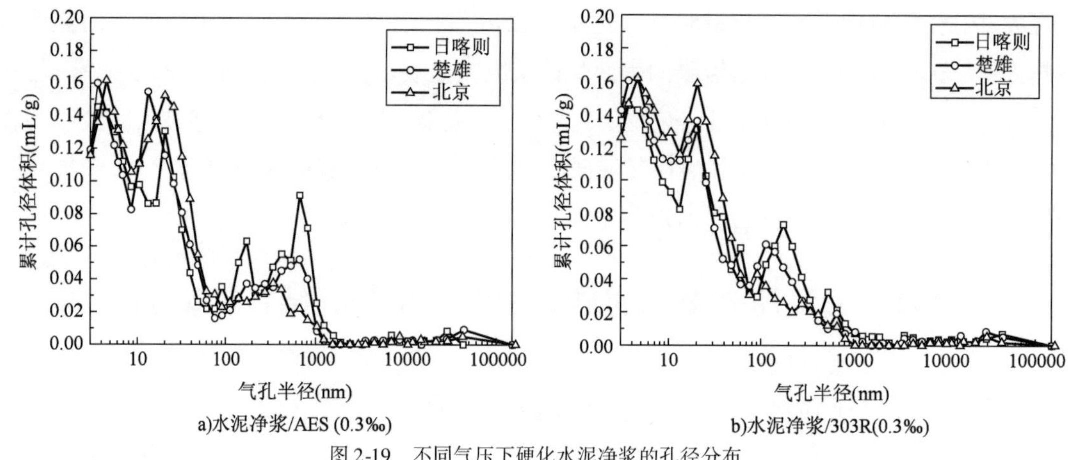

图 2-19 不同气压下硬化水泥净浆的孔径分布

从图 2-19 中可以发现，相较常压环境成型硬化的引气水泥净浆，低气压环境下成型硬化的引气水泥净浆中半径为 10nm 至 100nm 的孔偏少，而半径为 100nm 至 1000nm 的孔偏多。搅拌成型的引气水泥净浆，其气压环境越低，该趋势越明显。当气孔半径在 100nm 至 1000nm 范围内时，累计孔径体积由大到小的排序分别为日喀则水泥净浆、楚雄水泥净浆、北京水泥净浆。因此，图 2-18 表现出引气水泥净浆表观密度随气压降低而降低现象的原因是低气压环境下引气水泥净浆中的孔体积增大，这也与溶液试验中观察到的引气剂溶液气泡在低气压下偏大的现象相互印证。

2.2.2 大气压强对引气水泥砂浆含气量的影响

北京（海拔 50m，气压 101.2kPa）、楚雄（海拔 2100m，气压 81.2kPa）和日喀则（海拔 3830m，气压 63.8kPa）三地不同气压条件下，引气水泥砂浆的表观密度见图 2-20。低气压环境下成型的砂浆较常压环境成型的砂浆表观密度出现微小幅度的降低，呈现了与水泥净浆相反的趋势。结合溶液气泡尺寸与净浆孔结构的分析结果以及水泥净浆与砂浆在成型方法上的差异性，因低气压环境下形成的较大尺寸的气泡在水泥砂浆的振捣过程中更容易破灭或上浮逸出，一定程度上降低了引气水泥砂浆内部的含气量。而水泥净浆则由于是静置成型，没有因振捣导致含气量损失。

由在北京成型的非引气水泥砂浆表观密度为 2296kg/m^3（图 2-20）、含气量为 3.6%，可知在该配合比下水泥砂浆的骨架密度（摒除所有气孔）为 2382kg/m^3。在此基础上，结合图 2-20 中各组砂浆的表观密度 ρ，可以换算出各组砂浆的含气量 A：

$$A = (2382 - \rho)/2382$$

不同气压下硬化砂浆的含气量见图 2-21。

由图 2-21 可见，随着气压降低，引气砂浆的含气量也有所降低。但是，这个降低值不超过 2.1%。考虑到混凝土中砂浆体积约占总体积的 60%，根据该砂浆试验结果可以推测这个降低值在混凝土中约为 1.2%。该值接近于 Shi、路明和陈华鑫等学者的现场混凝土试验结果。

这样的降低幅度可以通过适当提高引气剂掺量来调节。因此，试验研究的高原低气压环境不会造成混凝土在工程意义上的引气困难。

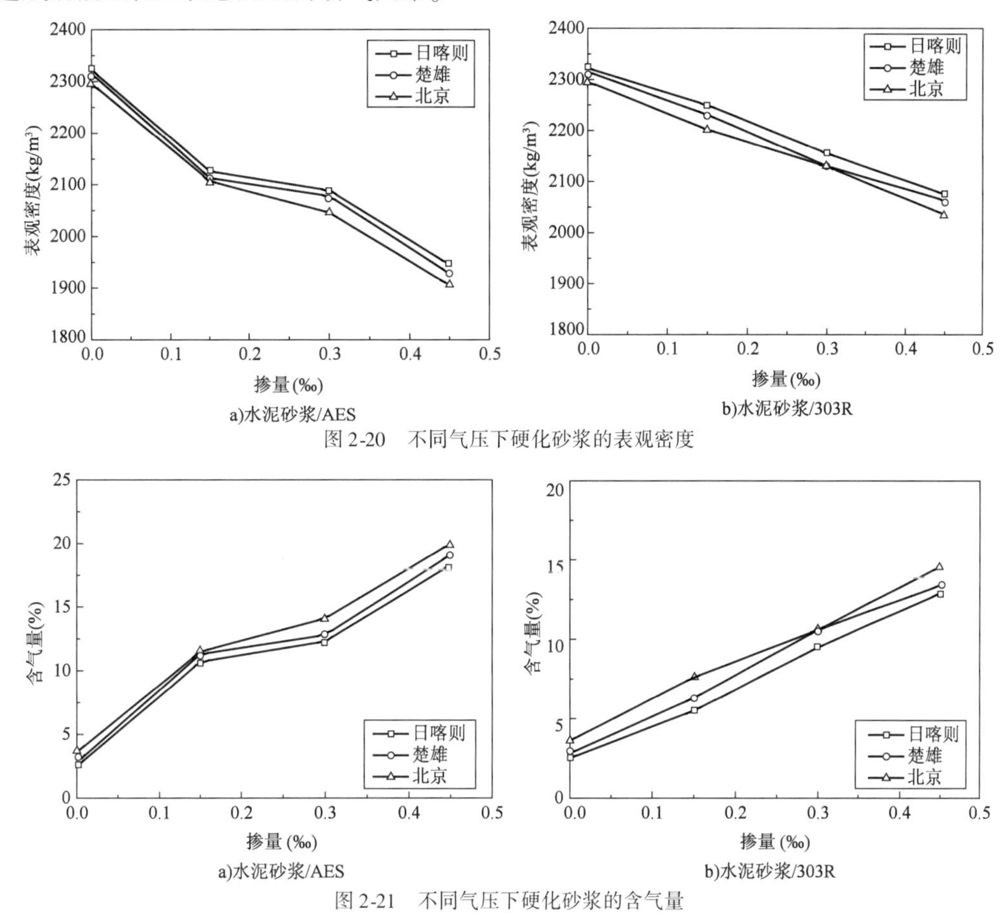

图2-20　不同气压下硬化砂浆的表观密度

图2-21　不同气压下硬化砂浆的含气量

2.2.3　大气压强对引气水泥砂浆气孔结构的影响

研究发现，不同种类引气剂其低气压下气泡尺寸差异较大，有学者认为这可能与表面张力大小相关，氟碳类表面活性剂具有极小的表面张力。为此，选择了FC-1、FC-2两种氟碳类表面活性剂，比较分析了气压对不同引气剂引气水泥砂浆气孔结构的影响规律。

砂浆试验引气剂种类、掺量与成型气压　　表2-8

组　号	引　气　剂	掺量(‰)	气压(atm)❶
M1-1.0	303R	0.3	1.0 哈尔滨
M1-0.5			0.5 日喀则
M2-1.0		0.4	1.0 哈尔滨
M2-0.5			0.5 日喀则

❶1atm = 101328Pa。

续上表

组　　号	引　气　剂	掺量(‰)	气压(atm)
M3-1.0	FC-1	0.06	1.0 哈尔滨
M3-0.5			0.5 日喀则
M4-1.0		0.09	1.0 哈尔滨
M4-0.5			0.5 日喀则
M5-1.0	FC-2		1.0 哈尔滨
M5-0.5			0.5 日喀则
M6-1.0			1.0 哈尔滨
M6-0.5			0.5 日喀则

按表 2-8 配合比分别在哈尔滨(海拔 150m,气压 99.5kPa)与日喀则(海拔 3830m,气压 63.8kPa)拌和成型水泥砂浆试件,将养护完成的砂浆切成矩形板状试件,参照《公路工程水泥及水泥混凝土试验规程》(JTG 3420—2020)"T 0584—2020 水泥混凝土气泡间距系数试验方法",采用导线法进行砂浆气孔结构试验。每组试件最小观测总面积为 6000mm^2,最小导线总长度为 1900mm。试验结果包括砂浆抗冻性指标(含气量、气泡间距系数)和气孔尺寸参数(平均孔径、比表面积)。

(1)大气压强对引气砂浆抗冻性指标的影响

不同气压下成型的引气砂浆的抗冻性指标见图 2-22。

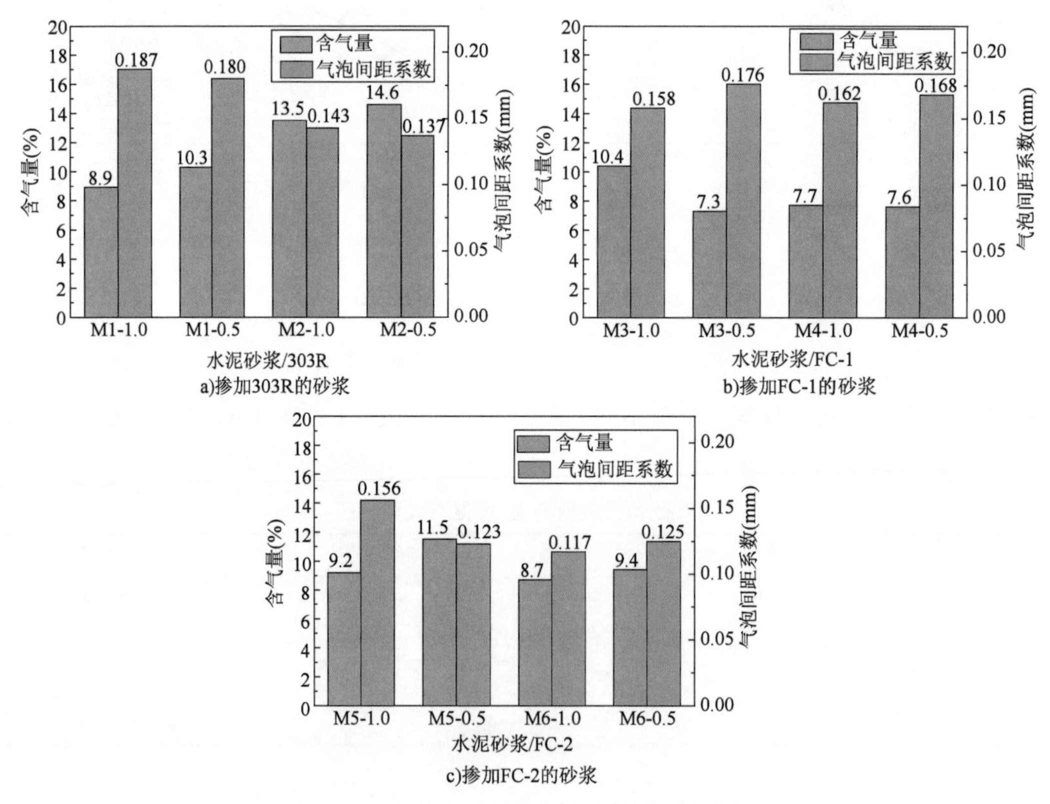

a)掺加303R的砂浆

b)掺加FC-1的砂浆

c)掺加FC-2的砂浆

图 2-22　不同气压下成型的引气砂浆的抗冻性指标

孔结构的抗冻性指标包括含气量与气泡间距系数两项。一定范围内,含气量越大、气泡间距系数越小,则水泥基材料的抗冻性能越好。从图 2-22a)可知,掺加 303R 的硬化砂浆中,含气量随引气剂掺量的增加而增大,气泡间距系数随引气剂掺量的增加而减小,即从气孔结构上看,该组砂浆的抗冻性指标随掺量的增加而提高。当掺加 303R 的砂浆在负压下成型时,其含气量相较常压成型时略大,气泡间距系数相较其常压成型时略小,即其孔结构上的抗冻性指标没有体现出随成型气压降低而劣化的趋势。

图 2-22b)和图 2-22c)中,砂浆的含气量并没有随着引气剂(FC-1、FC-2)掺量的增加而增大,反映了氟碳类表面活性剂在充当混凝土引气剂时的不稳定性。当掺加 FC-1 的砂浆在负压下成型时,其含气量相较常压成型时小,气泡间距系数相较其常压成型时大,即其孔结构上的抗冻性指标随成型气压降低而劣化,呈现出了与掺加 303R 的砂浆截然相反的趋势。而当掺加 FC-2 的砂浆在负压下成型时,其含气量较常压成型时大,但气泡间距系数与成型气压没有呈现出清晰的相关性。

(2)大气压强对引气砂浆气孔尺寸的影响

不同气压下成型的引气砂浆的气孔尺寸参数见图 2-23。

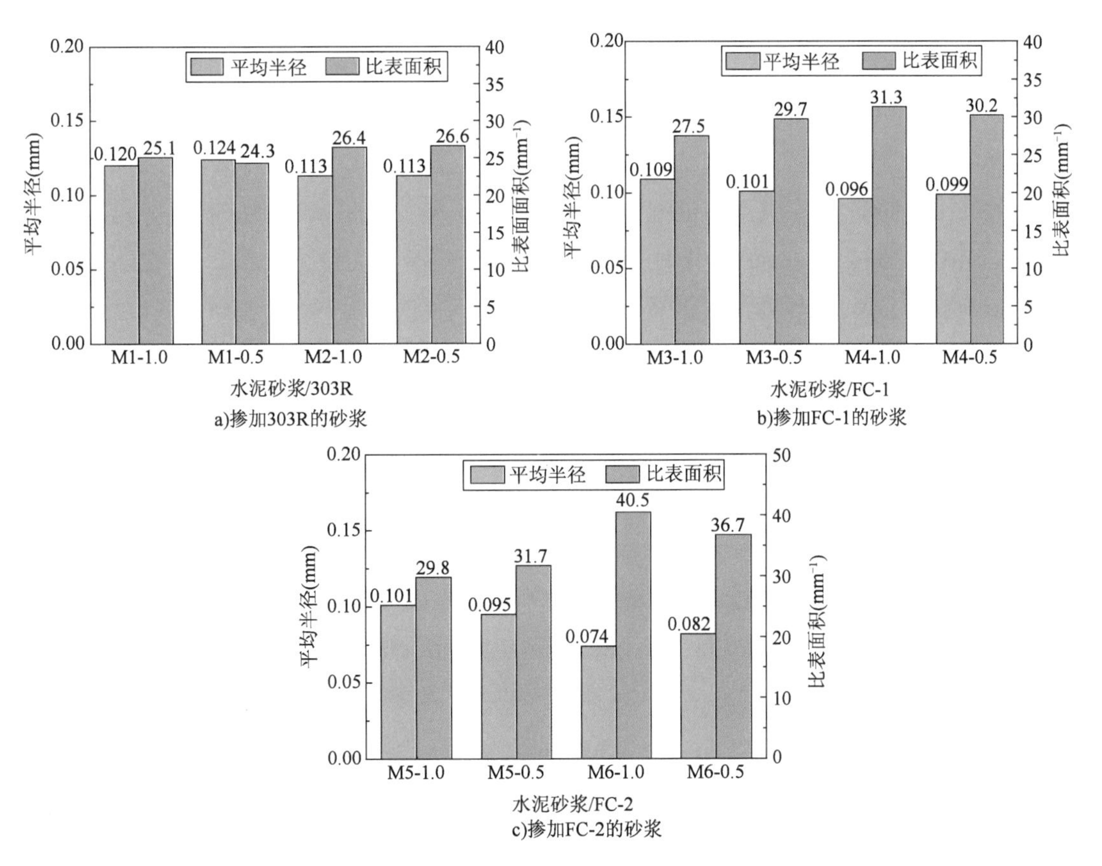

a)掺加303R的砂浆

b)掺加FC-1的砂浆

c)掺加FC-2的砂浆

图 2-23　不同气压下成型的砂浆的引气砂浆的气孔尺寸参数

气孔尺寸参数包括平均半径与比表面积两项，二者彼此负相关，平均半径越小或比表面积越大，证明引入的气孔尺寸越小。

综合图2-23a)、b)、c)可以发现，砂浆的气孔尺寸随着引气剂掺量增加而略有缩小。但是，砂浆的气孔尺寸没有呈现出与气压变化相关的规律，这一点与陈华鑫的研究结果相似。对比图2-23a)与图2-23b)、c)，氟碳类表面活性剂(FC-1、FC-2)在砂浆中引入的气孔比303R引入的气孔要小，即引气对水泥基材料力学性能的不利影响更小。

2.3 本章小结

(1)随着环境大气压强的降低，引气剂溶液的表面张力和拐点浓度的变化微小，甚至可以忽略不计。

(2)对于同一种引气剂而言，其溶液形成气泡的初始尺寸与环境的大气压强呈负相关，即高原低气压环境下的气泡初始尺寸更大，但是不同材料的影响程度不同。相比常压环境，低气压环境下引气剂溶液气泡初始尺寸增长与发育速率更快，决定气泡发育关键是相邻气泡间的气体扩散速率。相邻气泡尺寸差异越大、压差越大，较小的气泡，其内部具有较大的压强，气体由小气泡扩散至大气泡，即大气泡吞噬相邻小气泡，最终大气泡越大、越多，小气泡越小、越少。

(3)气泡排液可分为快速期和缓慢期，其中快速期发生在气泡形成5min内，液膜较厚，以重力排液为主导；当液膜层逐渐变薄，排液进入缓慢期，排液动力由重力排液转向压力差排液。随环境大气压强的下降，引气剂溶液泡沫排液速率加快，泡沫排液指数增加。

(4)TM-O、226S、226A 3种引气剂所形成的气泡液膜厚度为微米量级。大气压强对气泡膜厚度影响较为显著，当环境大气压强由101.2kPa下降至63.1kPa时，TM-O减小幅度最大，为11.9%，226A减小了8.4%，而226S减小了6.0%。

(5)大气压强对气泡膜厚度和膜弹性影响较为明显。当环境大气压强由101.2kPa下降至63.1kPa时，3种引气剂溶液气泡液膜厚度均有不同程度的减小，其中226S液膜厚度变化最小；3种引气剂溶液气泡液膜达到临界厚度时的气泡液膜表面弹性系数均增加，其中气泡液膜表面弹性系数排序为TM-O>226S>226A。需指出，并不是气泡液膜表面弹性系数越大，其气泡越稳定，液膜表面弹性系数只是表征其液膜达到临界厚度的水平，即气泡破灭时的临界厚度，例如TM-O气泡自身液膜强度较低、分子排列致密性差，所以稳定性依然较差。

(6)随着环境气压的降低，硬化的引气水泥净浆的表观密度呈较小趋势，即其内部的孔体积有所增加。三地水泥净浆在气孔半径为100nm至1000nm范围内时，累计孔径体积的排序为日喀则水泥净浆>楚雄水泥净浆>北京水泥净浆。

(7)引气水泥砂浆的表观密度随着气压降低出现小幅度增加，即含气量有所减小，但减小值在2.1%(相当于混凝土1.2%)以内。

（8）不同引气剂形成的气泡尺寸差异较大。303R 型引气剂在水溶液与水泥净浆中的气泡尺寸均小于 AES 型引气剂，FC-1 和 FC-2 在水泥砂浆中引入的气孔尺寸较303R 引入的气孔尺寸更小，但 FC-1 和 FC-2 在水泥砂浆中的引气效果不稳定，不利于施工控制，在工程中不宜直接作为混凝土引气剂使用。

总体来看，大气压强变化对引气剂溶液表面张力、拐点浓度和表面浓度影响较小，对水膜气泡的发育速率、液膜厚度以及液膜弹性影响显著。对于同一引气剂而言，影响高原低气压环境引气剂溶液气泡稳定性的主要因素：气泡初始尺寸、液膜厚度、液膜弹性、机械强度以及环境温度等。虽然，环境大气压强对引气剂在水溶液中的发泡、稳泡影响较大，但对引气剂在水泥净浆与水泥砂浆中的引气量的影响则相对有限。高原地区的低气压环境不会造成工程意义上的水泥基材料引气困难。另外，气泡的初始尺寸与其稳定性密切相关，气泡初始尺寸越小，稳定性越强。考虑低气压环境对气泡稳定性的不良影响，在高原地区进行有抗冻性要求的混凝土配合比设计时，宜选择起始气泡尺寸较小的引气剂。

本章参考文献

[1] Xin Ge, Yong Ge, Qinfei Li, et al. Effect of low air pressure on the durability of concrete[J]. Construction and Building Materials. 2018, (187): 830-838.

[2] Xin Ge, Yong Ge, Yuanbo Du, et al. Effect of low air pressure on mechenical properties and shrinkage of concrete[J]. Magazine of Concrete Research, 2018, 70(18): 919-927.

[3] 陈华鑫，王铜，何锐，等. 高原复杂气候环境对混凝土气孔结构与力学性能的影响[J]. 长安大学学报（自然科学版），2020，40（02）：30-37.

[4] Powers T C. A working hypothesis for further studies of frost resistance of concrete[J]. Journal of the American Concrete Institute, 1945, 16(4): 245-272.

[5] 朱长华，谢永江，张勇，等. 环境气压对混凝土含气量的影响[J]. 混凝土，2004（04）：9-10.

[6] 岑国平，洪刚，王金华，等. 高原机场道面混凝土含气量的影响因素及控制措施[J]. 施工技术，2012，41（22）：33-35.

[7] LI Y, Wang Z, Wang L. The influence of atmospheric pressure on air content and pore structure of air-entrained concrete[J]. Journal of Wuhan University of Technology-Mater. Sci. Ed., 2019, 34(6): 1365-1370.

[8] Li X, Yang P. Effect of Low Atmospheric Pressure on Bubble Stability of Air-Entrained Concrete[J]. Advances in Civil Engineering, 2021: 5533437.

[9] 何锐，王铜，陈华鑫，等. 青藏高原气候环境对混凝土强度和抗渗性的影响[J]. 中国公路学报，2020，33（07）：29-41.

[10] 李扬，王振地，薛成，等. 高原低气压对道路工程混凝土性能的影响及原因[J]. 中国公路学报，2021，34（09）：194-202.

[11] Huo J, Wang Z, Chen H, et al. Impacts of low atmospheric pressure on properties of cement concrete in plat-

eau areas: A literature review[J]. Materials, 2019, 12(9): 1384.

[12] Shi Y, Yang H, Zhou S, et al. Effect of atmospheric pressure on performance of AEA and air entraining concrete[J]. Advances in Materials Science and Engineering, 2018: 6528412.

[13] 刘旭,陈歆,田波,等. 低气压环境下水泥混凝土性能研究进展[J]. 硅酸盐学报,2021,49(08):1743-1752.

[14] 李立辉,陈歆,田波,等.大气压强对混凝土引气剂引气效果的影响[J].建筑材料学报,2021,24(04):866-873.

[15] 李扬,王振地,王玲.低气压对引气剂溶液气泡产生和发展的影响[J].混凝土,2019(08):144-148.

[16] Ley M T, Chancey R, Juenger M C G, et al. The physical and chemical characteristics of the shell of air-entrained bubbles in cement paste[J]. Cement and Concrete Research, 2009, 39(5): 417-425.

[17] Zeng X, Lan X, Zhu H, et al. Investigation on air-voids structure and compressive strength of concrete at low atmospheric pressure[J]. Cement and Concrete Composites, 2021: 104139.

[18] Afanasyev Y D, Andrews G T, Deacon C G. Measuring soap bubble thickness with color matching[J]. American Journal of Physics, 2011, 79(10): 1079-1082.

[19] Vannoni M, Sordini A, Gabrieli R, et al. Measuring the thickness of soap bubbles with phase-shift interferometry[J]. Optics express, 2013, 21(17): 19657-19667.

[20] Rosen M J, Solash J. Factors affecting initial foam height in the Ross - Miles foam test[J]. Journal of the American Oil Chemists' Society, 1969, 46(8): 399-402.

[21] Varadaraj R, Bock J, Valint Jr P, et al. Relationship between fundamental interfacial properties and foaming in linear and branched sulfate, ethoxysulfate, and ethoxylate surfactants[J]. Journal of colloid and interface science, 1990, 140(1): 31-34.

[22] Yekeen N, Manan M A, Idris A K, et al. Influence of surfactant and electrolyte concentrations on surfactant Adsorption and foaming characteristics[J]. Journal of Petroleum Science and Engineering, 2017, 149: 612-622.

[23] Majeed T, Slling T I, Kamal M S. Foamstability: The interplay between salt-, surfactant-and critical micelle concentration[J]. Journal of Petroleum Science and Engineering, 2020, 187: 106871.

[24] Ke G, Zhang J, Tian B, et al. Characteristic analysis of concrete air entraining agents in different media[J]. Cement and Concrete Research, 2020, 135: 106142.

[25] 郑少波. 大学物理(第二卷) 波动与光学[M].北京:高等教育出版社, 2017.

[26] 贾旭宏,贾乐强,陈现涛.海拔高度对水成膜泡沫灭火剂性能的影响[J].消防科学与技术,2016,35(04):556-558.

[27] Rosen. Surfactants and Interfacial Phenomena, fourth edition. , Colloids & Surfaces, Amsterdam, The Netherland, 2012,42-48.

[28] Martin P, Brochard-Wyart F. Dewetting at soft interfaces[J]. Physical review letters, 1998, 80(15): 3296.

[29] Pugh R J. Experimental techniques for studying the structure of foams and froths[J]. Advances in colloid and

interface science, 2005, 114: 239-251.

[30] Marangoni C. Difesa della teoria dell'elasticità superficiale dei liquidi. Plasticità superficiale[J]. Il Nuovo Cimento (1869-1876), 1870, 3(1): 50-68.

[31] Gibbs J W. On the equilibrium of heterogeneous substances[J]. American Journal of Science, 1878, 3(96): 441-458.

[32] Sheludko, A.: Colloid Chemistry, Elsevier Publ. Co., New York 1966: 1-2.

[33] Rosen M J. Correction of the sheludko equation for Gibbs elasticity[J]. Journal of Colloid and Interface Science, 1967, 24(2): 279-280.

[34] Behroozi F, Behroozi P S. Determination of surface tension from the measurement of internal pressure of mini soap bubbles[J]. American Journal of Physics, 2011, 79(11): 1089-1093.

第3章　低气压和低湿度条件下混凝土的硬化性能

3.1　混凝土的吸水与失水性能

3.1.1　表面吸水速率

混凝土表面的吸水速率可以表征混凝土的表面质量，其表面吸水速率、吸水率与渗透性等耐久性指标有着密切的关系，因而对混凝土耐久性等有着重要的影响。

试验用混凝土的配合比见表3-1。为了尽可能降低其他因素干扰，避免掺加减水剂可能对混凝土孔结构产生影响，试验时仅使用了引气剂，没有掺加减水剂及其他功能外加剂。

混凝土配合比　　表3-1

编　号	水胶比	水泥 (kg/m^3)	粉煤灰 (kg/m^3)	水 (kg/m^3)	集料 (kg/m^3)	砂 (kg/m^3)	引气剂 (‰)
C30	0.48	371	0	178	1168	687	0
C30 +0.15F	0.48	315	56	178	1168	687	0
C30 +0.3F	0.48	259	112	178	1168	687	0
C30 +0.15F + Y	0.48	315	56	178	1168	687	0.40
C50	0.34	506	0	172	1081	691	0
C50 +0.15F	0.34	430	76	172	1081	691	0
C50 +0.3F	0.34	354	152	172	1081	691	0
C50 +0.15F + Y	0.34	430	76	172	1081	691	0.40

养护条件对混凝土硬化后的力学性能、孔结构、吸水性、渗透性等影响显著，本试验讨论环境气压、相对湿度等因素变化的养护方式，具体见表3-2。

养护方式　　表3-2

养护方式代号	养护类型	养护条件
$P_{50}R_{30}$	非标准养护	相对标准大气压50%，相对湿度30%
$P_{50}R_{60}$	非标准养护	相对标准大气压50%，相对湿度60%
$P_{75}R_{30}$	非标准养护	相对标准大气压75%，相对湿度30%

续上表

养护方式代号	养护类型	养护条件
$P_{75}R_{60}$	非标准养护	相对标准大气压75%，相对湿度60%
$P_{100}R_{95}$	标准	成型1d后脱模再移入标准养护室（温度为20℃±3℃，湿度大于95%）

在养护龄期内标准养护制度分为两种：①标准养护3d然后放入非标准养护装置内养护至28d；②标准养护7d然后放入非标准养护装置内养护至28d。对于在$P_{50}H_{30}$这种极端条件下养护的同时掺加粉煤灰和引气剂的混凝土，养护龄期内标准养护时间分为：0d、3d、7d、28d。

（1）普通混凝土的表面吸水速率

混凝土表面渗透性大小一定程度决定混凝土耐久性的高低，而早龄期养护条件是影响混凝土表面渗透性的最重要因素。

按表3-2中4种养护方式，通过改变养护环境的气压和相对湿度，讨论不同养护方式对混凝土表面渗透性的影响。非标准养护方式中，保持气压不变、湿度变化，通过分析3h、6h、9h、12h混凝土表面吸水速率，来评价湿度对C50混凝土表面渗透性的影响，其结果如图3-1、图3-2所示。图中"标准养护3d，$P_{50}R_{30}$下25d"即标准养护3d后，转入非标准（$P_{50}R_{30}$）养护剩余25d。为了便于对比，图中放入了常压下标准养护的数据，即图中的$P_{100}R_{95}$。

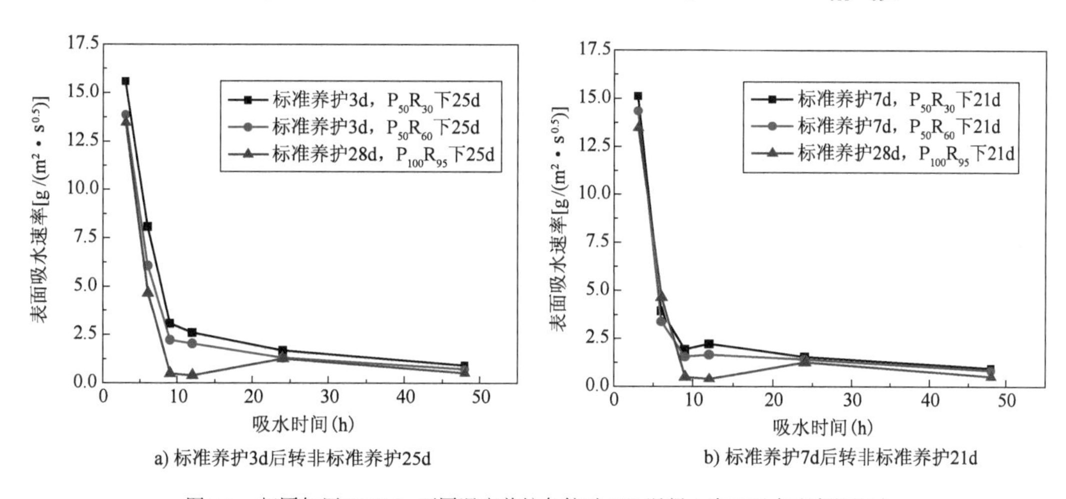

图3-1　相同气压（50%）、不同湿度养护条件对C50混凝土表面吸水速率的影响

由图3-1、图3-2可知，当标准养护3d的试件移入低湿度环境后，相对湿度为30%环境中混凝土试件的表面吸水速率最高，其次是相对湿度为60%环境中的混凝土试件。将标准养护7d的混凝土试件移入不同湿度环境中，其表面吸水速率具有类似的变化规律。

孔径分布和孔隙率是影响混凝土抗渗性高低的关键因素。硬化后的混凝土含有不同种类的孔隙，在没有水压差的情况下，毛细孔压力的作用使混凝土具有渗透性。多孔材料浸入水中，实际受到来自两个方向的水作用力：一是水压差；二是毛细孔压力。根据Laplace方程，毛细孔压力P（也称毛细孔渗透力）与孔半径r、表面张力γ及湿润角θ的关系如下：

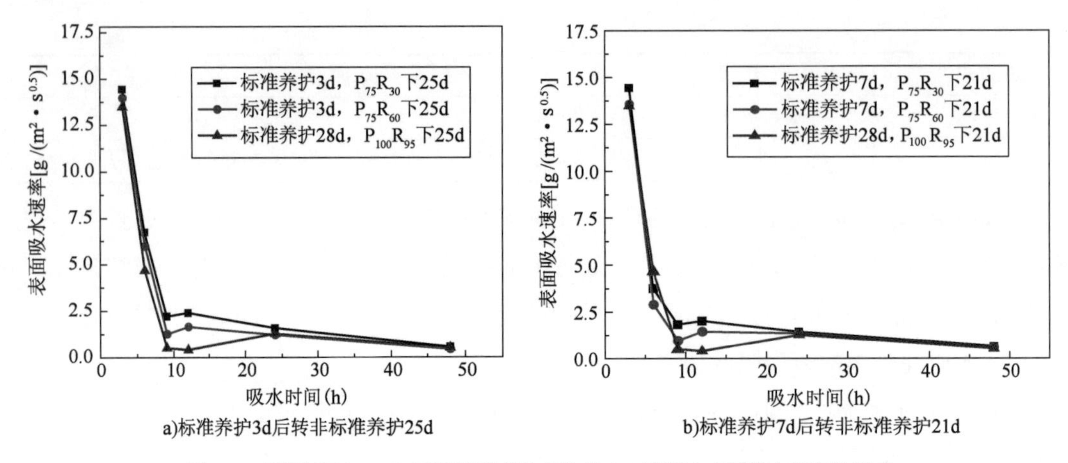

图 3-2　相同气压(75%)、不同湿度养护条件对 C50 混凝土表面吸水速率的影响

$$P = \frac{2\gamma\cos\theta}{r} \tag{3-1}$$

由式(3-1)可知,当毛细孔半径相对较小时,毛细孔压力则较大。对于混凝土的表层部分,当不考虑渗透速率时,由于毛细孔压力的加大作用,透入混凝土表层的深度也越深。养护环境气压一定,当相对湿度降低时,内外湿度差造成混凝土内部水分减少,不足以形成致密的水化产物,毛细孔数量增多,同时孔隙率增大。对于混凝土的表面渗透性而言,孔径为 10 ~ 100nm 的毛细孔数量增加,毛细孔压力增加,导致表面吸水速率增加。同时,由于孔隙率增加,相同时间、相同吸水高度下,吸水的总量也会增加。因此,在表面吸水试验测试的前期,当养护环境的气压不变时,相对湿度降低,表面吸水速率升高。

由图 3-3、图 3-4 可知,将标准养护 3d 的试件移入不同气压环境后,养护环境气压为 50% 的混凝土试件表面吸水速率最高,其次是大气压强为 75% 的;将标准养护 7d 的混凝土试件移入不同气压环境中,其表面吸水速率具有类似的变化规律。养护环境中相对湿度不变时,气压降低,加速了混凝土表面水分蒸发,导致内部水分向外迁移,水化产物减少,毛细孔增加,一方面是增大的孔隙率导致相同时间内吸水量增多,另一方面是较多的毛细孔使吸水速度加快。

需要说明的是,以上试验结果都是在试验室的密闭空间中养护后获得,风速为零,而高原地区实际风速往往很高,因而其表面失水率、失水速率会远大于试验室的试验结果,进而对混凝土的各项性能产生更大的影响。

(2)粉煤灰混凝土和引气混凝土的表面吸水速率

在 $P_{50}R_{30}$ 非标准养护下掺加引气剂和粉煤灰的 C50 混凝土的表面吸水速率的试验结果如图 3-5 所示。标准养护时间对 C50 引气粉煤灰混凝土表面吸水速率的影响见图 3-6。为了突出对比,给出了标准养护条件下的表面吸水速率,如图 3-7 所示。在 $P_{50}R_{30}$ 非标准养护下和标准养护条件下掺加引气剂和粉煤灰的 C30 混凝土的表面吸水速率的试验结果分别如图 3-8 和图 3-9 所示。

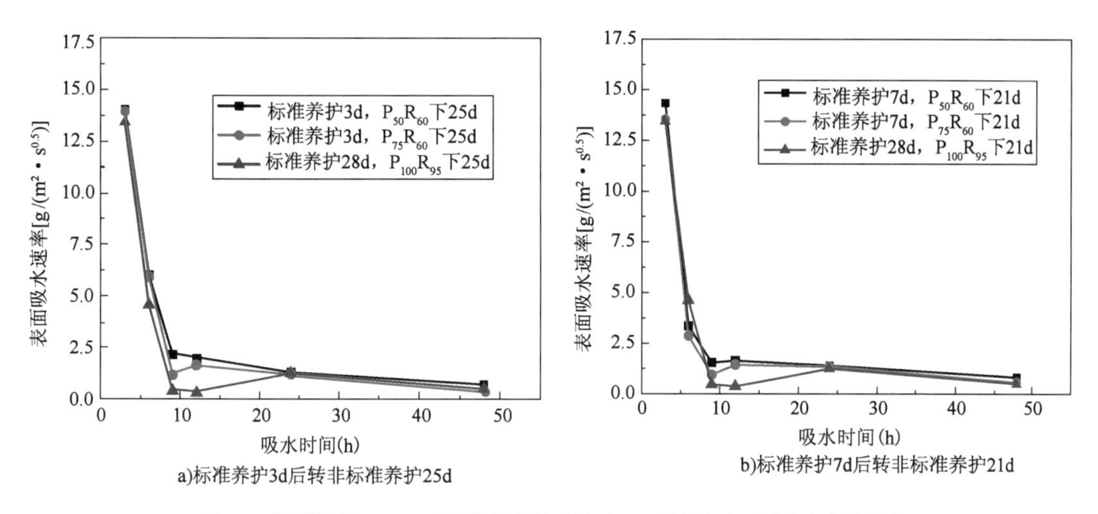

a)标准养护3d后转非标准养护25d　　b)标准养护7d后转非标准养护21d

图 3-3　相同湿度(60%)、不同气压养护条件对 C50 混凝土表面吸水速率的影响

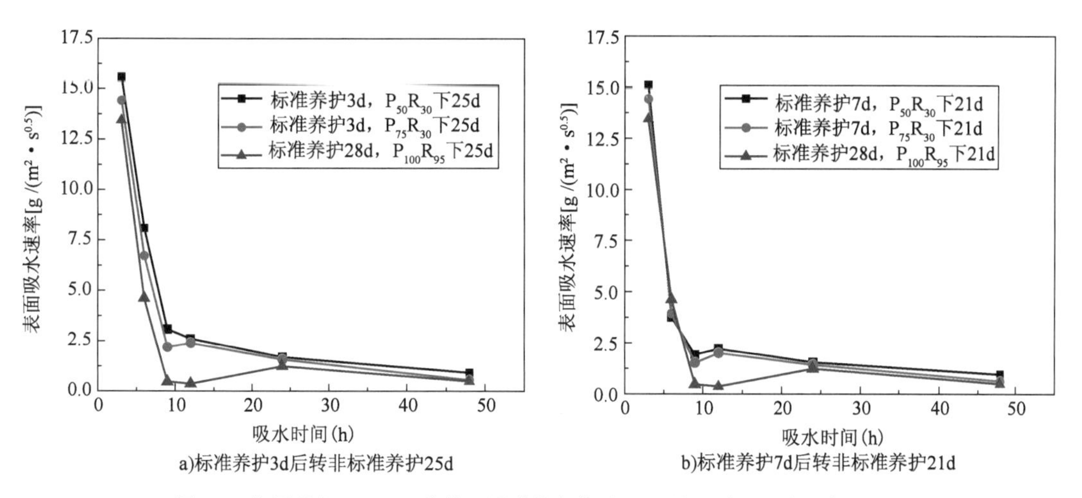

a)标准养护3d后转非标准养护25d　　b)标准养护7d后转非标准养护21d

图 3-4　相同湿度(30%)、不同气压的养护条件对 C50 混凝土表面吸水速率的影响

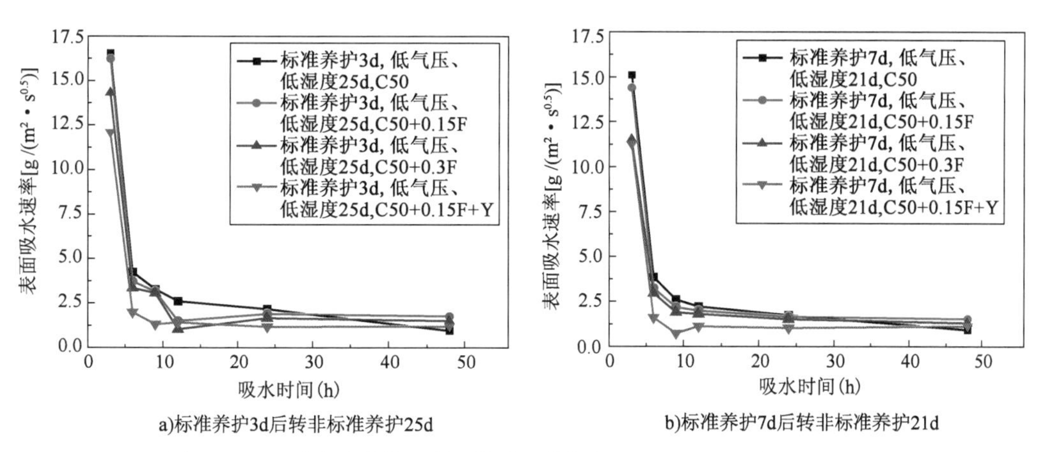

a)标准养护3d后转非标准养护25d　　b)标准养护7d后转非标准养护21d

图 3-5　$P_{50}R_{30}$ 非标准养护下掺加引气剂和粉煤灰的 C50 混凝土的表面吸水速率

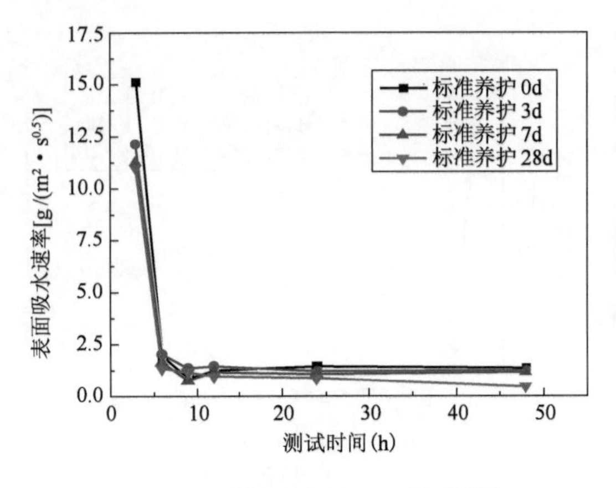

图 3-6 标准养护时间对 C50 引气粉煤灰混凝土表面吸水速率的影响

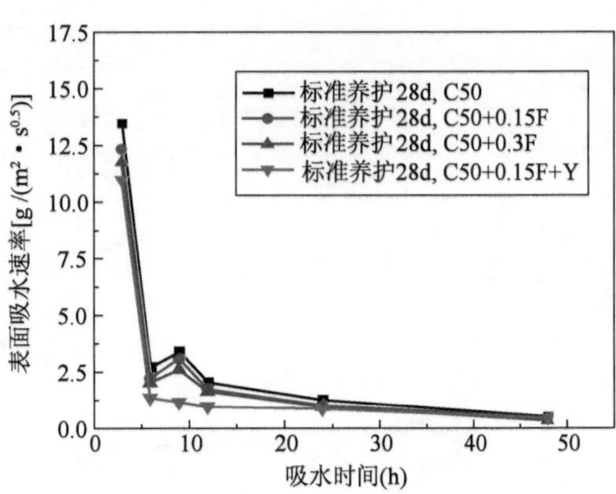

图 3-7 标准养护下 C50 粉煤灰混凝土和引气混凝土的表面吸水速率

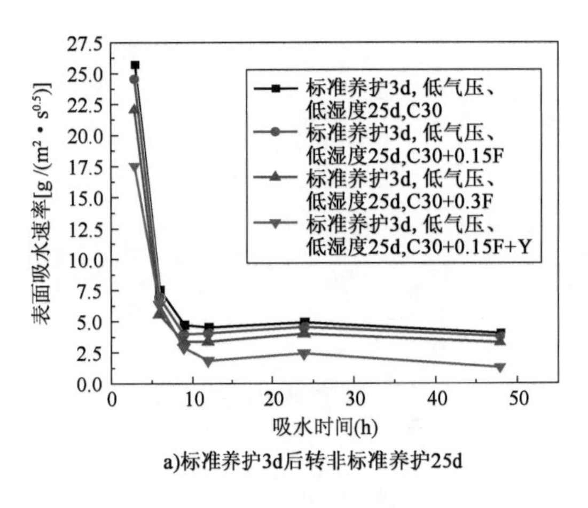

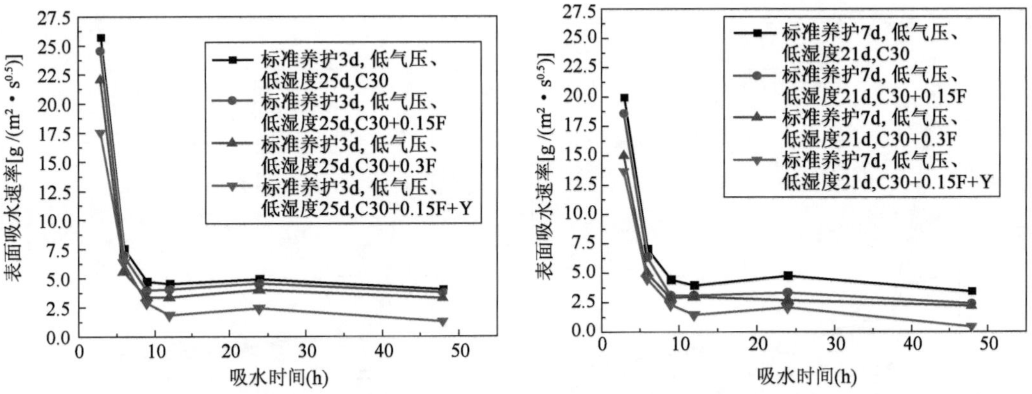

a)标准养护3d后转非标准养护25d

b)标准养护7d后转非标准养护21d

图 3-8 $P_{50}R_{30}$ 非标准养护下掺加引气剂和粉煤灰的 C30 混凝土的表面吸水速率

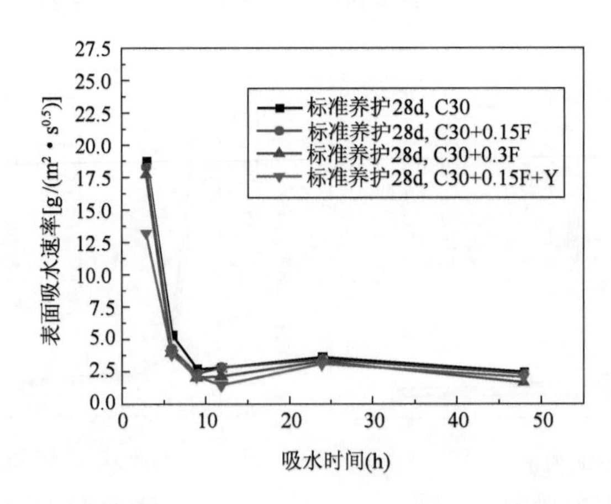

图 3-9 标准养护下 C30 粉煤灰混凝土和引气混凝土的表面吸水速率

由图 3-5 ~ 图 3-9 可见，在 28d 养护龄期时，C30 和 C50 混凝土的变化趋势类似。标准养护的时间越短，低气压低湿度养护龄期越长，混凝土的表面吸水速率越快，特别在吸水的初期。掺加粉煤灰有利于降低混凝土的表面吸水速率，且在试验的掺量范围内，粉煤灰掺量越高，混凝土的表面吸水速率越低。

尽管粉煤灰取代水泥后早期二次水化反应率较低，但是混凝土自身水化的密实效应能够抵消掉粉煤灰二次水化不明显带来的负面影响。随着测试时间的增加，混凝土试件整体趋于饱水状态，所以在吸水后期 3 种粉煤灰掺量的混凝土试件表面吸水率值相近。以测试时间 3h 为例，标准养护 28d 时，粉煤灰掺量为 15% 的混凝土试件的吸水速率下降 7.9%，掺量为 30% 的下降 12.2%；标准养护 7d 时，掺量为 15% 的下降 4.5%，掺量为 30% 的下降 23.6%；标准养护 3d 时，掺量为 15% 的下降 1.7%，掺量为 30% 的下降 13.4%。

同时，研究还发现，掺加引气剂的混凝土表面吸水速率要低于未掺加引气剂的混凝土，即引气剂的加入可以使混凝土抗渗性提高。原因在于，引气剂引入封闭稳定的微小气泡，截断了部分毛细孔通道，微小气泡在混凝土成型的时候起到“滚珠”的作用，改善了混凝土的和易性；其次，降低了拌合物的泌水性，减少了水分迁移的通道。这些都最终使引气混凝土的抗渗性得到改善。

3.1.2　吸水率

传统的吸水率试验主要是将立方体试件全部浸入水中，由立方体混凝土试件的 6 个表面吸水，其吸水过程完全不同于前述的单面吸水。立方体试件的比表面积相对较小，故试验时还增加了 1 组非立方体试件，即片状试件进行对比。吸水率可以表征混凝土的孔隙率、连通孔隙等孔隙结构分布，并与混凝土的抗渗性、抗冻性、耐腐蚀性等耐久性能密切相关。

采用混凝土强度等级为 C30，试件的标准养护龄期达到 3d 时，放入低湿、低压环境模拟箱中继续养护。低湿、低压环境模拟箱的湿度为 60%，而气压分别为标准大气压的 0.5、0.6、0.7、0.8、0.9，养护直至达到 28d 和 120d 龄期。试件达到养护龄期后进行烘干，之后进行吸水试验。6 种不同气压条件下养护的混凝土立方体和片状试件的吸水率与吸水率比如图 3-10 所示。

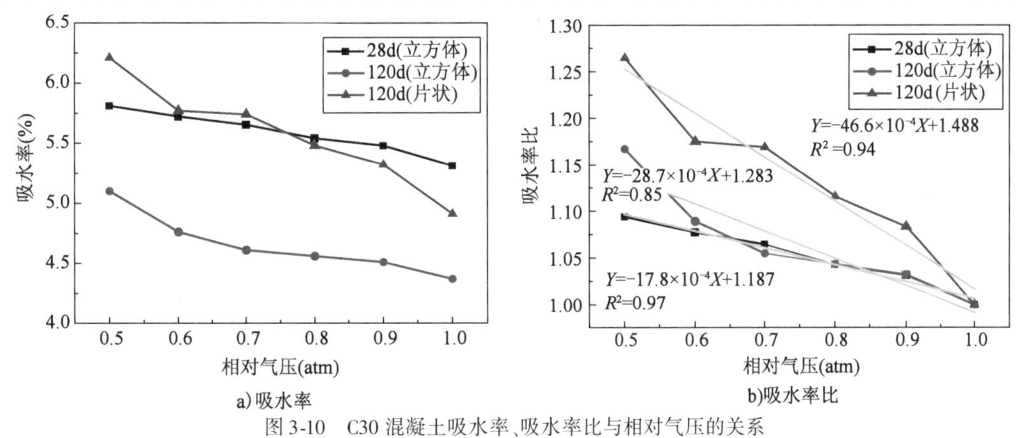

图 3-10　C30 混凝土吸水率、吸水率比与相对气压的关系

从图 3-10a)可以看出,混凝土的吸水率随气压的降低而升高,在 28d 龄期时,0.5 个气压条件下混凝土吸水率比 1 个大气压条件下提高了 9.42%。在 120d 龄期时,0.5 个大气压条件下混凝土吸水率比 1 个大气压条件下提高了 16.7%,120d 龄期时气压条件对混凝土吸水率的影响程度高于 28d 龄期时。

气压对混凝土的影响是从表及里的,混凝土表层的水分蒸发先于内部,因此,混凝土表面受气压因素的影响比内部更大。对比图 3-10 中尺寸为 100mm×100mm×30mm 的片状试件与尺寸为 100mm×100mm×100mm 的立方体试件的吸水率值发现,片状试件吸水率更大,气压对吸水率的影响程度也更大。与 1 个大气压条件相比,0.5 个大气压条件下的片状试件吸水率提高了 26.5%,高于立方体试件的 16.7%。

为探寻气压因素对混凝土吸水率的影响程度,提出吸水率比的概念,即某龄期时,各种非标准气压条件下(0.5~0.9atm)的混凝土吸水率与标准气压条件下(1.0atm)的混凝土吸水率的比值。并绘制出吸水率比与相对气压之间的关系曲线,拟合分析结果如图 3-10b)所示。拟合结果近似线性,回归系数均大于 0.85,且龄期越长、混凝土厚度越小,拟合方程的相关系数越高。

3.1.3 失水率

混凝土的失水率为水分从硬化混凝土内部散失到空气中的质量与试件质量的比值。不同气压会影响混凝土表面的蒸发散失速度,从而影响试件整体的含水率,影响水泥和胶凝材料的正常水化,增大毛细孔隙率,降低混凝土抗渗性、抗冻性、耐腐蚀性和强度等。

本试验用混凝土的强度等级为 C30,其养护条件为:浇筑成型后,将混凝土放置于标准养护条件下,带模养护 1d 后拆模,在标准养护条件下继续养护至 3d 龄期,随后取出,放入低湿、低压环境模拟箱中。低湿、低压环境模拟箱的湿度为 60%,而气压分别为标准大气压的 0.5、0.6、0.7、0.8、0.9,养护直至试验龄期。不同气压条件下的混凝土失水率、失水率比如图 3-11 所示。

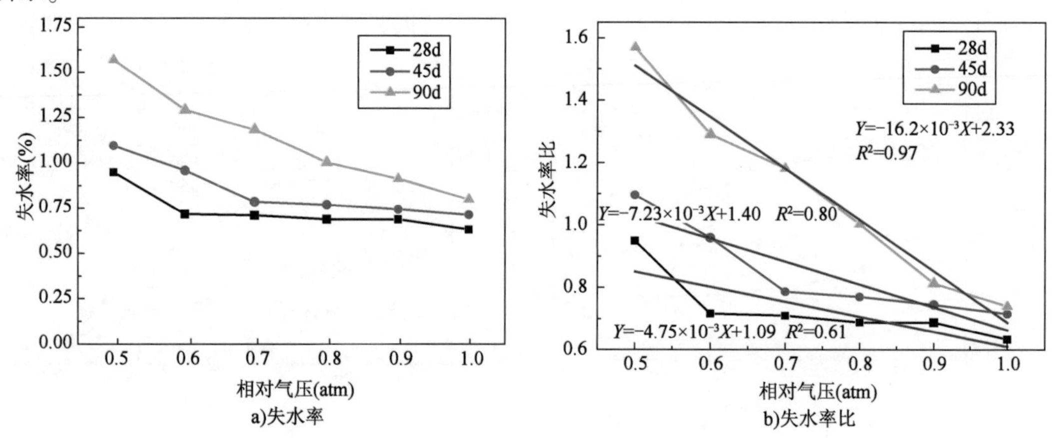

图 3-11 C30 混凝土失水率、失水率比与相对气压的关系

由图 3-11a)可以看出,3d 龄期前,所有气压条件下混凝土失水率均降低,且 3d 时不同气压条件下的失水率数值相差很小。龄期前 3d 混凝土在标准养护条件下(温度 20℃,相对湿度 100%,1 个大气压)养护,混凝土中水化作用消耗的水分会得到环境中水分的补充,因此,试件质量略微增加,体现为失水率数值的降低。3d 龄期后,混凝土试件放置在不同的低气压条件下,失水率由负值转为正值,且不同气压条件的失水率差异明显。与常压条件相比,低气压条件下混凝土的失水率增长较快,失水率随气压的降低而升高,如图 3-11a)所示。与 28d 和 45d 龄期相比,90d 龄期时气压对混凝土失水率的影响更为明显,0.5 个大气压条件的失水率约为 1 个大气压条件的 2 倍。

C30 混凝土失水率比与气压的关系曲线及拟合结果如图 3-11b)所示。28d、45d 和 90d 龄期时的拟合曲线均呈现近似线性关系,混凝土龄期越长,回归曲线斜率越小,曲线线形越陡,回归系数越大,90d 龄期时的回归系数可达 0.97。早龄期时混凝土内部失水的影响因素较多,水化反应、表面蒸发均会引起内部失水,而后龄期时混凝土水化反应速率降低,内部失水的主导作用为蒸发失水,因此,后龄期时气压因素与失水率的相关性更大。

3.2　混凝土的孔结构特征

3.2.1　C30 混凝土的孔隙结构

混凝土内部水泥石的孔隙率及孔隙分布对混凝土的各种性能具有很大的影响。为研究不同气压对 C30 混凝土内部孔结构的影响,采用水灰比为 0.48 的水泥净浆试件进行孔结构测试。试验用水泥净浆试件在标准养护 3d 后,放入相对湿度为 60%,气压为 0.5atm、0.6atm、0.7atm、0.8atm、0.9atm、1.0atm 6 个不同低气压环境中养护至试验龄期。

7d 和 90d 龄期时,不同气压条件下水泥净浆微分进汞量与孔径的关系曲线如图 3-12 所示。可以看出,7d 龄期时不同气压条件下的水泥净浆微分进汞量差异并不显著,这可能是由于 3d 标准养护后的 4d 干燥过程相对较短,密闭空间尽管相对湿度较低,但由于无风,失水量并不高,故对水泥的水化影响较小。从图 3-12a)中可以看出,微分进汞量最大值所对应的孔径约为 100nm,孔径主要在 5 ~ 400nm 范围内。90d 龄期时,孔径的范围扩大,分布范围为 5 ~ 1100nm。不同气压条件对微分进汞量的影响主要体现在 500 ~ 1000nm 的孔径范围内,气压越低,500 ~ 1000nm 孔径范围内的微分进汞量越高,根据吴中伟院士对有害孔隙的定义,低气压低湿度环境导致的失水增大了水泥浆体中多害孔的数量。

7d 和 90d 龄期时,不同气压条件下的水泥净浆累计进汞量与孔径的关系曲线如图 3-13 所示。7d 龄期时,不同气压条件下的累计进汞量差异并不明显。90d 龄期时,气压对进累计汞量有明显的影响,气压越低,水泥净浆的累计进汞量越大。

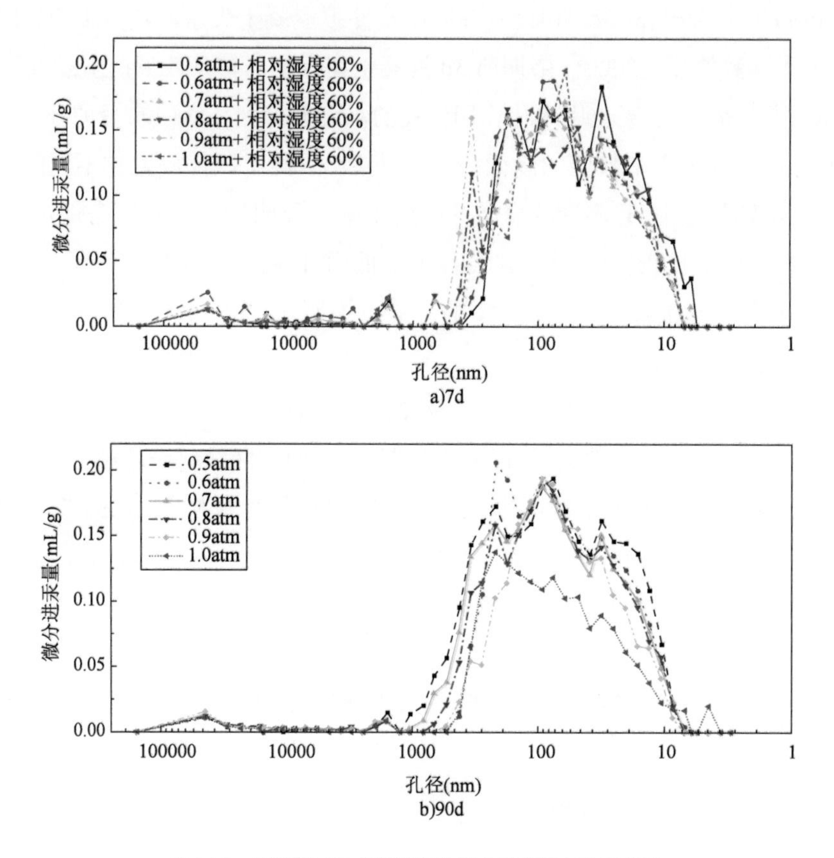

图 3-12　不同气压下水泥净浆的微分进汞量与孔径关系

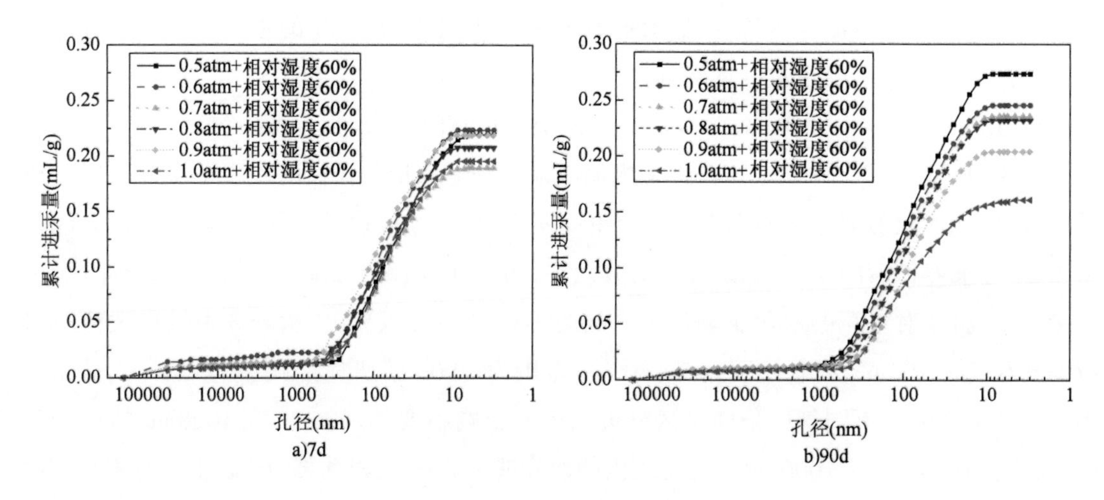

图 3-13　不同气压下水泥净浆的累计进汞量与孔径关系

90d 龄期时，不同气压条件下水泥净浆的总孔隙率变化规律如图 3-14 所示。90d 龄期时，水泥净浆的总孔隙率受气压影响较大，气压越低，总孔隙率越高，与 1.0atm 气压条件相比，0.5atm 气压条件时水泥净浆的总孔隙率提高 48.3%。

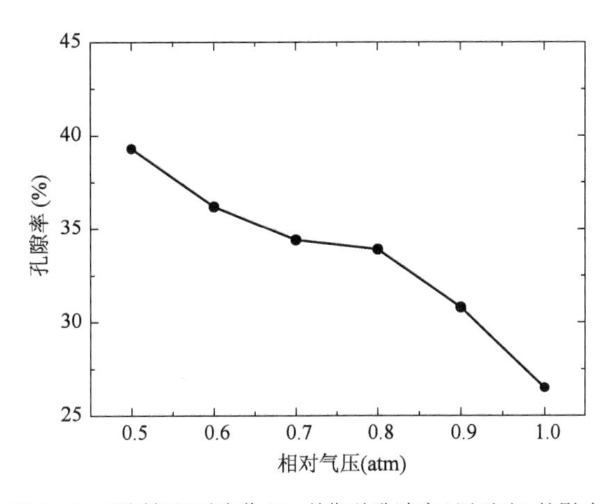

图 3-14 不同气压对净浆 90d 龄期总孔隙率(压汞法)的影响

3.2.2 C50 混凝土的孔隙结构

为研究不同湿度、不同气压对 C50 混凝土内部孔结构的影响,制备强度等级为 C50 的混凝土试件。混凝土试件成型并标准养护 3d 后,放入相对湿度分别为 30%、60% 的 0.5atm、0.75atm 低气压环境中养护至试验龄期,之后从混凝土试件中取出粒径小于 5mm 的砂浆颗粒用于压汞测试。为进行对比,还制备了一直在标准养护条件下进行养护的混凝土试件用于压汞测孔。不同气压条件下,C50 混凝土的孔结构如表 3-3、表 3-4 和图 3-15、图 3-16 所示。

不同气压对混凝土内部孔结构的影响(相对湿度为 30%) 表 3-3

标准养护天数(d)	非标准养护天数(d)	非标准养护条件	孔隙率(%)	总进汞量(mL/g)	平均孔径(nm)
3	25	$P_{50}R_{30}$	14.86	0.0838	53.3
		$P_{75}R_{30}$	14.25	0.0833	46.7
7	21	$P_{50}R_{30}$	14.07	0.0805	38.7
		$P_{75}R_{30}$	13.08	0.0790	35.2
28($P_{100}R_{98}$)	0	—	12.79	0.0689	20.5

不同气压对混凝土内部孔结构的影响(相对湿度为 60%) 表 3-4

标准养护天数(d)	非标准养护天数(d)	非标准养护条件	孔隙率(%)	总进汞量(mL/g)	平均孔径(nm)
3	25	$P_{50}R_{60}$	13.87	0.0748	38.5
		$P_{75}R_{60}$	13.12	0.0729	35.4
7	21	$P_{50}R_{60}$	13.03	0.0733	34.1
		$P_{75}R_{60}$	12.25	0.0711	31.6
28($P_{100}R_{98}$)	0	—	12.79	0.0689	20.5

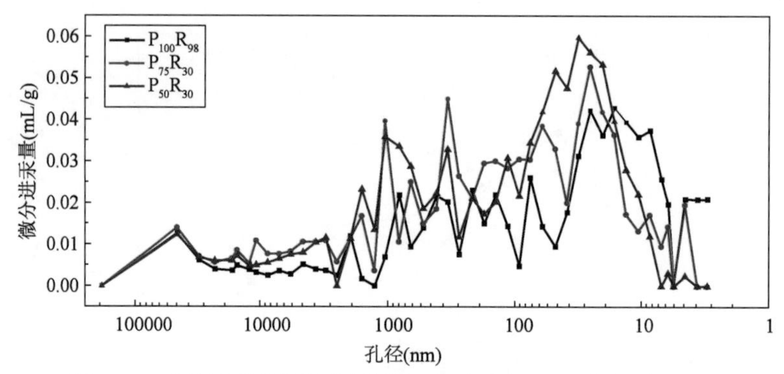

图 3-15　不同气压养护条件下孔径分布(标准养护 3d,相对湿度为 30%)

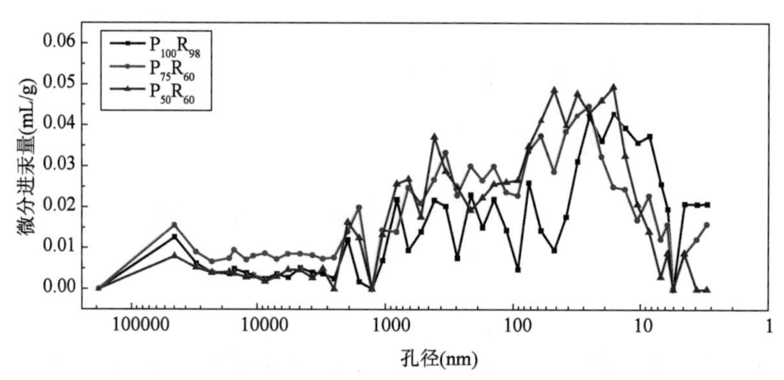

图 3-16　不同气压养护条件下孔径分布(标准养护 3d,相对湿度为 60%)

从图 3-15 和图 3-16 可知,在 1.5 ~ 10nm 的凝胶孔范围内,随着气压降低,凝胶孔数量随之减少;在 20nm 以上的毛细孔范围内,环境气压和相对湿度越低,毛细孔数量越多的现象。如在相对湿度为 60% 的条件下,当气压由 0.75atm 降低至 0.5atm 时,试件的毛细孔数量增加约 8.3%(最高峰值由 0.0447mL/g 增加至 0.0487mL/g);在相对湿度为 30% 的条件下,当气压由 0.75atm 降低至 0.5atm 时,试件的毛细孔数量增加约 11.9%(最高峰值由 0.0527mL/g 增加至 0.0598mL/g)。

由表 3-3 和表 3-4 的试验结果可知,当相对湿度保持不变时,随着气压升高,孔隙率、总进汞量、平均孔径随之降低。在养护龄期内标准养护 3d 后,在相对湿度为 30% 的条件下,当养护气压由 0.5atm 增加至 0.75atm 时,试件的孔隙率下降约为 4.1%,平均孔径下降约为 12.4%;而在相对湿度为 60% 的条件下,试件的孔隙率下降 5.4%,平均孔径下降约 8.1%。

在养护龄期内标准养护 7d,非标准养护时相对湿度为 30% 的条件下,当气压由 0.5atm 增加至 0.75atm 时,试件的孔隙率下降约为 6.9%,平均孔径下降约为 9%;而相对湿度为 60% 时,试件的孔隙率下降 4.2%,平均孔径下降约 7.3%。

图 3-17 为同一种养护条件下($P_{50}R_{30}$),养护龄期内标准养护时间为 3d、7d、28d 时试件的孔径分布。总体上,标准养护 3d 时 20nm 以上各级孔隙的含量高于标准养护 7d 时,也高于标准养护 28d 时;而 20nm 以下的孔隙则相反。

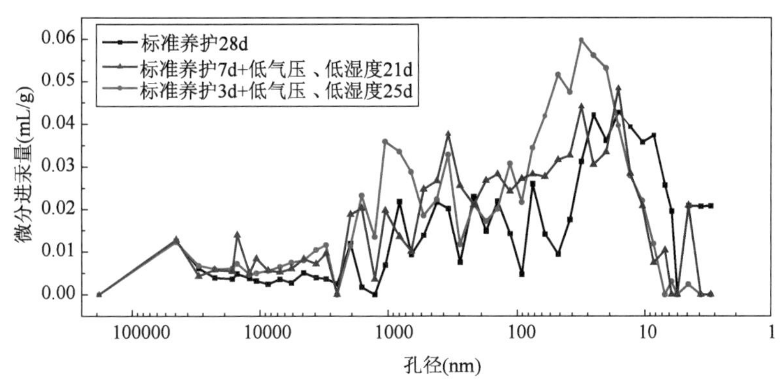

图 3-17　$P_{50}R_{30}$养护条件下，不同标准养护时间下孔径分布

综上可知，气压降低时，混凝土表面水分蒸发加快，从而加速了内部水分向外迁移。这种迁移导致水泥水化不充分、不完全，水化产物减少，水分消耗少，孔隙率及平均孔径增加。同时，标准养护时间越长，环境气压越高、相对湿度越高，则混凝土总孔隙率、平均孔径、进汞量均有所下降。

从微观角度讲，低气压条件导致混凝土的孔隙率增加，主要表现为 500～1000nm 范围内有害孔径的数量显著增加，同时，低气压增大了界面过渡区的缝隙宽度，降低了集料与水泥基体之间的黏结作用，这些均会对混凝土的力学性能和耐久性能产生不利影响。

3.3　混凝土表面的显微硬度与回弹值

3.3.1　混凝土的显微硬度

显微硬度可以表征材料的微观力学性能，也能间接表征孔隙结构和孔隙率，其与材料的许多性能，如抗压强度、弹性模量和孔隙率等有着密切的联系。

选择尺寸为 100mm×100mm×100mm 的混凝土试件的非成型面在距表面 10mm 处进行切割，然后将除去表面的混凝土试件表面打磨抛光后，在距界面水泥石 2～5mm 的水泥石上选取 30 个点测其表面显微硬度，通过求取平均值得到最终显微硬度。试件的龄期均为 28d，但标准养护龄期分别为 3d、7d、28d，其余养护龄期均在对应的低气压和低湿度下进行。

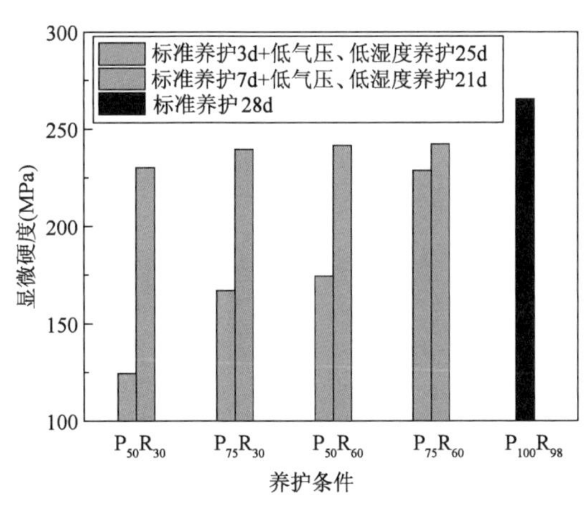

图 3-18　不同气压、不同湿度的养护条件下显微硬度对比

图 3-18 为不同气压、不同湿度的养护条件下显微硬度的对比。

图 3-18 可知，在养护龄期内标准养护 3d 的情况下，环境相对湿度由 60% 下降至 30%，

大气压强为 0.5atm 时的混凝土显微硬度下降 28.6%；大气压强为 0.75atm 时的混凝土显微硬度下降 26.9%。在养护龄期内标准养护 7d 的情况，相对湿度由 60% 下降至 30%，大气压强为 0.5atm时的混凝土显微硬度下降 4.7%，大气压强为 0.75atm 时的混凝土显微硬度下降 2.1%。

根据显微硬度的测量原理，显微硬度值较小，当压入试件表面的荷载保持不变时，则说明压痕减小，混凝土内部水泥石变得疏松，硬度降低。养护环境中相对湿度降低，混凝土内部水分减少，水化产物也随之减少，形成的水泥石不够致密；同时，由内向外的水分迁移也会使测量部位的水泥石孔结构恶化，毛细孔增多，孔隙率增加。这些都能够导致测量部位的水泥石显微硬度降低。同样，在养护龄期内标准养护 7d 时，当养护环境中的大气压强不变时，相对湿度降低也出现类似的规律。不同的是，标准养护 7d 时，水泥的水化反应已经完成了 80%，所以在标准养护完成后，再放置于非标准养护环境，养护环境相对湿度降低导致显微硬度的下降幅度则明显小于标准养护 3d 再进行非标准养护至龄期的情况。

3.3.2 混凝土的回弹值

采用非标准养护方式，试件的龄期均为 28d，但标准养护龄期分别为 3d、7d、28d，剩余养护龄期均在对应的低气压和低湿度环境进行。不同气压、不同湿度养护条件对 C50 普通混凝土表面回弹值影响如图 3-19 所示。

试验表明，在 28d 龄期内，非标准养条件养护混凝土时间越长，养护时的气压和相对湿度越低，则混凝土表面回弹值下降越多。这显然是由于养护环境内湿度和气压的降低，使表面混凝土中水泥的水化程度降低，水泥石内部大孔、毛细孔增多，水泥石强度降低。这一结果也表明，高原气候条件下，混凝土构件的表面强度低于低海拔环境下的混凝土。

图 3-20 为 0.5 个大气压和 30% 相对湿度的非标准养护条件（$P_{50}R_{30}$）下，粉煤灰掺量对 C50 混凝土表面回弹值的影响。

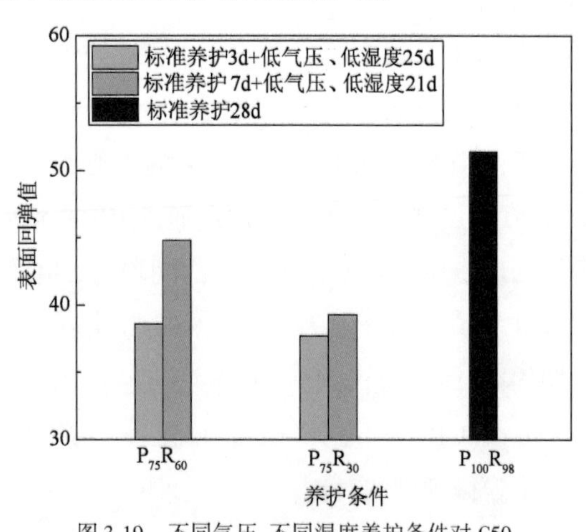

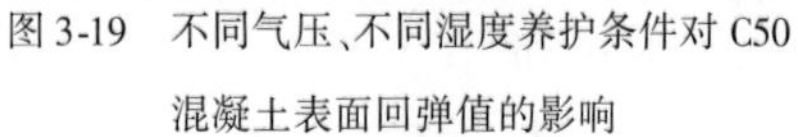

图 3-19　不同气压、不同湿度养护条件对 C50 混凝土表面回弹值的影响

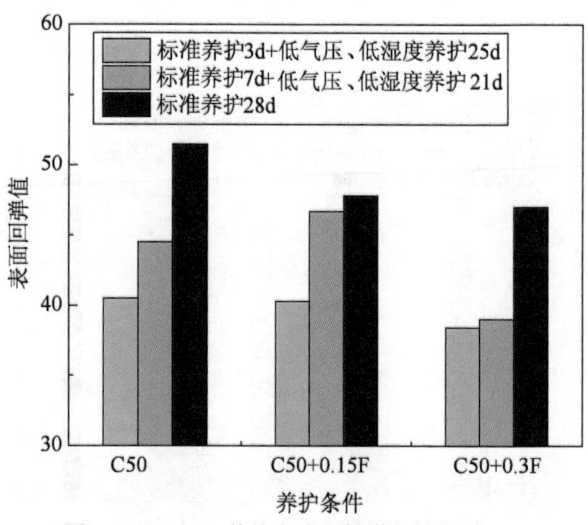

图 3-20　$P_{50}R_{30}$ 养护方式下粉煤灰掺量对 C50 混凝土表面回弹值的影响

图 3-20 表明,对于强度等级为 C50 的混凝土,掺加粉煤灰后其回弹值降低,并且标准养护的龄期越短,混凝土回弹值降低的幅度越大。由于回弹值主要反映的是混凝土结构表面的强度,因此,高原地区更易出现回弹强度不满足设计要求,但是芯样强度却满足设计要求的情况。

3.4 混凝土的强度特征

3.4.1 混凝土的抗压强度

胶凝材料只有水化到一定程度才能形成有利于混凝土强度和耐久性的组成与结构。

讨论 $P_{50}R_{30}$、$P_{50}R_{60}$、$P_{75}R_{30}$、$P_{75}R_{60}$这 4 种非标准养护方式与标准养护方式对未掺加外加剂及矿物掺合料的普通混凝土力学性能(抗压强度、抗折强度、表面回弹)的影响。

不同气压与湿度下 C50 混凝土抗压强度如图 3-21 所示。图中标准养护 3d 即标准养护 3d 后进行非标准养护至 28d 龄期,同理标准养护 7d 即代表标准养护 7d 后进行非标准养护至 28d 龄期。

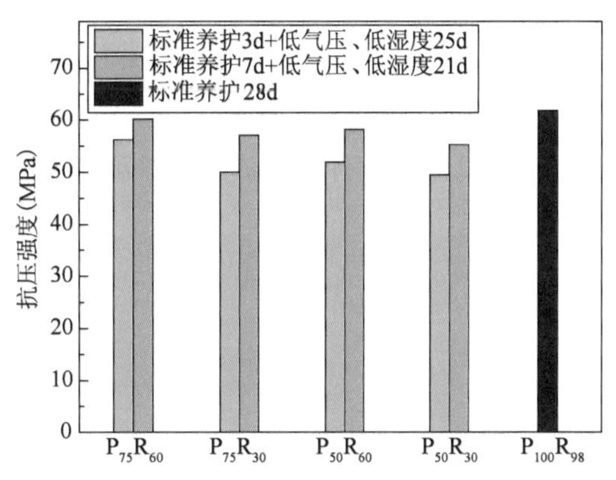

图 3-21 不同气压与湿度下 C50 混凝土的抗压强度

从图 3-21 可以看出,养护龄期内标准养护 3d,相对湿度由 60% 降至 30%,养护环境中相对标准大气压为 75% 时,混凝土的抗压强度下降 11.1%,相对标准大气压为 50% 时,抗压强度下降 4.6%;养护龄期内标准养护 7d,相对湿度由 60% 降至 30%,养护环境中相对标准大气压为 75% 时,抗压强度下降 5.2%,相对标准大气压为 50% 时,抗压强度下降 5.2%。

此外,养护龄期内标准养护 3d,大气压强由 0.75atm 降至 0.5atm,养护环境相对湿度为 60% 时混凝土抗压强度降低 8.3%,养护环境相对湿度为 30% 时混凝土抗压强度降低 1.1%;养护龄期内标准养护 7d,大气压由 0.75atm 降至 0.5atm,养护环境相对湿度为 60% 时混凝土抗压强度降低 3.3%,养护环境相对湿度为 30% 时混凝土抗压强度降低 3.4%。

综上可得,在养护龄期内无论是标准养护 3d 还是标准养护 7d,$P_{50}R_{60}$的养护方式得到的抗压强度都要大于 $P_{75}R_{30}$的养护方式。

如前所述试验室的低气压、低湿度养护环境中的风速为零,水分的蒸发量相对较小,而高原地区实际风速往往很高,其表面的失水率、失水速率会大大高于试验室的试验结果。因而可以认为,对于高原地区现场的混凝土,相对湿度的影响程度超过气压的影响程度,甚至远超过气压的影响程度。同时,高原地区现场较高的风速导致高原现场混凝土的蒸发量远高于相同气压和相对湿度的试验室密闭环境中混凝土的蒸发量,因而可以预见现场混凝土的质量会低于试验室的模拟结果。

与低气压、低湿度条件下混凝土的显微硬度和回弹值相比较,会发现混凝土的抗压强度降低幅度相对较低,这正是表面失水率远大于内部失水率,导致混凝土表面的结构与性能劣化程度高于内部。

大量国内外学者的研究表明,混凝土孔结构的两个参数(孔隙率和孔结构)与混凝土强度存在一定的关系模型,当混凝土内部孔隙率增加时,相应的抗压强度则随之降低。结合养护方式对孔隙率及孔径分布的影响,当养护环境中相对标准大气压相同时,相对湿度降低,混凝土内部水分减少,水化不完全,水化产物减少,并且由于水分迁移造成孔结构恶化,孔隙率增大,孔径为 10 ~ 100nm 的毛细孔数量增加,这些导致宏观性能的抗压强度下降。同样,对于显微硬度,养护环境中相对标准大气压保持不变,相对湿度降低,导致混凝土内部水泥石不够致密,显微硬度下降,宏观上疏松的水泥石必然导致较低的抗压强度。

3.4.2 混凝土的抗折强度

图 3-22 是在非标准养护方式中下,不同气压、不同湿度养护条件下 C50 混凝土的抗折强度。

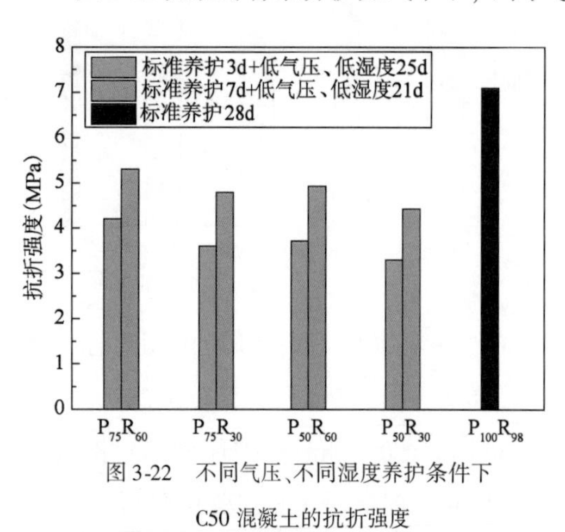

图 3-22 不同气压、不同湿度养护条件下 C50 混凝土的抗折强度

由图 3-22 可见,养护龄期内标准养护 3d,相对湿度由 60% 降至 30%,养护环境中相对标准大气压强为 0.75atm 时抗折强度下降 13.3%;而相对标准大气压强为 0.5atm 时抗折强度下降 10.8%。养护龄期内标准养护 7d,相对湿度由 60% 降至 30%,养护环境中相对标准大气压强为 0.75atm 时抗折强度下降 9.4%;而相对标准大气压强为 0.5atm 时抗折强度下降 10.3%。

从整体看,在养护龄期内无论是标准养护 3d 还是标准养护 7d,$P_{50}R_{60}$养护方式得到的抗折强度均大于 $P_{75}R_{30}$养护方式的抗折强度。当养护环境中相对湿度降低时,混凝土内外的湿度差造成水分由内向外迁移,在混凝土内部造成很多微裂纹,同时由于水化产物的减少,造成集料与相邻水泥浆的黏结程度降低,从而导致混凝土抗折强度的降低。

同样,当养护环境相对湿度相同时,相对大气压强降低,混凝土表面水分蒸发加快,相当于变相地降低环境中的相对湿度,最终导致抗折强度下降。由图 3-22 可以看出,养护龄期内标准养护 3d,相对标准大气压强由 75% 降至 50%,相对湿度为 60% 时抗折强度下降 9.8%,相对湿度为 30% 时抗折强度下降 7.8%;养护龄期内标准养护 7d,相对标准大气压强由 75% 降至 50%,相对湿度为 60% 时抗折强度下降 7.8%,相对湿度为 30% 时抗折强度下降 7.6%。

对比气压和相对湿度对抗压强度、抗折强度的影响，会发现两者的影响相差不大，气压略大于相对湿度，特别是标准养护时间较短时。同时还会发现，低气压、低湿度条件对混凝土抗折强度的影响程度大于抗压强度，这主要是由于低气压、低湿度条件下混凝土表面失水多且失水速率快，导致表面的水化程度、低收缩大，甚至表面会出现微裂纹。第3.3节中气压和湿度对显微硬度和表面回弹值的影响规律可以很好地说明这一点。

3.4.3　3d龄期混凝土的强度

前面研究了低气压、低湿度条件下保湿养护大于3d条件下混凝土的强度。在高原条件下一旦保湿养护不足3d时，混凝土的强度又会如何？试验时试件成型后即在95%的相对湿度环境中养护，24h后从高湿度环境中取出，放置到相应的0.5atm、0.75atm、1.0atm的低气压环境中，并控制相对湿度缓慢均匀降低，到3d时相对湿度达到90%。之后降低养护环境的相对湿度至20%和60%，直至试验龄期。

(1)抗压强度

低气压、低湿度下C30和C50混凝土的抗压强度试验结果如图3-23所示。

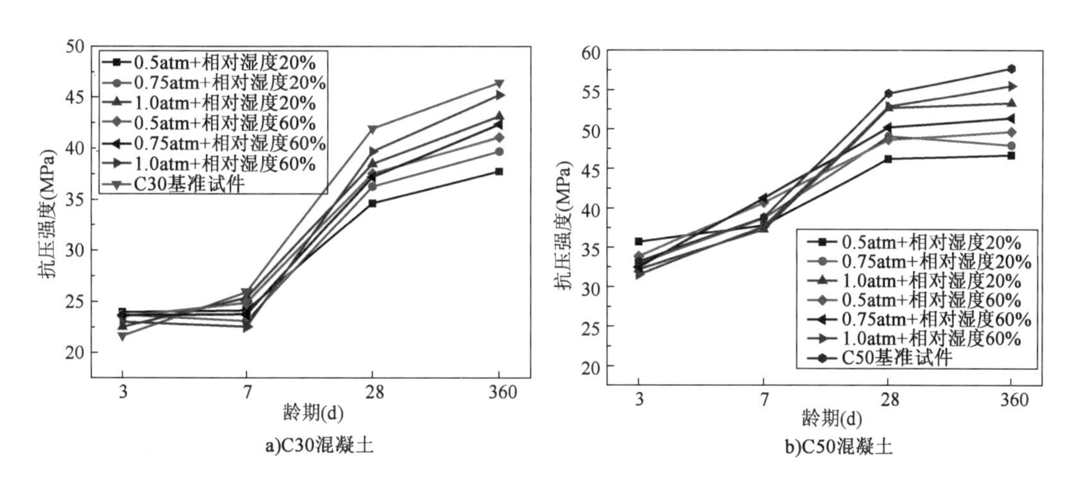

图3-23　气压、湿度对混凝土抗压强度的影响

无论C30还是C50混凝土，3d龄期的抗压强度随着气压的增加而略微降低，与标准养护条件的抗压强度数值差别不大。当龄期为7d时，气压对混凝土抗压强度的作用效果并不明显。当龄期为28d和360d时，气压对C30和C50混凝土抗压强度的影响逐渐显著。早龄期混凝土凝胶孔会吸收水分，导致凝胶孔表面的分离，削弱了范德华力，因此，早龄期混凝土少量失水可在一定程度上增强宏观强度，这种作用一定程度上抵消了水化不足造成的强度损失。随着龄期的增长，低湿度和低气压引起的失水作用逐渐成为强度差异的主导因素，且低湿度、低气压引起水分散失需要一定的时间，所以强度降低规律在后期体现较为明显。

与标准养护条件相比，C30和C50混凝土在相对湿度为20%、0.5atm气压条件下的28d

抗压强度分别降低21%和18%,360d龄期时抗压强度分别降低23%和23.7%。

(2)劈裂强度

低气压、低湿度下C30和C50混凝土的劈裂强度试验结果如图3-24所示。

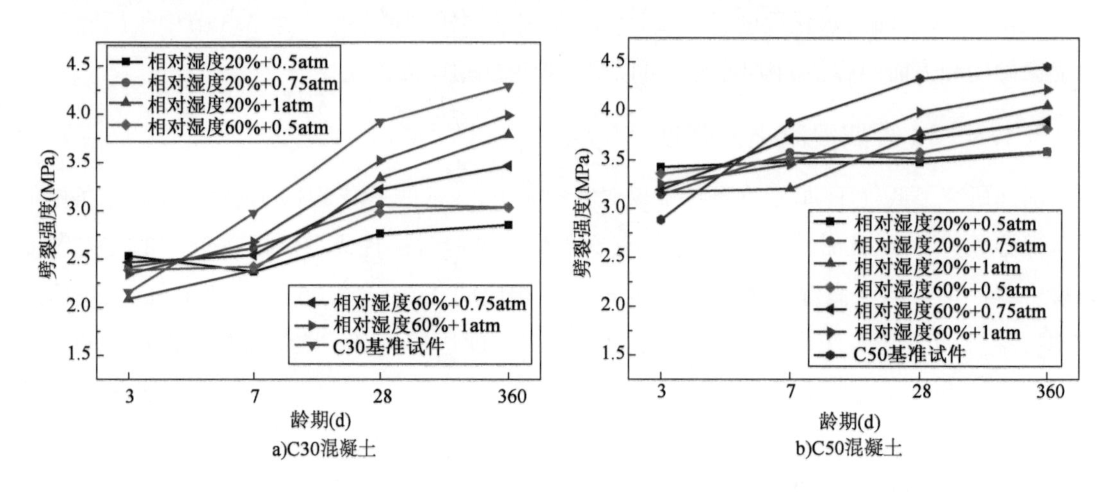

图3-24 气压、湿度对混凝土劈裂强度的影响

无论C30还是C50混凝土,在3d龄期时,混凝土的劈裂强度随着气压的降低而增加。7d龄期时不同气压条件下的混凝土劈裂强度值并未体现出显著的大小关系。当龄期达到28d和360d时,低气压造成的混凝土失水作用明显,水泥颗粒水化不完全,混凝土劈裂强度随着气压的降低而显著降低。

与标准养护条件相比,C30和C50混凝土在相对湿度为20%、0.5atm气压条件下的28d劈裂强度分别降低了29.6%和19.7%,360d龄期时劈裂强度分别降低了33.5%和19.5%。

(3)抗折强度

图3-25为低气压、低湿度下C30和C50混凝土的抗折强度试验结果。

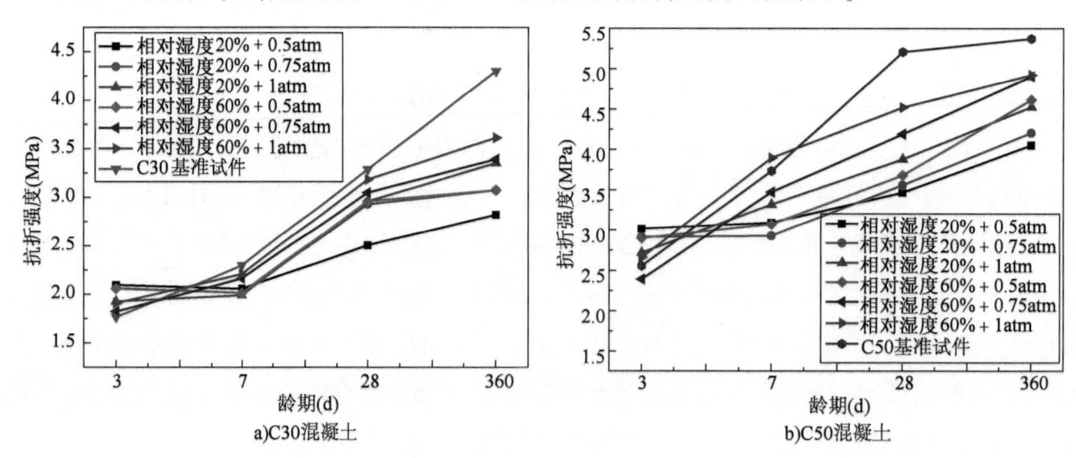

图3-25 气压、湿度对混凝土抗折强度的影响

气压对混凝土抗折强度的影响规律与抗压强度、劈裂强度相类似。3d 龄期时,C30 和 C50 混凝土的抗折强度会随着气压的降低而略微提高,但增加幅度不大。7d 龄期时不同气压条件下的混凝土抗折强度值并未体现出显著的大小关系。当龄期达到 28d 和 360d 时,随着气压的降低,混凝土抗折强度显著降低。

与标准养护条件相比,C30 和 C50 混凝土在相对湿度为 20%、0.5atm 气压条件下的 28d 抗折强度分别降低了 23.7% 和 33.4%,360d 龄期抗折强度分别降低了 27.1% 和 24.6%。

掺加粉煤灰后混凝土虽然早期强度降低,但后期强度会提高,而且早期的水化发热量较低。引气剂能够在混凝土中能形成稳定细小的气泡,从而使混凝土具有合理的气泡结构,提高混凝土的抗冻耐久性。此处仅研究了 0.5atm 标准大气压强和相对湿度 30% 下粉煤灰混凝土和引气混凝土的性能。

3.4.4 掺粉煤灰混凝土和引气混凝土的抗压强度

在 $P_{50}R_{30}$ 养护条件下,不同标准养护龄期掺粉煤灰和引气剂的 C30、C50 混凝土的抗压强度试验结果如图 3-26 和图 3-27 所示。

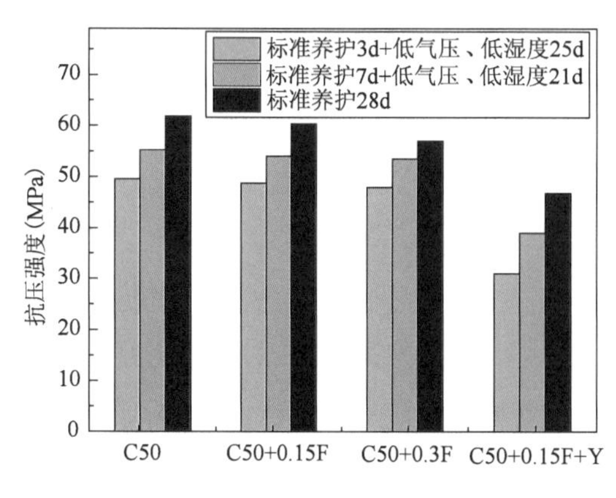

图 3-26 $P_{50}R_{30}$ 养护下 C50 混凝土的抗压强度

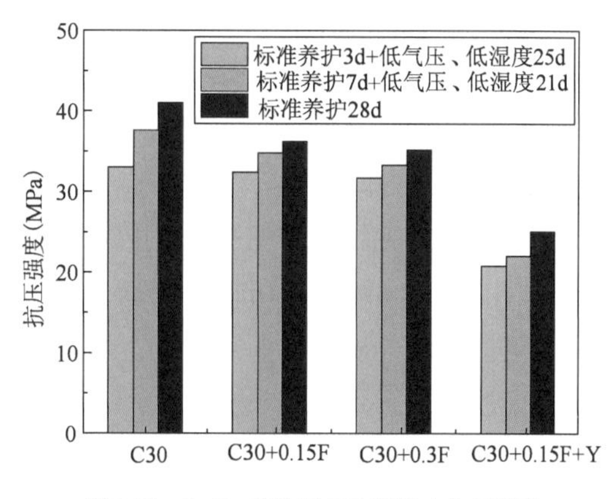

图 3-27 $P_{50}R_{30}$ 养护下 C30 混凝土抗压强度

由图 3-26 可见,标准养护 28d 时,粉煤灰的掺加并没有起到提高抗压强度的作用,强度等级为 C50 的混凝土,与未掺加粉煤灰的相比,掺量 15% 时抗压强度几乎持平,掺量 30% 时下降 8.8%。

在 $P_{50}R_{30}$ 这种极端养护环境中,首先标准养护 3d 后再非标准养护至龄期时,粉煤灰掺量为 15% 时抗压强度下降 2.6%,掺量为 30% 时下降 4.2%;标准养护 7d 时,粉煤灰掺量为 15% 时抗压强度下降 2.2%,掺量为 30% 时下降 3.1%。

由图 3-27 可见,C30 混凝土掺加粉煤灰后早期阶段抗压强度并没有提高。与未掺加粉煤灰相比,标准养护 7d 时,粉煤灰掺量为 15% 时抗压强度下降 7.4%,掺量为 30% 时下降 11.4%;标准养护 28d 时,粉煤灰掺量为 15% 时抗压强度下降 11.7%,掺量为 30% 时下降

14.1%。强度等级 C30 的混凝土掺加粉煤灰后,抗压强度下降幅度要大些。

粉煤灰在水泥中发挥作用必须具备的两个条件:首先必须有水或潮湿的环境,其次是一定要有 $Ca(OH)_2$。水泥水化后产生 $Ca(OH)_2$,粉煤灰中的 SiO_2、Al_2O_3才能与其发生化学反应,而水是这种化学反应的必要条件,在有水分充足的情况下,才能生成水化铝酸钙和水化硅酸钙。有文献研究表明,粉煤灰要在 14d 后才能与 $Ca(OH)_2$反应。匈牙利 Kovacs 研究表明,粉煤灰掺量 40% 时,粉煤灰 28d 的反应率为 10% ~12%;掺量 10% 时,粉煤灰 28d 的反应率为 16% ~20%;这些都能够说明,粉煤灰的早期反应程度低。同时,前期标准养护时间短,又处于低湿度的养护环境中,粉煤灰取代一部分水泥,水泥的水化作用也没有完全发挥,最终导致抗压强度的降低。

同时掺加粉煤灰和引气剂的强度等级为 C50 的混凝土含气量为 5.2%;强度等级为 C30 的混凝土含气量为 6.5%。引气剂通过给混凝土引入微小气泡来改善混凝土的孔隙结构,提高混凝土的抗冻性能,但因含气量较高明显降低了抗压强度。

强度等级为 C50 时,同时掺加引气剂和粉煤灰的混凝土与只掺加相同掺量粉煤灰的混凝土相比,非标准养护环境下标准养护 3d 下降 42%;标准养护 7d 下降 27.8%;标准养护 28d 下降 26.7%。同样,对于强度等级为 C30 的混凝土,掺加引气剂后抗压强度也有下降的趋势,下降幅度为 34% 左右。C30 引气混凝土的抗压强度降幅较大主要是含气量较高所致。

3.4.5 掺粉煤灰混凝土和引气混凝土的抗折强度

图 3-28 为 $P_{50}R_{30}$ 养护条件下 C50 混凝土的抗折强度。

由图 3-28 可以看出,在 $P_{50}R_{30}$ 养护方式下,C50 混凝土的抗折强度随粉煤灰掺量的增加而降低,粉煤灰掺量为 30% 时尤为明显。28d 养护龄期内,标准养护 3d 的 C50 混凝土抗折强度降低了 20.6%,标准养护 7d 的混凝土降低了 31.8%,而标准养护 28d 的混凝土下降了 40.6%。同时在掺加粉煤灰的基础上掺加引气剂后,混凝土的抗折强度略有下降,但下降幅度不是很大。未掺加引气剂的混凝土在振捣时的沉降和泌水现象会使混凝土内部孔隙增加,进而削弱水泥浆和集料的界面过渡区,使混凝土的抗折强度有所下降。掺加引气剂后,改善新拌混凝土的和易性,引入微小气泡能够减少沉降和泌水现象,减少硬化混凝土内部的微裂纹,从而使混凝土抗折强度在含气量适当增大的情况下不会有明显的下降。

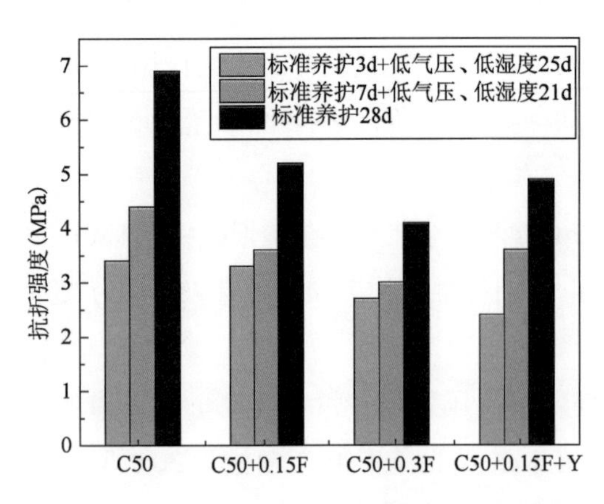

图 3-28 $P_{50}R_{30}$ 养护条件下 C50 混凝土的抗折强度

组号为 C50 +0.15F + Y 的掺加粉煤灰的引气混凝土(含气量为 5.2%)在标准养护 3d 及标

准养护 7d 后，放入 $P_{50}R_{30}$ 这种极端的低气压、低湿度条件下养护至 28d，其抗压强度和抗折强度试验结果如图 3-29 所示。

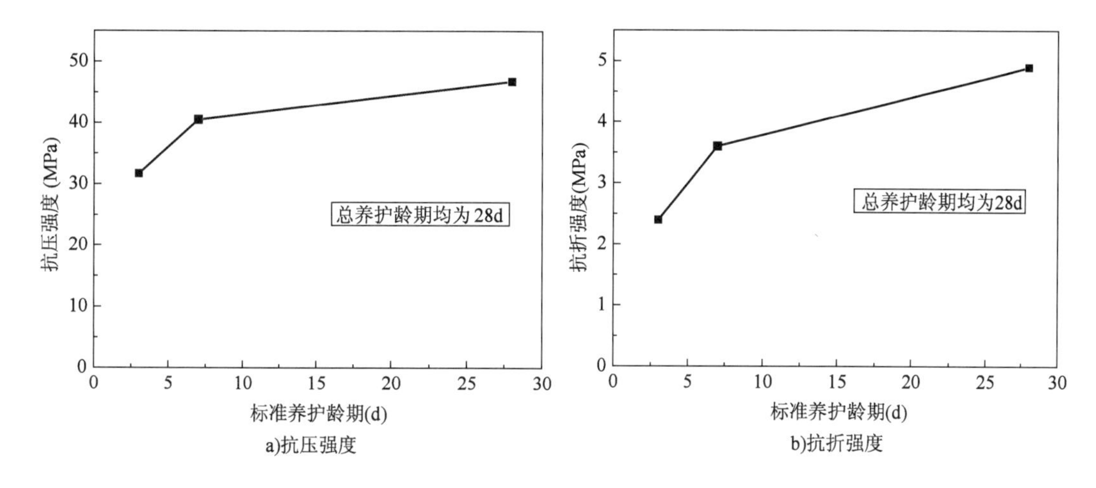

图 3-29　C50 + 0.15F + Y 混凝土标准养护时间对强度的影响

由图 3-29 可以看出，在总的养护龄期均为 28d 时，标准养护 7d 比标准养护 3d 的混凝土抗压强度提高了 27.8%，而标准养护 28d 比标准养护 7d 的抗压强度提高了 10.6%。对于抗折强度，标准养护 7d 比标准养护 3d 的抗压强度提高了 48.1%，标准养护 28d 比标准养护 7d 的抗压强度提高了 36.1%。

由此可见，在高原环境条件下，对粉煤灰混凝土进行保湿养护 7d 是非常必要的，因为标准养护 7d 可以使同时掺加粉煤灰及引气剂的混凝土的力学性能得到明显改善，能够有效保证其承载能力。

3.5　混凝土的耐久性

3.5.1　抗渗透性能

抗渗透性能是指混凝土抵抗环境中化学离子侵蚀的能力。氯离子电通量试验是混凝土抗渗性的重要试验方法之一，用来表征混凝土抵抗氯离子的通过能力，以防止结构中钢筋的锈蚀。根据通过混凝土截面氯离子的总电量（即电通量）大小，对抗渗透性能进行判断，电通量越大，表示混凝土抗渗透性能越差。

（1）低气压下混凝土的抗渗性

为研究气压对抗渗性的影响，将成型好的 C30 混凝土试件标准养护 3d 后，放入相对湿度为 60%，气压分别为 0.5atm、0.6atm、0.7atm、0.8atm、0.9atm、1atm 的环境中，直至龄期达到 28d、56d、90d。图 3-30 为不同气压下混凝土的电通量测试结果。

由图3-30可知，混凝土电通量随龄期的增长而降低，随着气压的降低而升高。在28d、45d和90d龄期时，与标准气压条件下（1.0atm）相比，0.5atm气压条件下的混凝土电通量分别增加25%、42%和49%，说明气压对混凝土的抗渗影响非常显著。

混凝土的抗渗透性能与水化程度、密实度、孔隙结构关系密切，随着龄期的增长，水化作用生成的C-S-H填充了部分内部孔隙，混凝土内部结构变得更加密实，因此，混凝土抗渗透性能随龄期的增长而得到加强，但低气压条件加速了混凝土中水分的蒸发，从而对水泥水化程度有削弱作用，降低C-S-H的生成效率，因此，低气压条件降低了混凝土抗渗透性能。第3.1节和第3.2节的失水率、失水速率以及显微硬度和回弹值随气压和湿度的变化，都能很好地解释低气压下混凝土电通量增大的现象。

（2）低气压低湿度下混凝土的抗渗性

C50混凝土在标准养护3d、7d后，分别在$P_{50}R_{30}$、$P_{50}R_{60}$、$P_{75}R_{30}$、$P_{75}R_{60}$ 4种非标准养护条件下养护至龄期，不同气压、不同湿度养护条件下混凝土的抗渗性如图3-31所示。

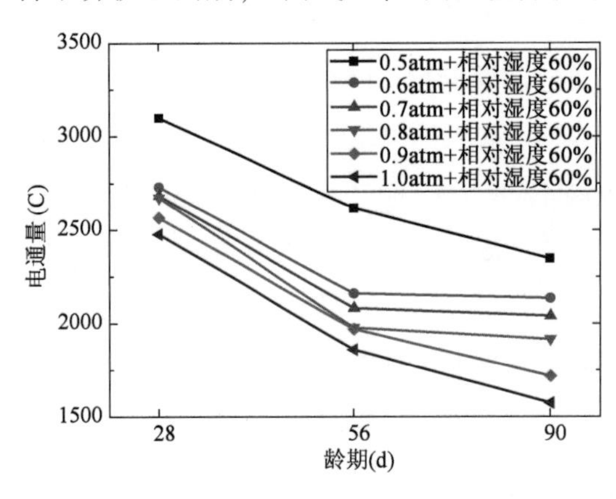

图3-30　不同气压下C30混凝土的电通量

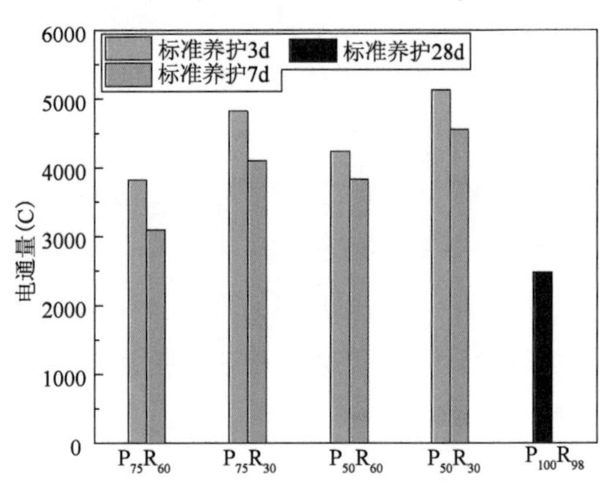

图3-31　不同气压、不同湿度养护条件下C50混凝土的抗渗性

从图3-31可以看出，养护龄期内标准养护3d，相对湿度由60%降至30%，养护环境中相对标准大气压为0.75atm时通过试件的电通量增加28%，相对标准大气压为0.5atm时电通量同样增加28%。养护龄期内标准养护7d，相对湿度由60%降至30%，养护环境中相对标准大气压为0.75atm时电通量增加32%，相对标准大气压为0.5atm时电通量增加24%。

养护龄期内标准养护3d，气压由75%降至50%，养护环境中相对湿度为60%时的电通量增加10.8%，养护环境中相对湿度为30%时的电通量增加11.3%。养护龄期内标准养护7d，气压由75%降至50%，养护环境中相对湿度为60%时的电通量增加23.7%，相对湿度为30%时的电通量增加16.0%。

实际上，气压降低加速了混凝土表面水分蒸发，内外湿度差造成水分向外迁移，导致混凝土内部水分的减少，从而孔隙率、平均半径增加，毛细孔体积增大、凝胶孔体积减小。其效果与相对湿度降低带来的影响是一致的，表现为混凝土抗渗性下降，通过混凝土总的电通量上升。

从整体看，在养护龄期内无论是标准养护3d还是标准养护7d，$P_{50}R_{60}$条件下养护至28d龄期混凝土的电通量值均小于$P_{75}R_{30}$条件下混凝土的电通量，说明气压的影响要小于相对湿度的影响。而这与气压和相对湿度对抗压强度的影响规律正好相反，其原因是测定氯离子渗透的试件(电量法)尺寸为ϕ100mm×50mm，是片状或板状，而抗压强度试件尺寸为100mm×100mm×100mm，是立方体。如前所述，片状或板状试件较立方体试件在环境中的失水率和失水速率要高，导致抗渗用试件的水化程度低于立方体试件，甚至会因为失水过多在混凝土试件表面产生微裂纹。事实上，这也说明了一个问题，高原地区工程现场混凝土的表面的抗渗性与试验室测得的数值可能差异会较大，对于实际工程应充分考虑这一差异。

3.5.2 普通混凝土的盐冻性能

盐冻性能是指混凝土暴露在除冰盐、融雪剂、海水等含盐类环境时抵抗冻融破坏的能力，是混凝土耐久性的研究重点和难点之一。我国青藏高原地区存在着大量的盐湖，盐湖中存在大量的蚀性离子，因此，对高原混凝土的盐冻性能进行研究尤为重要。

(1)不同气压下普通混凝土的盐冻性能

养护龄期内，将C30混凝土标准养护3d后移至在相对湿度为60%，气压分别为0.5atm、0.6atm、0.7atm、0.8atm、0.9atm、1.0atm环境中进行非标准养护，直至龄期达到28d、56d、90d，然后测试各养护龄期的盐冻性能，试验结果如图3-32所示。

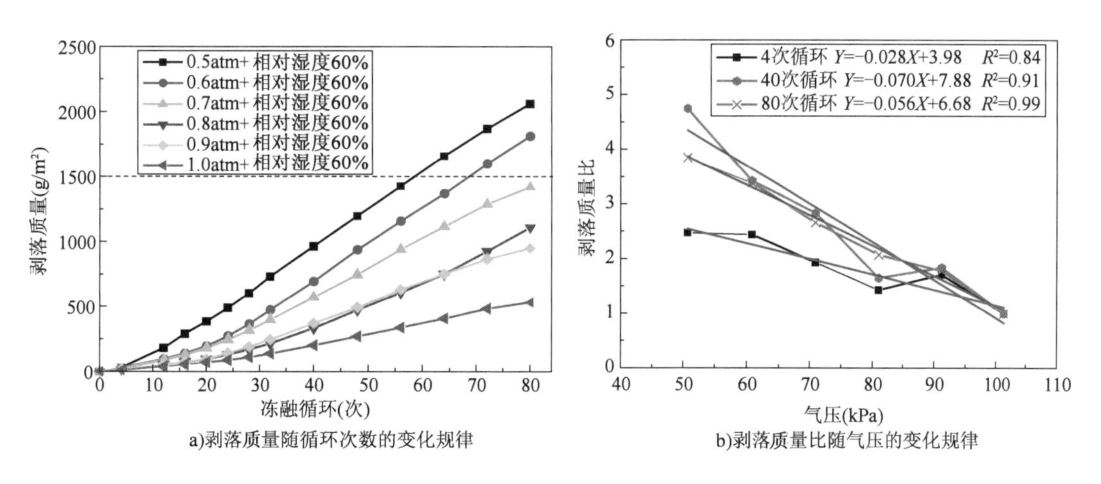

图3-32 不同气压下C30混凝土的盐冻剥落量

由图3-32可以看出，无论在非标准气压条件(0.5~0.9atm)下，还是在标准气压条件(1.0atm)下，盐冻过程中表面剥落质量随冻融次数的增加而增长，表面剥落质量随着气压的降低而升高。

在图3-32a)中，虚线表示《普通混凝土长期性能和耐久性能试验方法标准》(GB/T 50082—

2009)中规定的临界破坏值,即1500g/m^2。0.5atm气压条件下的混凝土剥落质量在60次循环时即达到临界破坏值;0.6atm气压条件下在68次循环时达到临界值。虽然其他气压条件下的混凝土剥落质量在80次冻融循环前并未达到临界破坏值,但不同气压条件之间剥落质量的差异显著。在80次冻融循环时,0.5atm气压条件下的混凝土表面剥落质量约为1.0atm气压条件下的4倍。

用不同非标准气压条件(0.5~0.9atm)下混凝土的剥落质量与标准气压条件(1.0atm)下剥落质量的比值,即剥落质量比可以很好地说明其气压对盐冻剥蚀的影响程度。图3-32b)给出了冻融4次、40次和80次时,试件的剥落质量比随气压的变化规律,即低气压对混凝土的盐冻剥蚀具有非常大的影响。在0.5atm的低气压条件下,混凝土的盐冻剥蚀速率至少是标准大气压下的4倍,可见高原环境下混凝土的盐冻破坏速度远快于低海拔地区。对图3-32b)数据的回归表明,盐冻剥落质量比与气压存在着良好的线性关系,回归系数均高于0.80。

(2)不同气压、湿度下普通混凝土的盐冻性能

将C50混凝土标准养护3d后分别移入$P_{50}R_{30}$、$P_{50}R_{60}$、$P_{75}R_{30}$、$P_{75}R_{60}$ 4种非标准养护条件下养护至28d龄期,以试件单位面积剥落量表征混凝土抗盐冻性。试件冻融28次时不同气压、不同湿度养护条件下C50混凝土的盐冻剥落量如图3-33所示。

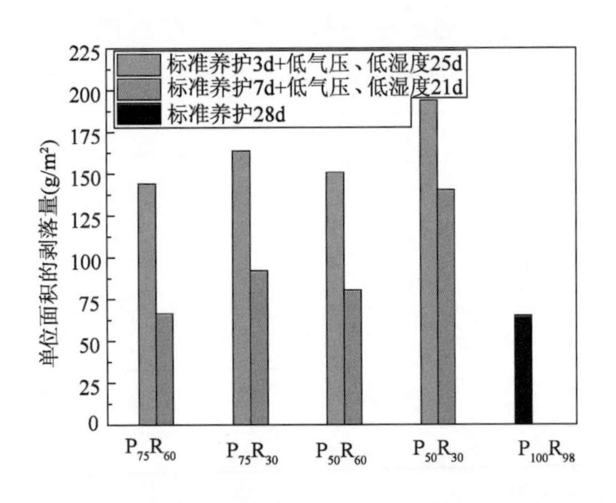

图3-33 不同气压、不同湿度养护条件下C50混凝土的盐冻剥落量

由图3-33可见,养护龄期内标准养护3d,相对湿度由60%降至30%,养护环境中气压为0.75atm时,C50混凝土试件的单位面积剥落量增加14%,气压为0.5atm时增加28%;养护龄期内标准养护7d,相对湿度由60%降至30%,养护环境中气压为0.75atm时单位面积剥落量增加39%,气压为0.5atm时增加55%。从整体看,在总的养护龄期为28d时,无论是标准养护3d还是标准养护7d,$P_{50}R_{60}$的养护方式得到的剥落量值都要小于$P_{75}R_{30}$的养护方式。

养护龄期内标准养护 3d,气压由 0.75atm 降至 0.5atm,养护环境中相对湿度为 60% 时,C50 混凝土试件的单位面积剥落量增加 5% ,相对湿度为 30% 时增加 18% ;养护龄期内标准养护 7d,气压由 0.75atm 降至 0.5atm,养护环境中相对湿度为 60% 时,单位面积剥落量增加 21% ,相对湿度 30% 时增加 42% 。

对比图 3-32 和图 3-33 可见,气压和相对湿度都对抗盐冻性能有非常明显的不利作用。如前所述,气压降低带来的后果是蒸发量和蒸发速率增大,其效果与相对湿度降低是一致的,只是影响程度因试件的尺寸与形状、测试的指标不同而异。

3.5.3　粉煤灰混凝土和引气混凝土的氯离子渗透性

在 $P_{50}R_{30}$养护方式下 C50 粉煤灰混凝土和引气混凝土的氯离子渗透性如图 3-34 所示。

由图 3-34 可见,在标准养护 28d 时,掺加粉煤灰能够提高混凝土的抗氯离子渗透性,但是提高幅度不大。与未掺加粉煤灰相比,粉煤灰掺量为 15% 时混凝土的电通量降低 2% ,掺量为 30% 时降低 19.6% 。将混凝土试件标准养护 3d 后移入 $P_{50}R_{30}$环境中养护至 28d 龄期,当粉煤灰掺量为 15% 时电通量降低 8.3% ,掺量为 30% 时降低 15.4% ;标准养护 7d 后移入 $P_{50}R_{30}$的环境中非标准养护至 28d 龄期,当粉煤灰掺量为 15% 时,电通量降低 6.7% ,掺量为 30% 时降低 14% 。

粉煤灰的活性可以分为化学活性和物理活性。物理活性主要有微集料效应。粉煤灰直径为在 100nm ~ 5μm 之间,其颗粒可以充当微小集料,使水泥分散更加均匀、混凝土内部填充率得到提高。化学活性方面主要是粉煤灰可以与水泥的水化产物 $Ca(OH)_2$发生二次水化反应,生成水化硅酸钙和水化铝酸钙等。但是,形成水化硅酸钙的过程较慢,另外,$Ca(OH)_2$通过表面水化生成物的膜层向外扩散十分困难,因此,在成型后一段时间内,由于粉煤灰二次反应产生的水化产物不多,填充孔隙的能力差。在非标准养护条件下,掺入粉煤灰后混凝土的早期抗渗性得到一定提高,但是提高幅度不大。可以归因于粉煤灰自身的填充效应,弥补了因取代水泥以及二次水化反应不足产生的负面影响。

在粉煤灰掺量为 15% 的基础上掺加引气剂,使混凝土的含气量为 5.2% ,与单掺粉煤灰混凝土相比,标准养护 3d 时,混凝土的电通量降低 33% ;标准养护 7d 时降低 32.7% ;在含气量为 5.2% 的情况下,混凝土的抗氯离子渗透性提高是由于掺加引气剂在混凝土中引入的气泡切断了毛细孔通道,混凝土抗渗性提高。

施工单位为了完成工程进度或者施工条件受到其他因素的限制,有时不采取措施进行早期的养护。针对这种情况,在 $P_{50}H_{30}$极端养护条件下,在养护龄期内将标准养护时间分为 4 种:0d、3d、7d、28d,探究标准养护时间对掺粉煤灰和引气剂混凝土抗渗性的影响,见图 3-35。

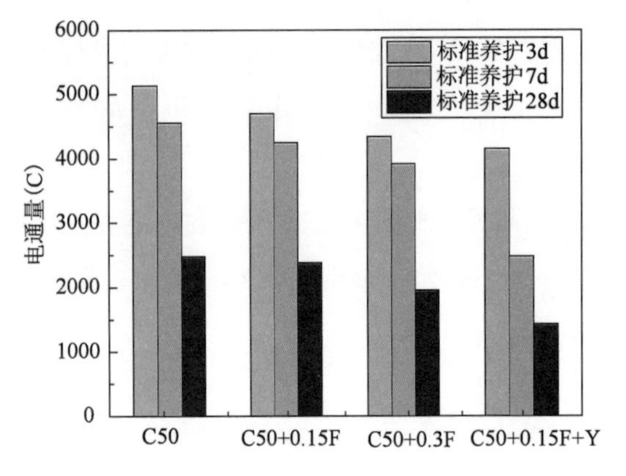

图 3-34 $P_{50}R_{30}$养护条件下 C50 粉煤灰混凝土和引气混凝土的氯离子渗透性

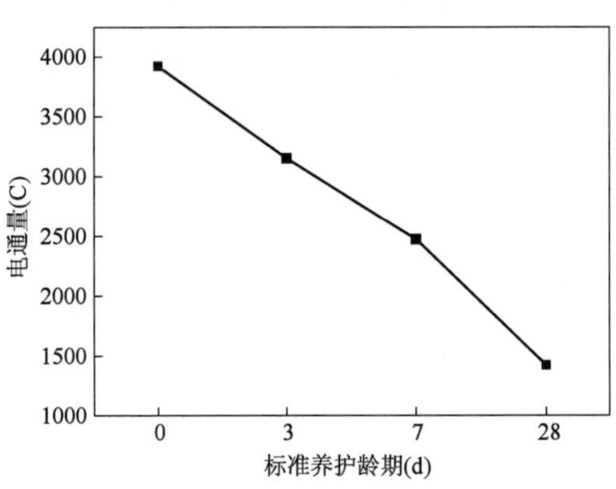

图 3-35 标准养护时间对 C50 + 0.15F + Y 混凝土氯离子渗透性的影响

由图 3-35 可知,在 $P_{50}H_{30}$极端养护条件下,未进行标准养护的电通量是标准养护的 2.75 倍,标准养护 3d 时是 2.2 倍,标准养护 7d 时是 1.73 倍。在非标准养护方式下,进行标准养护的时间越长,产生的水化产物越多,形成的混凝土越致密,低气压、低湿条件下水分迁移对孔结构产生的负面影响就越小,从而抗渗性得到提高。

3.5.4 粉煤灰混凝土和引气混凝土的抗盐冻性

图 3-36、图 3-37 为 $P_{50}R_{30}$低气压和低湿度条件下 C50、C30 粉煤灰混凝土和引气混凝土的抗盐冻性能。

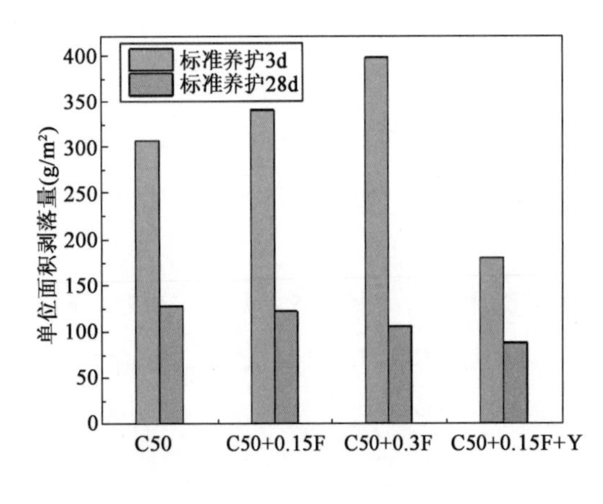

图 3-36 $P_{50}R_{30}$养护的 C50 混凝土

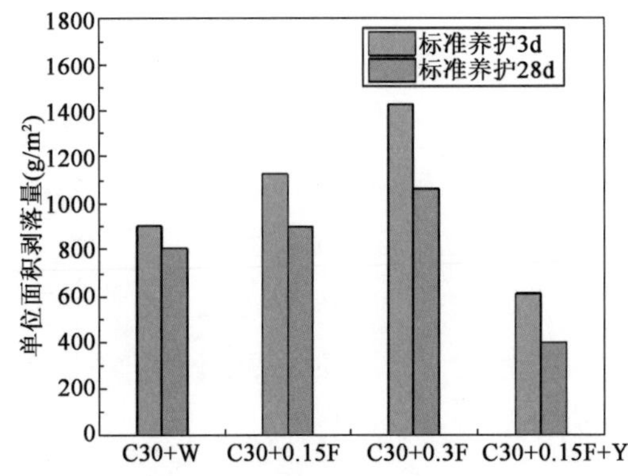

图 3-37 $P_{50}R_{30}$养护的 C30 混凝土

由图 3-36 可以看出,对于 C50 混凝土而言,同时掺加引气剂和粉煤灰的混凝土与只掺加相同掺量的粉煤灰的混凝土相比,标准养护 3d 后移入 $P_{50}R_{30}$非标准养护环境导致混凝土单位面积剥落量下降 48%。相同条件下,C30 混凝土的单位面积剥落量下降 46%。

3.6 混凝土的收缩变形

试件尺寸为400mm×100mm×100mm，采用立式放置，每1个试件顶面固定1块机械式千分表用于测试试件的收缩变形，安装后的千分表在整个测量期间中不得拆装和扰动。混凝土试件在浇筑成型后，在标准养护条件（温度20℃、相对湿度100%）下带试模养护至24h时，脱模并擦干试件表面水分，之后将收缩测试试件与仪器架、千分表安装在一起，并放入相应的低气压、低湿度环境中。

3.6.1 低气压下混凝土的收缩性能

在两种不同的恒定湿度条件（20%、60%）下，气压对C30和C50混凝土收缩率的影响如图3-38和图3-39所示。

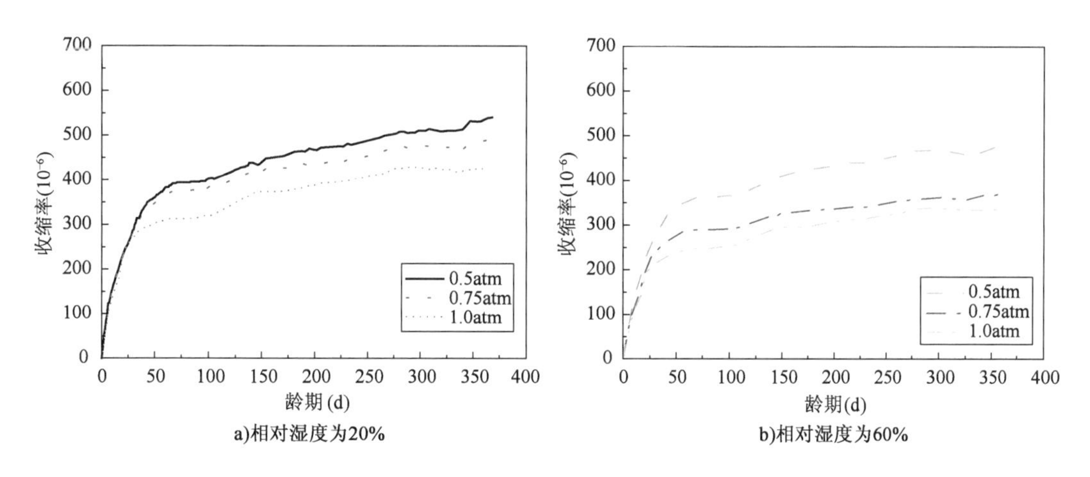

图3-38 气压对C30混凝土收缩率的影响

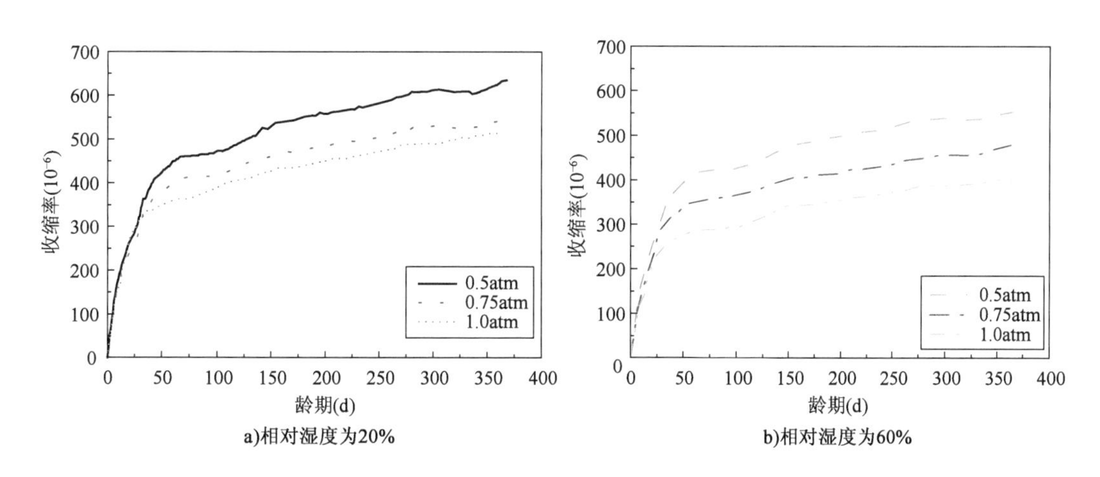

图3-39 气压对C50混凝土收缩率的影响

由图3-38、图3-39可见,7d龄期之前,不同气压对混凝土收缩率的影响并不明显,但7d龄期之后,气压对收缩率的影响逐渐显现出来,气压条件越低,收缩率越大。在20%和60%相对湿度条件下,0.5atm气压条件下C30混凝土的收缩率比1.0atm标准气压条件分别提高了21.3%和29.7%;对于C50混凝土,0.5atm气压条件下混凝土360d的收缩率比1.0atm气压条件下分别提高19.4%和27.6%。

3.6.2 低湿度下混凝土的收缩性能

在三种不同的恒定气压条件(0.5atm、0.75atm、1.0atm)下,相对湿度对C30和C50混凝土收缩率的影响如图3-40和图3-41所示。混凝土收缩率随龄期增长而逐渐增加,前期收缩率增长迅速,后期逐渐缓慢,这与常压条件下的规律一致。

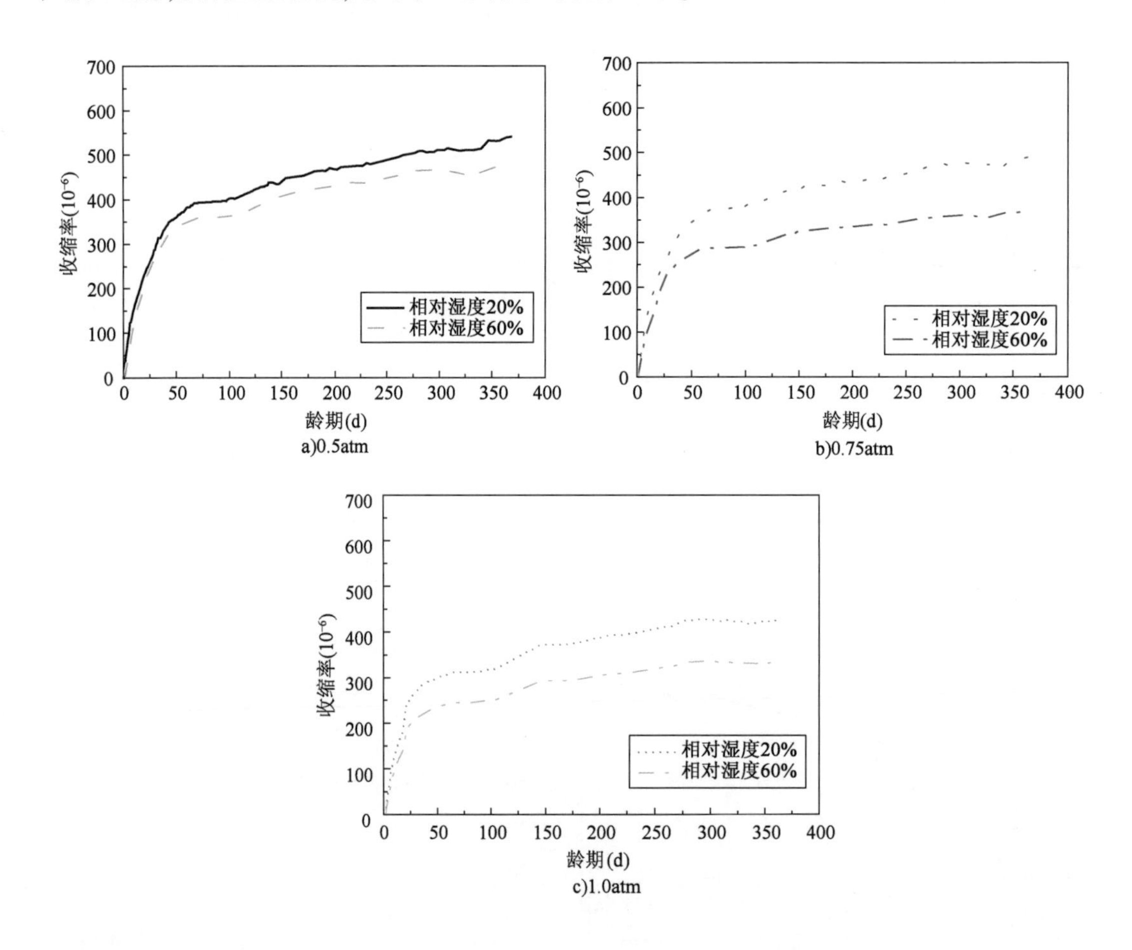

图3-40 相对湿度对C30混凝土收缩率的影响

由图3-40可以看出,在7d龄期以前,湿度条件对混凝土收缩率的影响不明显,不同湿度条件下的收缩率值差别不大。原因在于混凝土材料的湿度传输能力极差,对于尺寸为400mm ×

400mm×100mm 的试件来说，在早龄期时，环境湿度主要对试件表层部位有影响，随着龄期增长，环境湿度影响深度增加，内部湿度逐渐产生变化，因此后龄期时不同环境湿度条件下收缩率的差异明显。

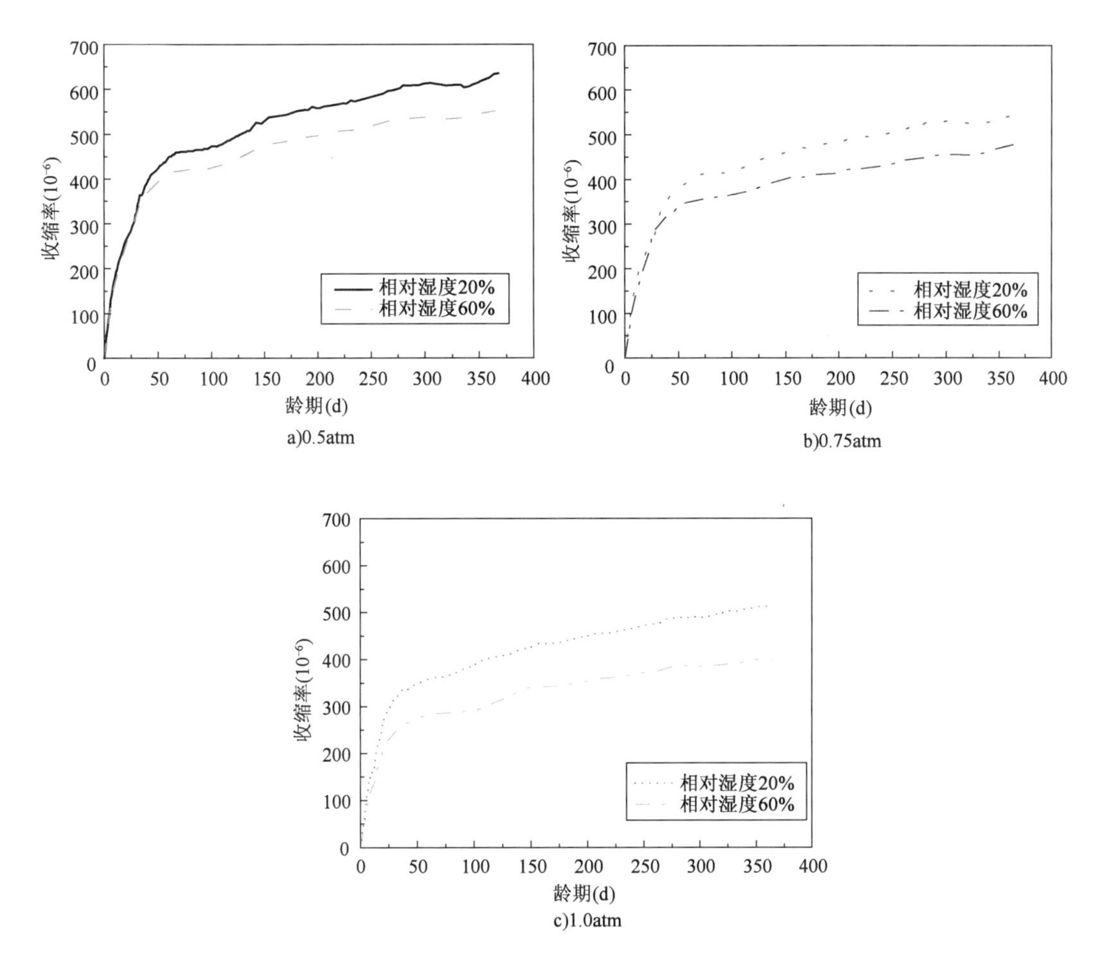

图 3-41 相对湿度对 C50 混凝土收缩率的影响

从图 3-40、图 3-41 可以看出，环境相对湿度越小，C30 或 C50 混凝土收缩率越大。在 0.5atm、0.75atm、1.0atm 三种恒定气压条件下，相对湿度为 20% 的 C30 混凝土 360d 的收缩率比相对湿度为 60% 时分别提高了 12.9%、32.2%、26.5%；而对于 C50 混凝土，相对湿度为 20% 条件下的收缩率比相对湿度为 60% 时分别提高了 14%、15.2%、28.4%。分析试验结果可知，0.5atm 气压条件下相对湿度对收缩率的影响程度低于 0.75atm、1.0atm 气压条件下的影响程度。湿度和气压对混凝土收缩性能的影响机理相近，即加速混凝土内部水分的散失，降低内部的相对湿度，但由于混凝土内部水分含量有限，且毛细孔径越小，弯液面的表面积越小，水分散失越困难。即 0.5atm 的气压条件已经引起混凝土中水分的快速散失，在此基础上，相对湿度影响作用被弱化。

3.6.3 不同气压下混凝土的收缩比

为进一步说明气压的影响,引入收缩率比,即不同气压下的收缩率与常压下收缩率的比值。C30 和 C50 混凝土收缩率比随龄期的变化规律如图 3-42 所示。

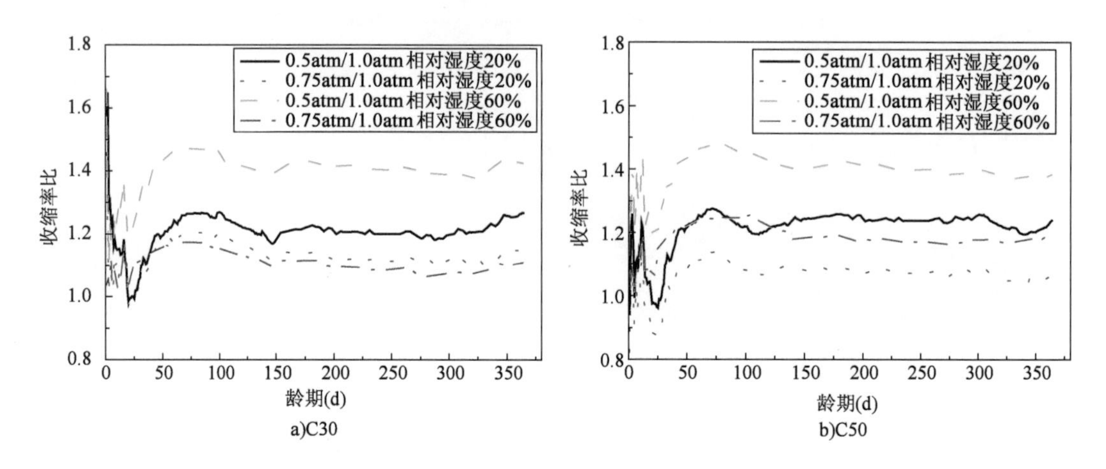

图 3-42 混凝土收缩率比随龄期的变化规律

由图 3-42 可以看出,0.5atm 和 0.75atm 气压条件下的混凝土收缩率比值近似为常数,除前期出现小幅度波动外,后期数值较为稳定。当环境条件为相对湿度 20%、气压 0.5atm 时,环境收缩率比的数值最大,约为 1.4;当相对湿度 60%、气压 0.75atm 条件时,收缩率比的值最小,约为 1.15。即收缩率比随着湿度和气压的降低而增加。

将图 3-42 中曲线的各点取平均值作为纵坐标,将气压的比值作为横坐标(即 0.5、0.75和 1),得到收缩率比值平均值随气压比值的变化关系,如图 3-43 所示,并进行线性拟合。

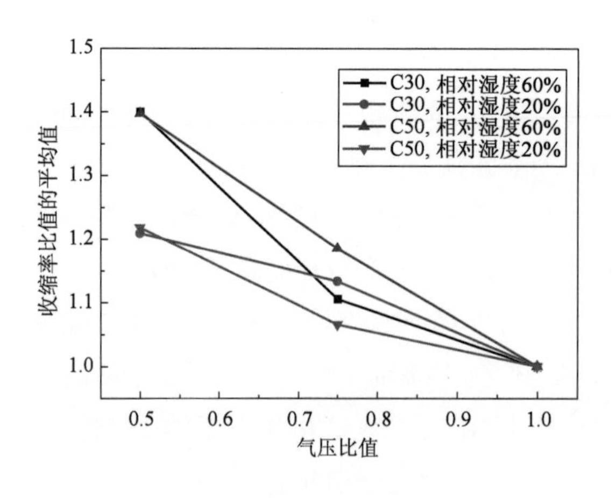

图 3-43 混凝土收缩率比值与气压比值的关系

线性回归方程见表3-5，4个回归方程的回归系数均大于0.864，说明线性的拟合效果较好。对于相同的相对湿度(20%和60%)，不同强度等级混凝土的回归方程系数相近。

线性回归方程　　表3-5

养护条件	回归方程	R^2
C30,60% RH	$Y=-0.799X+1.768$	0.864
C50,60% RH	$Y=-0.792X+1.788$	0.997
C30,20% RH	$Y=-0.417X+1.427$	0.950
C50,20% RH	$Y=-0.435X+1.421$	0.900

3.7　本章小结

(1)在高原低气压和低湿度条件下，养护混凝土导致混凝土的孔结构劣化，特别是表面层的孔结构，使孔隙率和有害孔隙数量显著增大，表面的显微硬度降低。

(2)在高原低气压和低湿度条件下，养护混凝土会导致混凝土的抗压强度、劈拉强度、抗折强度以及表面回弹值、动弹性模量降低，且劈拉强度及抗折强度的降低幅度大于抗压强度。气压和相对湿度越低，龄期越长，各项力学性能降低幅度越大。

(3)在高原低气压和低湿度条件下，养护混凝土会导致混凝土的吸水率与表面吸水率增大，抗渗性、抗盐冻性能等耐久性降低。气压和相对湿度越低，龄期越长，各项耐久性降低幅度越大。

(4)在高原低气压和低湿度条件下，混凝土收缩率随龄期的增长而增加，低气压与常压下的收缩率变化规律一致。混凝土收缩率随湿度和气压的降低而增加，尤其是7d龄期后影响更为显著。

(5)青藏高原部分地区的风速往往较高，其蒸发量远高于同气压、同相对湿度下的试验室模拟环境的蒸发量，因而高原现场的混凝土性能指标会较试验室模拟环境下的指标更差，故在工程设计、施工及应用中应予以注意。

本章参考文献

[1] Ge X, Ge Y, Li Q, et al. Effect of low air pressure on the durability of concrete[J]. Construction and Building Materials, 2018, 187: 830-838.

[2] Ge X, Ge Y, Du Y, et al. Effect of low air pressure on mechanical properties and shrinkage of concrete[J]. Magazine of Concrete Research, 2018, 70(18): 919-927.

[3] 葛昕.高原气候条件对混凝土性能及开裂机制影响的研究[D].哈尔滨:哈尔滨工业大学,2019.

[4] 马新飞. 低压低湿养护对混凝土性能影响的研究[D]. 哈尔滨:哈尔滨工业大学,2016.

[5] 葛昕,葛勇,杜渊博,等. 高原气候条件下混凝土力学性能的研究[J]. 混凝土,2020,(3):1-4+8.

[6] 葛勇. 低气压低湿度条件下混凝土干缩性能的研究(大会报告)[C]//中国硅酸盐学会混凝土与水泥制品分会第九届理事会成立大会暨第十一届全国高性能混凝土学术研讨会. 哈尔滨,2015,8.

第4章 硬化阶段混凝土的负温防冻

4.1 负温条件下混凝土

青藏高原负温天气时间占全年一半以上，常年负温会影响高原环境下混凝土的施工与结构质量，因此，负温环境下混凝土的抗冻与水化、硬化是高寒地区混凝土的重点研究方向之一。所谓负温混凝土(subzero-temperature concrete)，以通用硅酸盐水泥为主要胶凝材料配制的，在负温条件下，能够持续硬化并在规定龄期达到相应技术指标值，且转正温后物理力学性能、耐久性能不降低的混凝土。按温度分，包括正温与负温混凝土这两大类。正温混凝土，即只有温度在0℃以上凝结硬化并发展强度的混凝土，此类混凝土在负温条件下虽能够部分水化，但极容易发生冻害。当温度达到冰点后，混凝土冻结，水化停止，转入正温养护后，强度损失一半以上。负温混凝土，即在负温下仍可以水化且结构缓慢发展的混凝土，其本构关系并不改变，最终可满足设计强度。

在标准大气压下0℃时水由液相转为固相，由于水分子中H核和O核的特殊结构，水结冰后体积增加约9%。在新拌水泥浆体中，没有任何防冻外加剂掺入的情况下，绝大部分的拌合水将在-3℃及以下冻结。究其原因，一方面是水泥浆液相含多种离子所致，另一方面是由于一些拌合水渗入水泥颗粒的毛细孔隙之中，这些毛细孔隙中的水由于孔径大小不同和形态各异，它们的冻结温度也不同。福口认为75nm的孔内水-17℃冻结，滇藤研究表明半径为140nm的孔内水-30℃未冻结，总之即使温度降至很低的负温，水泥浆中仍有液相存在。冻结可以延缓水泥水化过程，甚至可以暂时局部地或完全地中断其水化过程，转正温后水泥水化会重新开始，宏观上表现为强度的增长且新生成物的相组成不会畸变。

普通混凝土属于多孔结构，易受负温度影响而遭受冻害，混凝土的冻害按其阶段可分为两类，即早期受冻和后期受冻。

(1)早期受冻

①新拌和混凝土受冻指新浇筑的混凝土在终凝前遭受冻结，使混凝土的结构受到严重的损害而报废。这时在解冻后如能重新振捣密实，加强养护，不再受冻，就不会使混凝土性能受到损害。

②混凝土的早期冻害指混凝土浇筑后，在硬化期间受到一次冻结或反复冻融所遭受的冻害。这是混凝土冬期施工中要特别重视的问题。因为无论是哪种受冻模式，其结果都将使混

凝土的各项物理力学性能遭到不可恢复的损失。早期冻害引起的各项性能不可恢复损失的结果已被大量试验所证明,其原因在于早期冻害劣化了混凝土的内部结构。当水冻结时,其体积增大约 9% 。由于拌合物或者浇筑完毕且强度较低的混凝土冻结而引起的膨胀和各组成成分颗粒之间接触处的滑移,引起颗粒间黏结力的破坏,此时混凝土材料的各组成之间的黏聚力还是十分薄弱的,已不具有触变还原性,虽然水泥的化学本质并未遭到破坏,但对混凝土的显微结构会造成不可恢复的损害。

(2)后期受冻

关于混凝土受冻破坏机理各国学者进行了很多研究,并提出众多理论和学说,如静水压理论、渗透压理论、Tabar-Colins 的冻胀学说、Duv 和 Hudec 的吸附水理论、Litvan 理论、Cady 的双机制理论、Zbigriew Rusin 的混凝土集料受冻膨胀理论,R. Piltner 等人利用应力分析理论对混凝土中冰的形成进行了理论研究。其中以美国的 T. C. Powers 提出的静水压理论和 Powers Helmuth 的渗透压理论为主流。

①静水压理论。

a. 冰首先在混凝土的冻表面上形成,把试件内部封闭起来。

b. 由于结冰膨胀所造成的压力迫使水分向内进入饱和度较小的区域。

c. 混凝土渗透性较大时,形成水压梯度,对孔壁产生压力。

d. 随着冷却速度的加快,水饱和度的提高和气孔间隔的增大以及渗透性和气孔尺寸的减小,水压将会增高。

e. 当水压超过了混凝土抗拉极限强度时孔壁就会破裂,混凝土受到损害。

f. 如果在气温上升结冰融解之后又发生冻结,这种反复出现的冻融交替的累积作用,使混凝土的裂缝扩张,表面剥落直至完全瓦解。

②渗透压理论。

含有未冻水的孔与含冰和离子溶液的大孔之间的渗透压(毛细孔与凝胶孔内溶液之间的浓度差会引起凝胶孔中的水向毛细孔中的扩散,从而形成了渗透压)趋于平衡,使孔壁的压力增加。即使水中没有离子溶解时,水分子从小孔到含冰孔扩散时也有类似渗透压作用。

但对于新拌混凝土采用静水压学说许多人认为不是十分合适,Tabar-Collins 的冻胀学说有很好的解释。冻胀学说认为:新拌混凝土的冻结机理不同于硬化混凝土,属于“宏观规模析冰”现象,并指出冰冻对混凝土的破坏并不是单纯由于“就地冻结”中水变成冰体积增大 9% 而造成膨胀引起的,根本原因是负温下水分结冰时水分迁移,造成内部结构应力重新分布,析出冰晶,产生压力致使结构产生破坏。

4.1.1 混凝土防冻剂

理想的防冻剂应该具有低温下能显著降低液相冰点、不干扰混凝土在正温下强度的发展、不引发碱集料反应、不锈蚀钢筋、不改变水化产物、保持混凝土良好工作性能等优点。

(1)我国防冻剂的发展

20 世纪 50 年代初期,我国借鉴了苏联的经验在工程建设中主要使用氯盐防冻剂,其主要理论依据是拉乌尔定律,降低混凝土拌合物液相冰点,然而,氯盐防冻剂的大量使用导致不少混凝土结构出现盐腐蚀和钢筋锈蚀问题。此后开始探索无氯防冻剂,我国从 20 世纪 70 年代开始氯盐防冻剂逐渐被 K_2CO_3-$NaNO_2$,$NaNO_2$-$Ca(NO_2)_2$,$Ca(NO_2)_2$以及 $CO(NH_2)_2$等代替,而且防冻剂由单一组分向复合组分发展,即“防冻组分 + 早强组分 + 减水组分 + 引气组分”的设计模式已经形成。近年来随着人们对混凝土耐久性关注程度的增加,高效低掺量防冻剂已取得较大进展,特别是有机防冻材料。

(2)防冻剂对混凝土水化硬化及显微结构的影响

当水泥中加入 $CaCl_2$,其水化产物中就会有高氯型和低氯型两种复盐生成。高氯型铝酸盐不稳定,在转入正温后会转变为低氯型铝酸盐而导致结构破坏。这一现象又同样发生在掺 $NaNO_2$、$Ca(NO_2)_2$、K_2CO_3的水化产物中,关于这一系列反应,A. B. 拉戈依达提出一个通式:

$$3CaO \cdot SiO_2 + B + aq \rightarrow 3CaO \cdot SiO_2 \cdot aq + Ca(OH)_2 \cdot B \cdot aq$$

$$3CaO \cdot Al_2O_3 + CaSO_4 + B + aq \rightarrow 3CaO \cdot Al_2O_3 + . B \cdot aq + CaSO_4$$

$$3CaO \cdot Al_2O_3 + Ca(OH)_2 + B + aq \rightarrow 4CaO \cdot Al_2O_3 \cdot B \cdot aq$$

其中,B 为 $CaCl_2$、$Ca(NO_2)_2$、$NaNO_2$、K_2CO_3等外加剂。

一些研究表明,防冻剂对负温混凝土的显微结构有明显改善作用。复合防冻剂具有增加小于 50nm 孔隙率的功能;防冻剂还能够减小水泥胶砂的最可几孔径及平均孔径。防冻剂可改善过渡区界面结构,集料底部水囊是负温混凝土受冻破坏强度损失的主要原因,防冻剂的掺入使得结冰区厚度减少,冰液混合区范围相对增大,促进负温下混凝土的水化硬化。

(3)防冻剂作用机理

防冻剂的作用实质是保证混凝土在负温下不冻结或部分冻结,从而使水泥在负温下不断水化、硬化获得强度增长。将防冻剂作用机理归纳如下:

①降低液相冰点的理论依据为拉乌尔定律,依据此定律,E. I. 库兹明提出了溶液含冰率的计算公式。

$$I' = 1 - \frac{C_1}{C_2} \tag{4-1}$$

式中:I'——含冰率(%);

C_1——溶液初始百分浓度(%);

C_2——冰平衡液相的百分浓度(%)。

有研究表明,防冻剂的作用并非在于降低液相冰点,而是使混凝土在负温时保有一定数量的液相水，遂提出“液灰比”概念，即掺防冻剂混凝土负温下液相水量与水泥量的比值。

$$\frac{L}{C} = \frac{2bA}{-\alpha - \sqrt{\alpha^2 + 4bT}} \tag{4-2}$$

式中：$\frac{L}{C}$——液灰比（%）；

A——防冻剂掺量（%）；

α、b——拟合系数；

T——体系平衡温度（℃）。

②缓解冻胀应力，改变冰晶形态。当温度降至0～1℃时就会出现水结冰现象。随着温度的下降和时间的延长，冻胀应力会急剧增大，在－20～－23℃时冻胀应力达到最大值208.2MPa，此时冻胀变形达9.26%。随着防冻剂的加入，在达到最低共熔点之前，溶液中一直有液相存在，故缓解了冻胀应力。同时，有研究表明掺防冻剂的溶液冰晶形态多为针状、羽状、树枝状、絮状，而纯水结冰多为坚硬块状晶体。

4.1.2 负温条件下混凝土的力学性能

在负温条件下掺防冻剂的混凝土立方体抗压强度、轴心抗压强度、抗折强度、静弹性模量等各项力学性能参数，较未掺防冻剂的混凝土都有所提高。防冻剂中的某些组分如亚硝酸钙可降低混凝土中孔溶液的冰点，混凝土在负温下也可以进行缓慢的水化。并且防冻组分能够使纯水冻结时的冰晶发生畸变，减小冻胀应力。另外防冻剂中的一些成分，如$NaNO_3$和NaCl等物质，与水泥中的C_3A反应后，可以提高早期强度，同时改变孔结构中液相水的分子排列方式，扰乱冰晶形成的空间、环境、压力等，保持大部分过冷水不结冰，以提高水泥水化，因此掺防冻剂的混凝土的各项力学性能更好。

4.1.3 负温条件下混凝土的耐久性

耐久性就是混凝土对破坏或者侵蚀的抵抗能力。混凝土耐久性从广义上包括：大气对混凝土的腐蚀作用（如干湿、温度、冻融及催化作用）、渗透水对混凝土的作用、碱活性集料反应的作用、环境水侵蚀及磨损作用等。

防冻剂的加入一般不会产生新的水化产物，即不会改变水泥的化学性质。但氯盐不仅引起钢筋锈蚀，还会使抗冻性能和收缩性能劣化。亚硝酸钠、尿素和碳酸钾按常用掺量使用时，对混凝土的耐久性无不良影响。

常用无机盐类外加剂的掺入对混凝土的抗冻性，特别是抗盐冻剥蚀性能存在不利作用，冻融循环过程中，掺盐混凝土的水饱和系数增长速率大于未掺盐混凝土，且在3.5% NaCl

溶液中的水饱和系数增长速率远远大于在水中冻融时。除此之外，无机盐影响混凝土渗透性、气孔结构以及抗压强度等方面也是造成混凝土抗冻性下降的原因。

4.2　防冻组分对砂浆、混凝土性能的影响研究

4.2.1　防冻组分对砂浆流动度的影响

为了讨论不同防冻组分掺量对砂浆流动度的影响，选取了氯化钙（$CaCl_2$）、硝酸钙[$Ca(NO_3)_2$]、亚硝酸钙[$Ca(NO_2)_2$]和乙二醇等常用防冻组分，其中$CaCl_2$、$Ca(NO_3)_2$、$Ca(NO_2)_2$的掺量分别为1%、3%、5%和7%，乙二醇掺量为0.5%、1%、1.5%和2%。

不同无机盐对砂浆的流动度的影响存在差异，与空白试样相比，随着$CaCl_2$掺量的增加，砂浆流动度较基准组逐渐减小，当掺量从1%变化到7%时，流动度由155mm变化到140mm，减小约10%。

$Ca(NO_2)_2$、$Ca(NO_3)_2$、乙二醇三种化学组分对砂浆的流动度影响规律相同，都是随着掺量的增加，砂浆的流动度也增大。其中$Ca(NO_2)_2$对砂浆流动度的影响较其他两种组分最为明显，掺量为7%时，流动度增加了25.8%。乙二醇对砂浆流动度的影响仅次于$Ca(NO_2)_2$。$Ca(NO_3)_2$对砂浆流动度的影响则相对较弱（表4-1）。

不同防冻组分的砂浆流动度（单位：mm）　　表4-1

防冻剂组分	防冻剂组分掺量（%）				
	0	1	3	5	7
$CaCl_2$	155	150	145	145	140
$Ca(NO_2)_2$	155	160	170	185	195
$Ca(NO_3)_2$	155	160	165	170	175
乙二醇	155	155	160	170	185

4.2.2　防冻组分对混凝土工作性的影响

试验采用的混凝土除防冻组分外不添加其他外加剂，排除其他外加剂的干扰，不添加防冻组分的混凝土为基准混凝土，设计强度为C40。

在基准混凝土的基础上，分别掺加$CaCl_2$、$Ca(NO_2)_2$、$Ca(NO_3)_2$、乙二醇等防冻组分，掺量从1%变化到7%（乙二醇掺量为0.5%、1%、1.5%、2%）。按规定投料顺序，搅拌均匀后立即测定新拌混凝土坍落度，30min后再次测定其坍落度，以观察掺加不同的防冻组分后的经时坍落度损失。经试验测定，基准混凝土初始坍落度为80mm，30min后坍落度为50mm。

$CaCl_2$对混凝土工作性影响较大，混凝土初始坍落度随着氯化钙掺量的增加，显著下降。

同时，氯化钙也显著地增加了混凝土 30min 的坍落度损失，当掺量为 7% 时，30min 坍落度损失达到了 50mm，这一影响会造成混凝土施工困难，如图 4-1 所示。

掺加 $Ca(NO_2)_2$ 的混凝土，初始坍落度有提高，30min 坍落度损失较大，反映出其在混凝土拌和早期 $Ca(NO_2)_2$ 对混凝土有塑化作用，如图 4-2 所示。另外，$Ca(NO_2)_2$ 提高了混凝土的钙离子浓度，加速了 C_3A 的溶解，从而生成更多的钙矾石，导致 30min 后流动性迅速下降，并且随着掺量的增加，这种现象就越加明显。

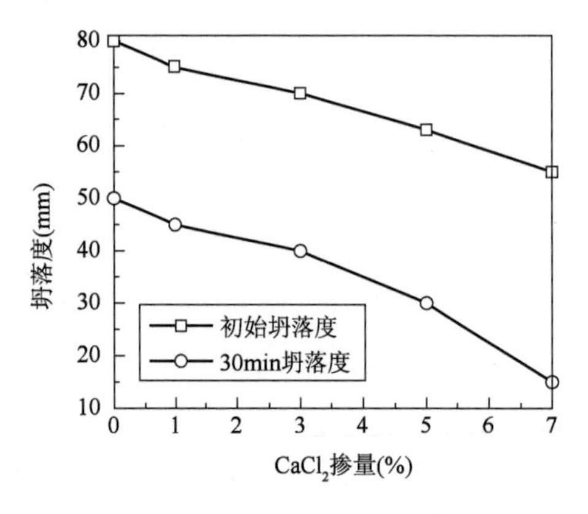

图 4-1　不同 $CaCl_2$ 掺量的混凝土坍落度

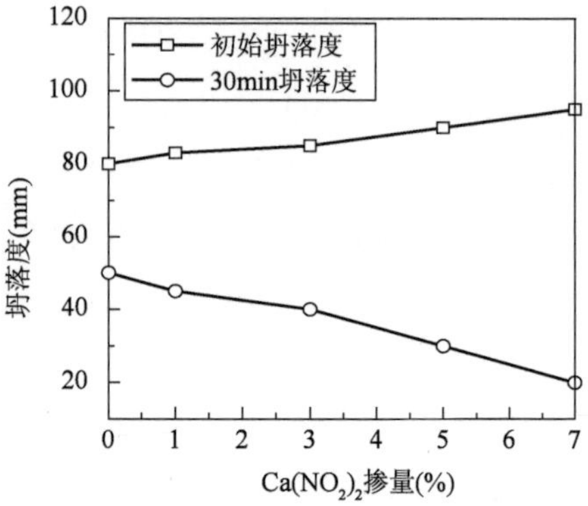

图 4-2　不同 $Ca(NO_2)_2$ 掺量的混凝土坍落度

掺加 $Ca(NO_3)_2$ 的混凝土，其初始坍落度变化不明显，30min 坍落度损失随掺量增加而明显增大，如图 4-3 所示。这一现象是由于硝酸盐与水化铝酸钙反应生成硝铝酸盐所致。

乙二醇是非离子型表面活性剂，其分子容易吸附在水泥颗粒表面，使水泥颗粒更好地分散，同时也降低了水向水泥颗粒扩散的速度，起到了一定的缓凝作用，故而掺加乙二醇的混凝土初始坍落有所提高，而 30min 坍落度损失大幅减小，并随乙二醇掺量的增加这种现象逐渐显著，如图 4-4 所示。

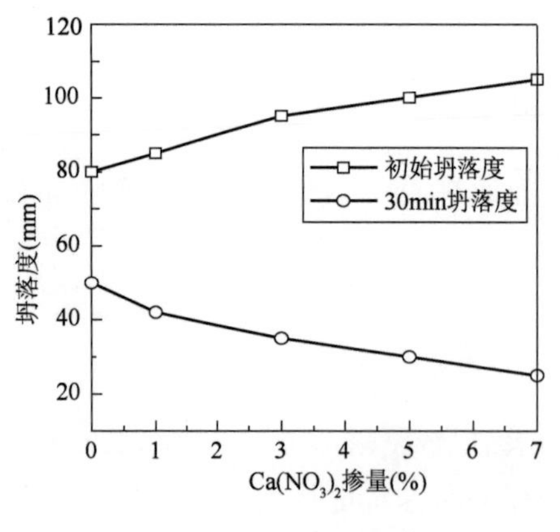

图 4-3　不同 $Ca(NO_3)_2$ 掺量的混凝土坍落度

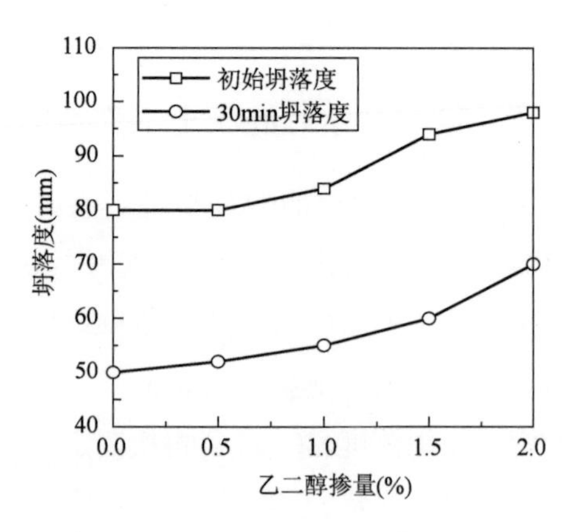

图 4-4　不同乙二醇掺量的混凝土坍落度

4.2.3　防冻组分对混凝土力学性能的影响

负温条件下施工最大的难点就是不能很好地保证混凝土的强度发展，而各防冻剂的应用初衷也正是为了克服这一困难，其能够使混凝土在负温下持续水化，并在一定的时间内达到足够的强度。有许多无机盐和若干有机物都有防冻功能，按照作用方式可以分成三类：一类是与水有很低的共融温度，可以降低溶液的冰点而使混凝土在负温下仍能进行水化，如 $Ca(NO_2)_2$、NaCl；另一类是既能降低溶液的冰点，也能使含该类物质的冰的晶格构造严重变形而无法形成冻胀应力，如尿素、甲醇等；第三类与水有很低的共融温度，同时直接与水泥发生水化反应而加速混凝土凝结硬化，有利于混凝土强度发展，如 $CaCl_2$、K_2CO_3 等。

（1）防冻组分的影响

①氯化钙对标准养护混凝土强度的影响规律。

不同 $CaCl_2$ 掺量标准养护混凝土各龄期抗压强度结果如图4-5所示。

$CaCl_2$ 的掺加使混凝土早期强度有了大幅度的增长，1d 强度提高了27.5%～63%，3d 强度提高了7.3%～20.5%，并且随着掺量的增加，强度提高也有一定的增加。$CaCl_2$ 对混凝土后期强度提高不如早期明显，但强度仍有一定的提高。但掺量超高5%后，混凝土强度出现了一定的降低。当水泥水化速度过快时，会造成微观结构的不密实，从而表现为后期强度的降低。

$CaCl_2$ 对水泥混凝土的早强作用机理有两种论点：一是 $CaCl_2$ 对水泥的水化有催化作用，促使氢氧化钙的浓度降低，因而加速 C_3A 的水化；二是 $CaCl_2$ 参与水泥水化反应生成复合水化硅酸钙（$C_3S \cdot CaCl_2 \cdot H_2O$），同时，在石膏存在下与水泥中的 C_3A 作用生成水化氯铝酸盐（$C_3A \cdot CaCl_2 \cdot 10H_2O$ 和 $C_3A \cdot CaCl_2 \cdot 30H_2O$），致使强度在早期迅速形成。

②亚硝酸钙对标准养护混凝土强度影响规律。

不同掺量 $Ca(NO_2)_2$ 混凝土强度发展规律的影响，如图4-6所示。$Ca(NO_2)_2$ 在混凝土中的早强效果也较为明显。当掺量为7%时，混凝土1d强度提高了40%以上。并且当 $Ca(NO_2)_2$ 在混凝土中的掺量增大时，早期抗压强度随掺量提高而增大；对于后期强度，当掺量达到3%左右时，混凝土强度最高，但掺量继续增长混凝土强度增长率反而下降，掺量为7%的混凝土28d强度小于基准混凝土。

③硝酸钙对标准养护混凝土强度影响规律。

$Ca(NO_3)_2$ 是苏联最先推荐使用的防冻组分，其能明显降低混凝土液相冰点，具有较好的防冻特性；其缺点是在低温下强度增加较慢，有效降低冰点时的掺量较大，若掺量不足则失去防冻效果，后期强度损失也较大。但其和易性较 $Ca(NO_2)_2$ 优，在低温下坍落度损失较 $Ca(NO_2)_2$ 小，可用于泵送施工工艺，欧洲国家多用作防冻剂组分。同样具有早强效果，随着 $Ca(NO_3)_2$

掺量的增加,混凝土早期强度增大,并且后期强度没有出现回缩,如图 4-7 所示。

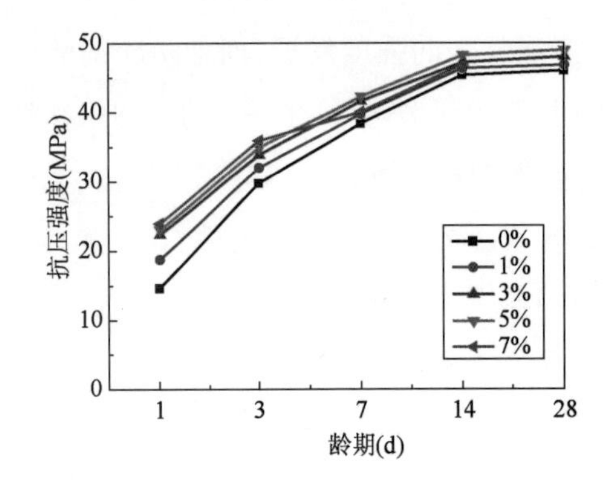

图 4-5 不同 $CaCl_2$ 掺量混凝土标准养护条件下的强度

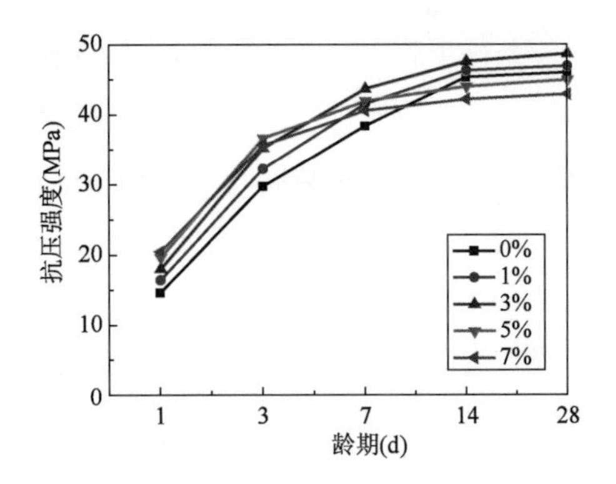

图 4-6 不同 $Ca(NO_2)_2$ 掺量混凝土标准养护条件下的强度

④乙二醇对标准养护混凝土强度的影响。

乙二醇作为防冻组分,能使混凝土拌合物在负温环境下不受冻害。乙二醇能降低水的冰点而使混凝土在负温下仍在进行水化作用,能使含该类物质的冰的晶格构造严重变形,而抑制冻胀形成。乙二醇在标准养护条件下对混凝土的抗压强度影响不大,但是由于乙二醇对混凝土有缓凝影响,混凝土早期强度小于基准混凝土,后期强度与基准混凝土相差不大,如图 4-8 所示。

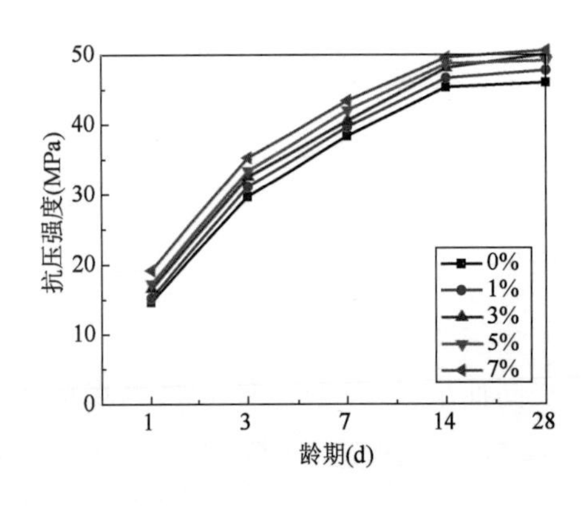

图 4-7 不同 $Ca(NO_3)_2$ 掺量标准养护条件下的强度

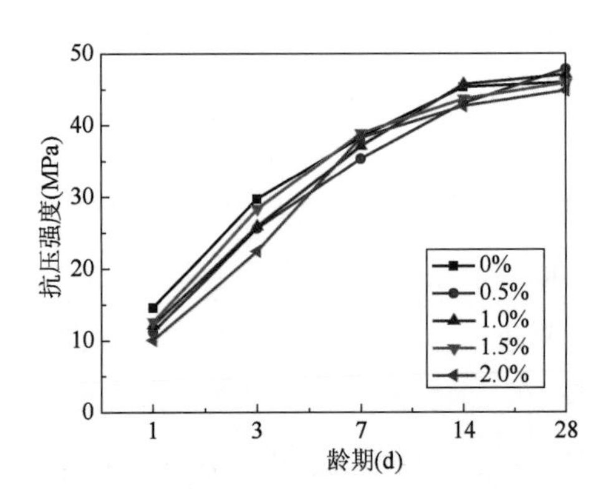

图 4-8 不同乙二醇掺量标准养护条件下的强度

(2)养护温度对负温混凝土强度的影响

一般认为,对于同一配比的混凝土,随着冻结温度的降低,负温转正温后的混凝土强度损失的增大,防冻剂的种类和掺量也要随之变化。

负温混凝土强度低的原因归纳起来主要有以下几个方面:

①水在0℃以下开始冻结，水的冻结造成水泥水化的可用水减少，同时水泥的水化速率随着温度的降低而降低。当混凝土完全处于低温环境（低于-10℃）中时，大部分水会以冰的形式存在于混凝土内部，只有小部分水以液态存在微孔中，在这种情况下，水泥不能完全进行水化反应，所以恒低温养护混凝土中的水泥水化产物发展很不完善，水泥石与集料的黏结性很差，水泥水化程度低，并且温度越低，这种现象越显著，因此负温条件下混凝土强度低。

②水在负温条件下开始冻结，水冻结后体积增加9%，由于水冻结时产生的冻胀应力会破坏混凝土早期形成的结构，造成不可恢复的强度损失，并且温度越低，冻胀应力越大，混凝土结构破坏越严重，所以即便之后混凝土转入正温养护，强度也无法达到设计强度。

③集料与水泥石黏结面破坏。新拌混凝土在浇筑过程中往往产生混凝土内分层现象，在集料表面周围出现水膜，受冻后将破坏集料与水泥石黏结面间的黏结力致使混凝土强度降低。

（3）防冻组分对负温混凝土抗压强度的影响

无论是基准混凝土还是掺防冻组分的混凝土在负温养护条件下，都是随着负温的降低，抗压强度也降低，如图4-9和图4-10所示。养护温度为-15℃时，基准混凝土-7d强度只有28d标准养护强度的2.5%。基准混凝土负温转入正温养护后，强度均有不同程度的损失，并且损失率也是随着温度的降低而增大。-15℃条件下，-7+28d强度不到标准养护条件下28d强度的60%。掺各防冻组分的混凝土负温转正温强度损失较基准混凝土虽有减小，但规律与基准混凝土相类似，都是随着温度的降低损失率出现了增大的现象。

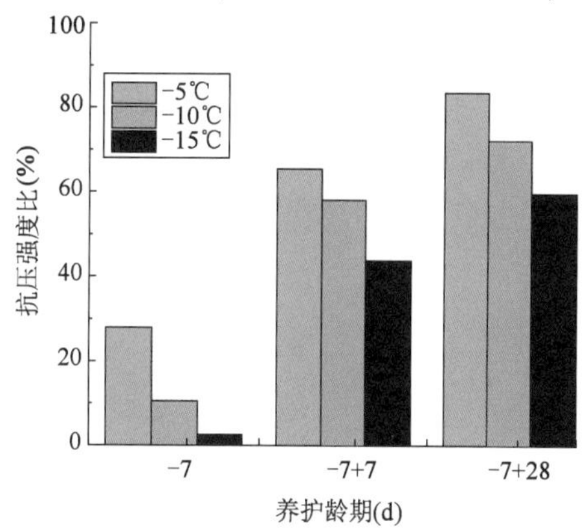

图4-9　不同养护温度下基准混凝土的抗压强度比

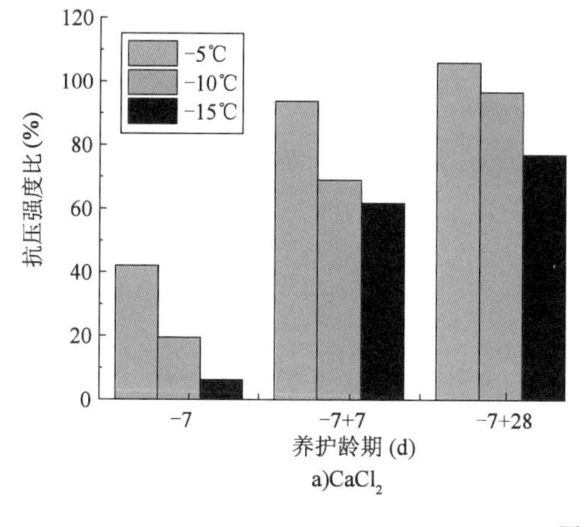

a)$CaCl_2$

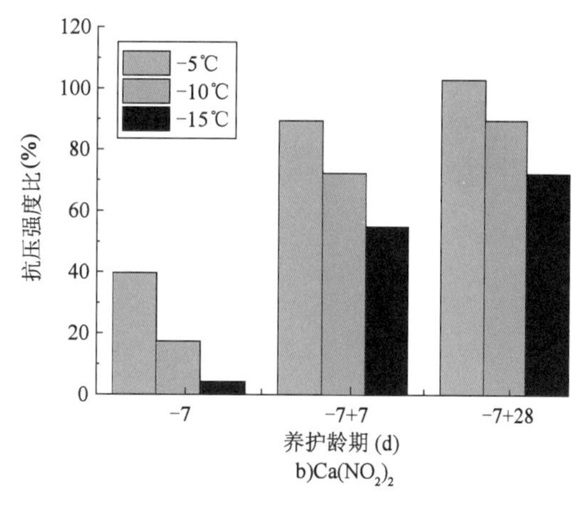

b)$Ca(NO_2)_2$

图　4-10

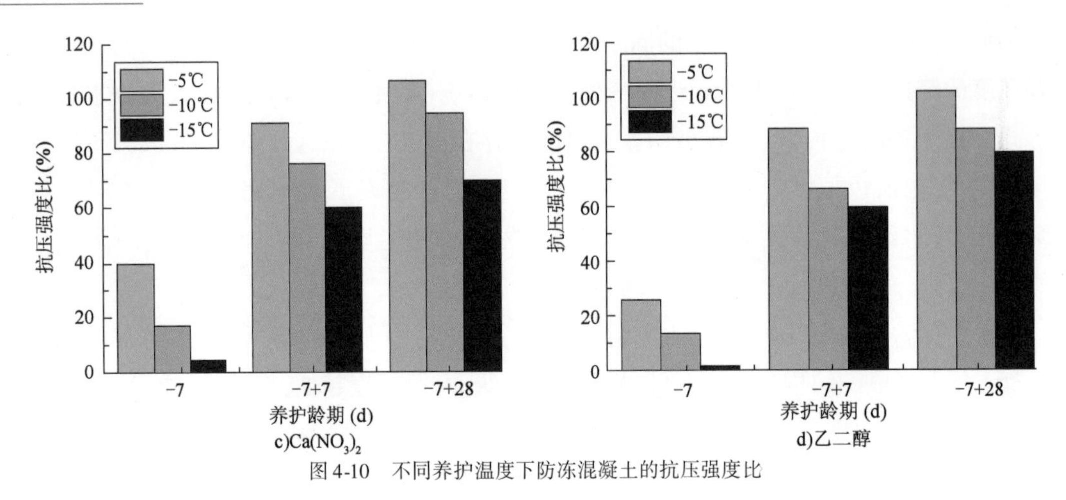

图 4-10　不同养护温度下防冻混凝土的抗压强度比

(4)不同掺量防冻组分对负温混凝土强度的影响

不同防冻组分在不同掺量及 -10℃养护条件下的抗压强度比如图 4-11 所示。掺加各防冻组分的混凝土在负温条件下养护时,与基准混凝土相比,都能起到一定的防冻作用,有效地提高了混凝土早期与后期的抗压强度。其中 $CaCl_2$、$Ca(NO_3)_2$ 防冻效果较好,在掺量为 5% 时,-7+28d 强度均超过了 28d 标准养护下的强度。并且在早期负温养护阶段,-7d 强度大于基准混凝土,证明掺防冻剂混凝土在负温条件下能够继续水化。$Ca(NO_2)_2$ 虽然也像 $CaCl_2$、$Ca(NO_3)_2$ 那样提高了混凝土在负温养护阶段的强度,但在后期强度增长方面没有前者明显,在掺量为 5% 时 -7+28d 强度有最大值,但也只达到了 28d 强度的 95%。乙二醇只有单一的降低冰点的作用,早强效果不明显,并且当掺量较大时对混凝土有缓凝的作用,所以其在负温混凝土早期阶段并未起到明显的提高混凝土强度的作用。但转入正温养护后,混凝土的强度仍有较好的发展。

对于不同的防冻组分,因其化学组分不同,在负温混凝土中所起到作用也不尽相同,在 -10℃下的防冻效果对比为:$CaCl_2$ > $Ca(NO_3)_2$ > 乙二醇 > $Ca(NO_2)_2$。

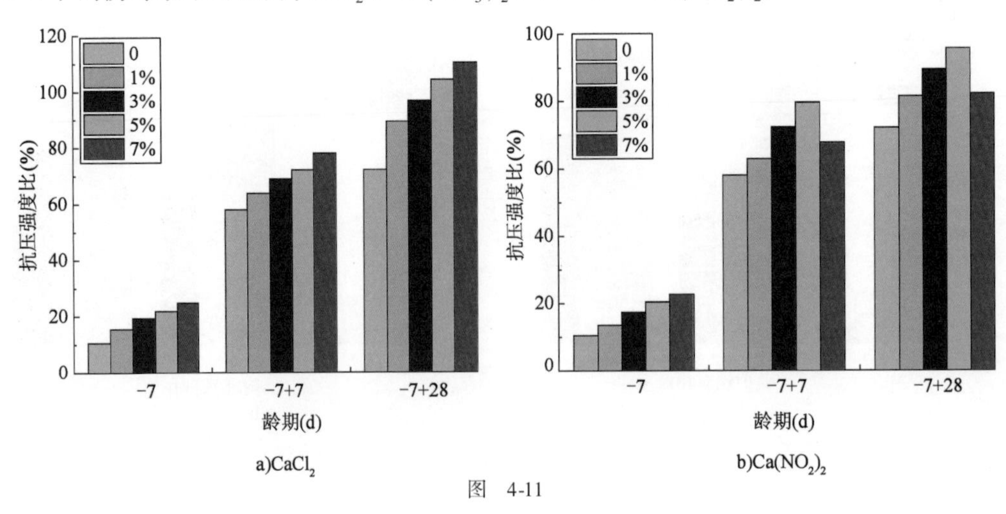

图　4-11

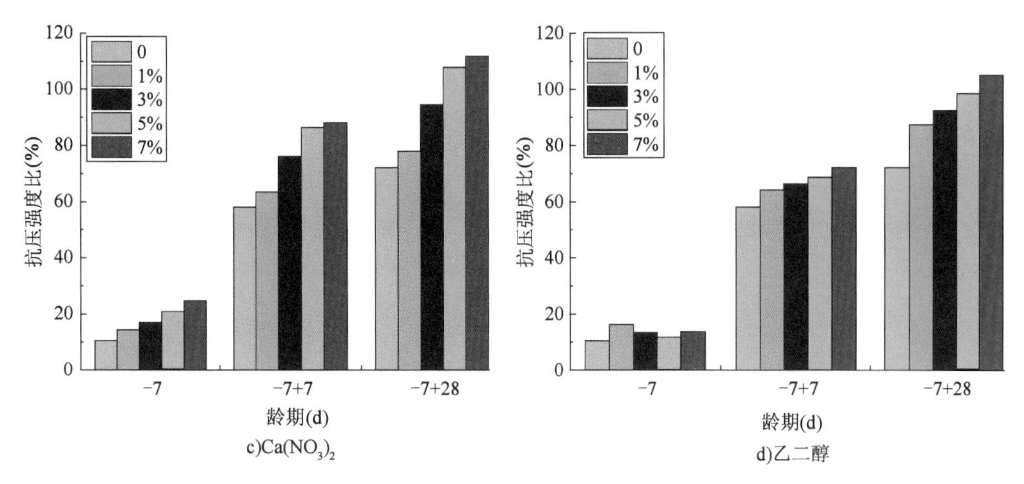

图4-11　-10℃条件下防冻混凝土的抗压强度比

各防冻组分掺量不同，对负温混凝土的影响也不同。$CaCl_2$、$Ca(NO_3)_2$随着掺量的增加，负温混凝土早期和后期强度都有所增加，在掺量达到7%时各龄期混凝土达到最大值。虽然$CaCl_2$在标准养护条件下在掺量较高时强度出现了回缩的现象，但是在负温条件下，较低的温度限制了水泥的水化速率，所以即使$CaCl_2$掺量较高，负温混凝土在后期仍然有较好的微观结构。$Ca(NO_2)_2$在负温条件下随着掺量的增加，强度提高，但是转入正温后，当掺量较高时，强度反而出现了下降。乙二醇掺量的不同在早期负温条件下体现不明显，但转入正温养护后，随着掺量的增加，混凝土的强度增加。

造成负温混凝土强度随防冻组分掺量的增加而增大的原因主要有以下两个方面：

①当防冻剂掺加量不同时，随掺量的增大，混凝土的冻结温度明显降低，使开始产生冻胀应力的温度降低，并且使冻胀应力最大值减小，使混凝土早期冻害程度减小。

②根据标准养护条件下混凝土强度的发展规律可知，$CaCl_2$、$Ca(NO_2)_2$、$Ca(NO_3)_2$具有早强的作用，而随着无机盐掺量的增加，早强效果发挥也越显著。因此，防冻组分掺量的增加使混凝土在预养护阶段与负温阶段混凝土强度有所增加。

4.2.4　防冻组分对混凝土抗冻性的影响

抗冻性是影响高原地区混凝土耐久性的主要问题之一，掺加无机盐的混凝土在硬化后往往会遇到冻融循环破坏作用，用于公路工程的混凝土还会遇到除冰盐环境。本书采用快冻法，以相对动弹性模量、质量变化率确定的抗冻融破坏次数以及盐冻过程中的剥落量作为评价指标，研究无机盐种类、掺量对混凝土抗冻性、抗盐冻剥蚀性能的影响规律，分析无机盐对混凝土抗冻性的作用机理。

(1)防冻组分对混凝土抗冻融性能的影响

相对动弹性模量可以表征冻融循环破坏作用对混凝土内部结构的损伤，当混凝土内部产生裂缝并扩展时,其相对动弹性模量逐渐下降,当降至60%时,认为混凝土完全破坏而丧失使用功能。混凝土在冻融循环过程中的质量变化源自两个方面:一方面,混凝土在冻融循环过程中由外部吸水而使质量增加;另一方面,冻融循环导致的表面剥落使质量减小。混凝土在一定冻融循环次数后的质量是这两方面的综合结果。在冻融循环过程中,当试件的质量损失大于5%时,则认为混凝土试件已破坏。记录抗冻融循环试件在达到相对动弹性模量下降60%和质量损失达到30%的次数,以其中较小值表征冻融循环破坏次数。

基准混凝土的抗冻性差,能够抵抗的最大冻融循环次数仅为25次,而大部分掺加无机盐混凝土的抗冻次数更低,无机盐的掺入对混凝土的抗冻性有很大的影响(图4-12)。整体来看,掺加钙盐的混凝土抗冻性随掺量的增大逐渐降低,其中:$CaCl_2$非常显著地降低了混凝土的抗冻性,即使仅掺入水泥用量的1%,其最大冻融次数也仅有15次。$Ca(NO_2)_2$和$Ca(NO_3)_2$在掺量增大后对混凝土抗冻性也有明显降低作用,但是程度较$CaCl_2$小。乙二醇作为有机防冻剂,对混凝土抗冻性没有劣化作用,反而能提高混凝土抗冻性,特别是掺少量的乙二醇使混凝土抗冻融破坏次数出现了增加。

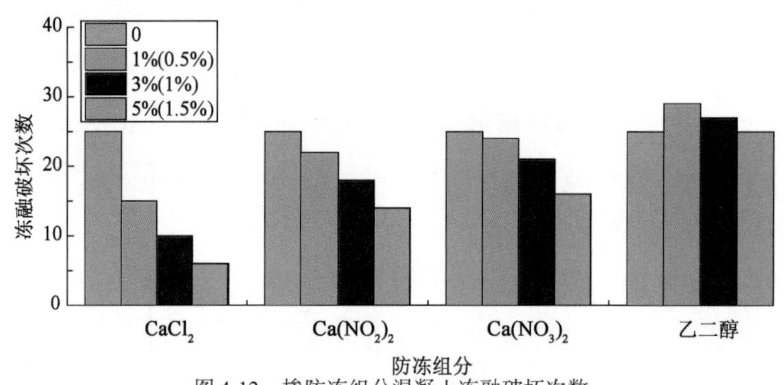

图4-12 掺防冻组分混凝土冻融破坏次数

冻融循环作用对混凝土的破坏是由静水压和渗透压造成的。在冻结过程中,随着温度的逐渐降低,混凝土内部气泡中气体压力降低、水和溶液冷缩引起的负压以及毛细作用使得混凝土进一步由外部的冻融介质中吸收水或溶液,吸收水或溶液的多少主要取决于混凝土的孔隙率和孔结构以及冻融介质的性质。因此,混凝土产生由表及里的含水梯度,试件表层水饱和系数较高,内部水饱和系数较低,而冻结首先由表层开始。

混凝土受冻时表层孔隙中的水首先结冰,体积发生膨胀,并将表面孔隙堵塞,隔断外界与混凝土内部孔隙的联系。在渗透压的作用下,混凝土内部孔隙中的未冻结水向表层已结冰的孔隙内迁移,造成表层大孔隙的饱水程度提高。当饱水程度逐渐增大至临界饱和度时(理论值为0.91),水的冻结对混凝土产生膨胀压力,膨胀压力的产生一方面使表层混凝土产生微裂纹,增大了融化时的吸水率,冻融循环反复作用,使得表层混凝土产生的微裂纹不断扩展,甚至造成砂浆层碎裂、脱落;另一方面膨胀压力将驱使未结冰的水向混凝土内部的孔隙迁移,混凝土内部的孔隙饱水程度也将逐渐增大,重复以上表层的破坏过程。

因此,混凝土的冻融破坏是混凝土表层饱水程度随着冻融循环的进行逐渐增大,表层水饱和区域逐渐向混凝土内部推进并伴随着表层混凝土砂浆层剥落的过程。表层水饱和区域的深入、水饱和系数的提高最终导致内部损伤的加剧。

对于水灰比为0.48的基准混凝土来说,由于较大的孔隙率和较高的孔隙连通程度,在冻融试验前浸水4d可以使混凝土有较高的饱水程度,因此无论掺盐与否,混凝土所能抵抗的冻融循环次数均不多。而无机盐的掺入对混凝土的抗冻性产生的不利作用有:

①在冻结时,较高的混凝土表层水饱和系数在较少冻融循环次数内即可达到临界饱水度,使得混凝土抗冻性降低。无机盐的掺入使得混凝土表层水饱和系数在相同时间内较快增大,与临界水饱和度差值小,则达到临界饱和度所需的冻融循环次数少,混凝土抗冻次数减少。

②由于无机盐溶液密度和黏度的提高,掺加无机盐的混凝土在1.0MPa外加压力下的渗透深度较未掺盐的混凝土降低。在冻结过程中温度降低时,无机盐溶液的密度和黏度更大,即水在低温掺盐混凝土中迁移的摩擦力更大。那么,掺盐混凝土中未冻结水在冰的膨胀压力作用下向内部孔隙迁移更为困难,形成了更高的破坏压力,使得混凝土在冻融循环作用下的破坏加速。

③在冻融循环过程中,混凝土内的封闭气泡可以容纳被冰挤压的未冻结水,释放冻结产生的渗透压力。无机盐的掺入会使混凝土含气量降低,可以容纳被挤压未冻结水的空间减少,同时气泡间距系数增大,即未冻结水需要渗透更大的距离才能达到这些缓冲空间,而掺盐混凝土孔结构的细化和渗透介质性质的变化都不利于未冻结水的渗透。因此,无机盐的掺入不利于冻结过程中压力的缓解,使得抗冻性降低。

(2)防冻组分对混凝土的抗盐冻剥蚀性能影响

当掺加4种常用防冻组分的混凝土及未掺防冻组分的混凝土在3.5% NaCl溶液中经受冻融循环后的单位面积剥落量达到$1kg/m^2$时,认为混凝土完全破坏。随着冻融循环次数的增加,各组混凝土的剥落量逐渐增多。掺加4种防冻组分的混凝土抗盐冻性能均随掺量的增大而降低,特别是钙盐的影响显著,如图4-13所示。其中:$CaCl_2$的掺入也显著地降低了混凝土的抗盐冻剥蚀性能,$Ca(NO_2)_2$在掺量大于1%后对混凝土抗盐冻性能也有明显降低作用。$Ca(NO_3)_2$对混凝土的抗盐冻性能影响没有前两者显著,但同样是超过1%掺量后,剥落量随着掺量的增加而增加。乙二醇对混凝土抗盐冻性能的影响与其对混凝土抗冻性能的影响规律相似,对抗盐冻性能影响较小,出现了轻微的增强抗盐冻性能的现象。

混凝土的盐冻剥蚀破坏从本质上看与混凝土在水中的冻融破坏机理是类似的,但情况更为复杂。NaCl溶液使得混凝土表层的饱水程度提高。NaCl溶液在毛细管中上升的动力增大,但同时孔壁的摩擦力也增大,NaCl溶液毛细管中上升的高度低,NaCl溶液集中在表层孔隙中而使水饱和度提高。同时,摩擦力的增大也使得表层孔隙中的未冻结水向内部的迁移更为困难,表层混凝土受到更大的静水压力,微裂缝的产生和扩展更为迅速。这也是产生盐冻剥蚀破坏的主要原因。对于在3.5% NaCl溶液中冻融的防冻混凝土,孔隙中无机盐溶液的浓度更大,对表层饱水程度的增大作用更为显著,导致掺盐混凝土的抗盐冻剥蚀性能降低。

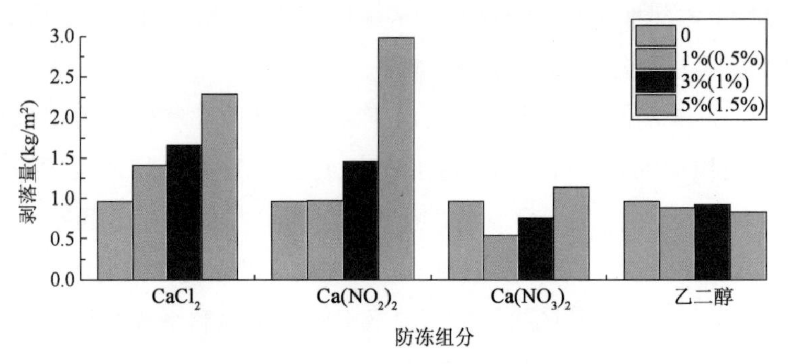

图 4-13 掺防冻组分的混凝土盐冻剥离量

在 NaCl 溶液中冻融时,对于未掺防冻组分的混凝土来说,由于浓度差产生的渗透压比在水中冻融时的大,使得在 NaCl 溶液中的抗冻次数较水中的少。对于掺加防冻组分的混凝土,尽管由于浓度差而产生的渗透压是减小的,但掺防冻组分的混凝土在 NaCl 溶液中的盐冻剥蚀损伤并没有减轻。

4.3 防冻组分对引气组分的影响研究

混凝土中气泡的来源主要包括:混凝土材料本身含有的空气和搅拌过程中卷入的空气。诸多研究表明混凝土中气泡的形成和稳定是非常复杂的过程,本文第二章研究也表明混凝土引气剂的气泡发育与稳定性受很多因素的影响,例如搅拌方式、混凝土的配合比、自由水量、粗细集料性质、引气剂种类和掺量、化学外加剂、盐种类与含量等一系列因素。基于此,本节主要探索防冻组分对混凝土引气效果的影响。

4.3.1 防冻组分对引气组分气泡稳定性的影响

(1)引气剂稳泡性能的指数衰减模型

当某个量的下降速度和它的值成比例时,称之为服从指数衰减,可以表达为以下微分方程,见式(4-3)。

$$\frac{\mathrm{d}N}{\mathrm{d}t} = -\lambda N \tag{4-3}$$

式中:N——指量;

λ——衰减常数。

方程的一个解为:

$$N(t) = N_0 \mathrm{e}^{-\lambda t} \tag{4-4}$$

式中:$N(t)$——与时间 t 有关的量;

N_0——初始量，即在时间为零时候的量，$N_0 = N(0)$。

采用水泥稀浆摇泡法评价引气剂稳定性时，气泡体积随时间的衰减满足一阶指数衰减模型，皂苷类引气剂S与苯磺酸盐类引气剂C水泥稀浆摇泡试验结果（1mL引气剂溶液中，皂苷类引气剂固含量为5.83%，苯磺酸盐类引气剂固含量为3.5%）如图4-14所示。

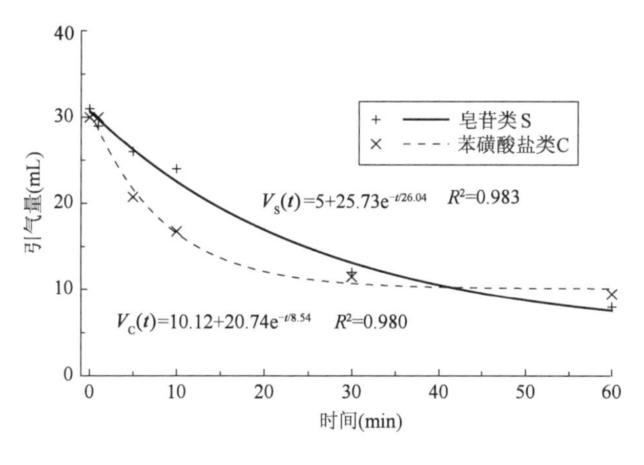

图4-14　水泥稀浆试验结果

对试验结果采用一阶指数衰减模型进行非线性拟合结果如式（4-5）和式（4-6）所示。相关性系数分别为$R^2 = 0.980$、$R^2 = 0.983$，拟合结果较好，规律较明显。

$$V_S(t) = 5 + 25.73e^{-\frac{t}{26.04}} \tag{4-5}$$

$$V_C(t) = 10.12 + 20.74e^{-\frac{t}{8.54}} \tag{4-6}$$

其中，初始值$V(0)$代表引气剂初始的气泡体积，用来评判引气剂溶液的起泡能力，初始体积越大，引气剂气泡能力越强；

式（4-4）中λ指衰减常数，与引气剂的稳泡性能相关，衰减常数越小，说明引气剂气泡的稳定性越好。

引气剂S的初值为30.74，λ为0.038，引气剂C的初值为30.86，λ为0.117，引气剂S与引气剂C相比，引气剂C起泡能力较强，但是气泡稳定性不好，气泡体积衰减较快。

（2）防冻组分对皂苷类引气剂泡沫稳定性的影响

皂苷类引气剂具有水溶性强，与任何其他外加剂复合性好，引入气泡平均孔径小，对混凝土强度降低影响较小等特点。试验表明，掺三萜皂苷引气剂混凝土的抗冻融耐久性显著提高，而且含气量小于3%时，混凝土的抗压强度略有提高；当混凝土含气量大于3%时，含气量每增加1%，混凝土3d和7d抗压强度降低3%～6%，28d抗压强度降低2%～4%。

通过掺加不同防冻组分的水泥稀浆摇泡试验来研究防冻组分对皂苷类引气剂的泡沫稳定性，试验结果如图4-15～图4-18所示，其衰减模型回归结果见表4-2。

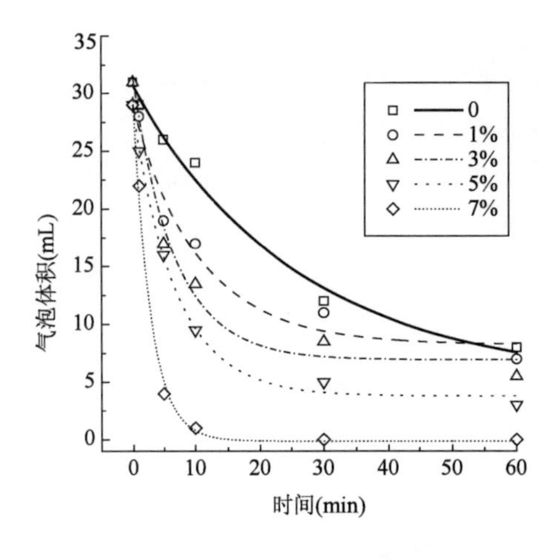

图 4-15　$CaCl_2$ 对 S 泡沫稳定性的影响

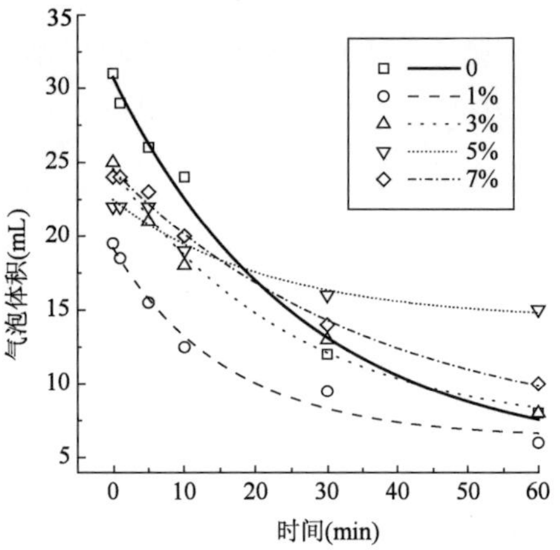

图 4-16　$Ca(NO_2)_2$ 对 S 泡沫稳定性的影响

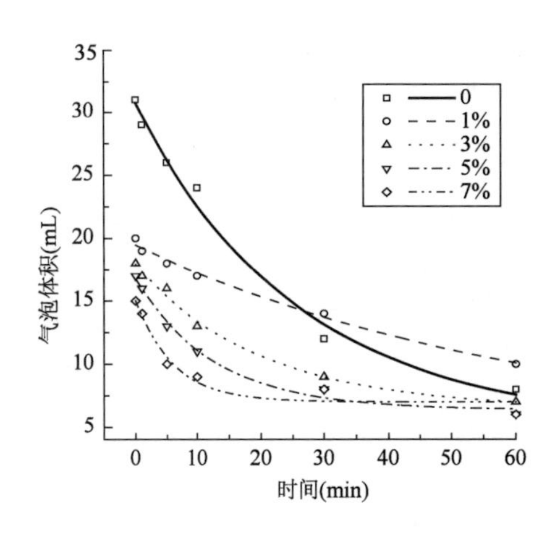

图 4-17　$Ca(NO_3)_2$ 对 S 泡沫稳定性的影响

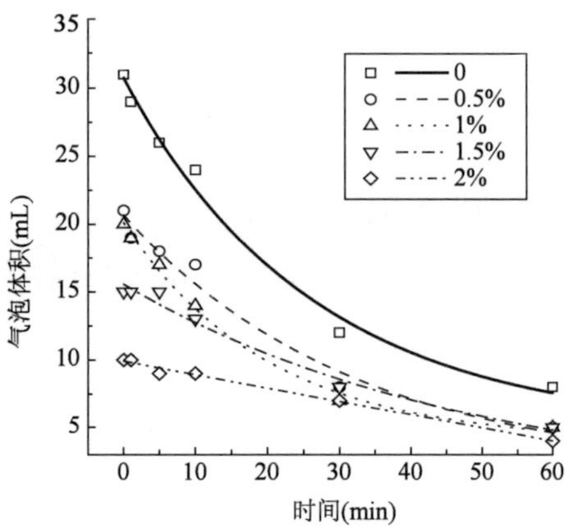

图 4-18　乙二醇对 S 泡沫稳定性的影响

掺防冻组分皂苷类引气剂衰减模型参数　　表 4-2

防冻组分	掺量(%)	衰减模型参数		
		$V(0)$	λ	R^2
空白	0	30.739	0.038	0.984
$CaCl_2$	1	28.962	0.096	0.957
	3	31.379	0.149	0.975
	5	28.726	0.145	0.995
	7	29.646	0.351	0.994
$Ca(NO_2)_2$	1	19.195	0.063	0.970
	3	24.586	0.040	0.987
	5	22.488	0.046	0.933
	7	24.506	0.028	0.990

续上表

防冻组分	掺量(%)	衰减模型参数		
		$V(0)$	λ	R^2
$Ca(NO_3)_2$	1	19.458	0.016	0.986
	3	17.923	0.050	0.989
	5	16.778	0.079	0.985
	7	15.012	0.163	0.935
乙二醇	0.5	20.671	0.031	0.963
	1	20.097	0.050	0.994
	1.5	15.555	0.021	0.970
	2	9.913	0.001	0.986

从图4-15～图4-18和表4-2可以看出,不同的防冻组分对皂苷类引气剂气泡稳定性影响存在差异:$CaCl_2$对其起泡能力影响不大,但是气泡的衰减速率随着$CaCl_2$掺量的增加,逐渐增大,即气泡稳定性减弱。$Ca(NO_2)_2$的掺加影响了皂苷类引气剂的初始起泡能力,但对气泡衰减影响较小,掺量为7%时,衰减速率最小。$Ca(NO_3)_2$的掺加严重地影响引气剂初始气泡性能,但衰减模型的初值对掺量的变化不敏感。随着$Ca(NO_3)_2$掺量的增加,气泡的稳定性也有所降低。随着乙二醇掺量的增加,皂苷引气剂的起泡能力逐渐减小,但是气泡的稳定性逐渐增加。

在引气剂溶液中,随着钙盐类防冻组分掺量的增加,溶液的表面张力增大,使引气剂表面张力降低的幅度变小,也就是气液界面吸附的引气剂变少,致使溶液起泡性能下降;同时,钙盐的加入增大了体系表面张力,即增大了溶液的Gibbs自由能,气泡不能稳定存在,即气泡稳定性降低。因此,引气剂体系中加入$CaCl_2$或$Ca(NO_3)_2$,增大了体系的表面张力,而且体系的表面张力随着$CaCl_2$或$Ca(NO_3)_2$浓度的增大而增大。体系的Gibbs自由能增大,增大了产生气泡所需要做的表面功,使得难以起泡,并且气泡不能稳定存在。

乙二醇是极性分子,而引气剂S中的三萜皂苷也具有强极性键,因此乙二醇对引气剂S的气泡稳定性有负面影响。

(3)防冻组分对苯磺酸盐类引气剂的影响

苯磺酸盐类引气剂是由苯环上带有一个长链烷基的烷基苯,采用浓硫酸、发烟浓硫酸或液体三氧化硫为磺化剂而制的,主要包括十二烷基苯磺酸钠、烷基苯酚聚氧乙烯醚、烷基磺酸盐等。具有易溶于水,起泡能力强,产生泡沫多,但泡沫较粗大,溶液黏度较低时泡沫易消失等特点。

通过掺加不同防冻组分的水泥稀浆摇泡试验来研究防冻组分对苯磺酸盐类引气剂的泡沫稳定性,试验结果如图4-19～图4-22所示,掺加不同防冻组分的气泡衰减模型回归结果见表4-3。

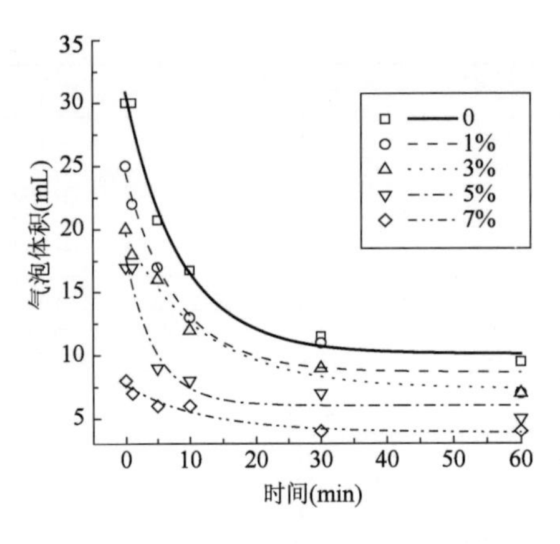

图 4-19 $CaCl_2$ 对 C 泡沫稳定性的影响

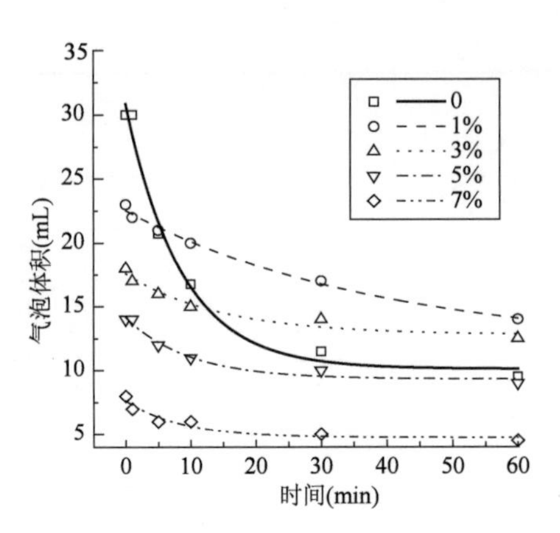

图 4-20 $Ca(NO_2)_2$ 对 C 泡沫稳定性的影响

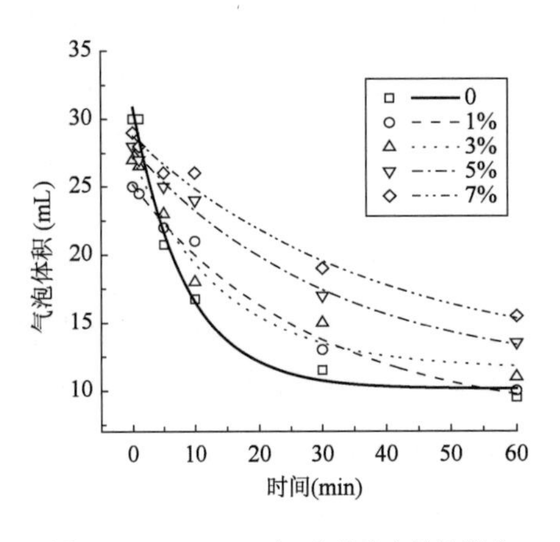

图 4-21 $Ca(NO_3)_2$ 对 C 泡沫稳定性的影响

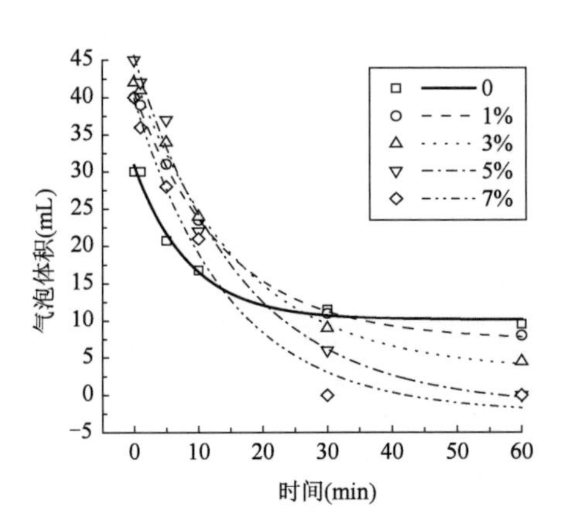

图 4-22 乙二醇对 C 泡沫稳定性的影响

掺防冻组分苯磺酸盐类引气剂衰减模型参数 表 4-3

防冻组分	掺量(%)	衰减模型参数		
		$V(0)$	λ	R^2
空白	0	30.853	0.117	0.980
$CaCl_2$	1	24.425	0.125	0.947
	3	19.590	0.083	0.976
	5	17.845	0.213	0.923
	7	7.631	0.082	0.915
$Ca(NO_2)_2$	1	22.534	0.025	0.988
	3	17.582	0.068	0.933
	5	14.153	0.102	0.962
	7	7.635	0.116	0.883

续上表

防冻组分	掺量（%）	衰减模型参数		
		$V(0)$	λ	R^2
$Ca(NO_3)_2$	1	25.162	0.035	0.985
	3	27.163	0.070	0.960
	5	27.822	0.031	0.990
	7	28.756	0.026	0.974
乙二醇	0.5	40.678	0.071	0.998
	1	42.989	0.061	0.994
	1.5	45.636	0.060	0.982
	2	39.863	0.068	0.981

不同防冻组分及掺量对苯磺酸盐类引气剂的影响与其对皂苷类引气剂气泡稳定性的影响稍有不同：掺加 $CaCl_2$ 的溶液中，气泡的初始值随着掺量的增加而显著地减少，气泡的衰减速率在其他掺量时影响不大，但是掺量为5%时，出现了增加。$Ca(NO_2)_2$ 的掺加也对引气剂的起泡能力有重要影响，初始值随着掺量的增加而降低，气泡的衰减速率较不掺 $Ca(NO_2)_2$ 的溶液有所减小，且随着掺量的增加，衰减速率增大，在掺量为7%时，增大到与空白对照溶液速率相等。$Ca(NO_3)_2$ 对苯磺酸盐类引气剂没有不利作用，随着 $Ca(NO_3)_2$ 掺量的增加，引气剂的起泡能力影响不大，气泡的稳定性能显著提高。乙二醇的掺加显著地提高了引气剂的起泡能力和稳泡性能。

影响泡沫稳定性的因素有很多，包括表面张力、Gibbs-Marangoni 表面弹性效应、表面黏度、液膜的表面电荷等。表面张力不仅影响气泡的形成，而且在气泡的液膜受到挤压而局部变薄时，表面张力具有自修复作用，即使液膜厚度复原、恢复液膜强度的作用。根据 Gibbs-Marangoni 效应，当活性剂溶液浓度较高时，因溶液中的表面活性剂迅速扩散到表面，使局部的表面张力很快降低到原来的大小，而变薄的部分未得到修复，泡沫的稳定性降低。气泡的稳定性与表面张力降低的速度有关：表面张力降低速度越快，新形成的表面张力梯度消失越快，越易引起泡沫破裂。体系中气泡的形成，相当于液体表面积增加的过程，增大了体系的自由能。根据 Gibbs 原理，体系趋向于较低的自由能状态。因此降低体系的表面张力，增强气泡的修复作用，有利于气泡的稳定。尽管降低表面张力有利于气泡的稳定，但表面张力不是气泡稳定性的决定性影响因素，只有当液膜表面有一定强度，能形成多面体的气泡时，降低表面张力才有助于气泡的稳定。

各防冻组分在不同掺量下衰减模型的相关系数均在90%以上，衰减模型参数变化规律与结果一致。说明指数衰减模型各参数的变化能够较好地表达不同因素对引气剂气泡稳定性的影响,较之线性模型,指数衰减模型有更好的稳定性和适用性,可以用来评价引气剂的性能。

4.3.2 防冻组分对新拌混凝土含气量的影响

混凝土中的气泡是搅拌时卷入空气而形成的,未掺引气剂时,搅拌时引入的大部分气体会很快失去:小气泡会聚合形成较大的气泡,并且在浮力作用下向表面移动,进而从表面破裂,最后离开混凝土基体。因此,搅拌完毕后留在混凝土中的气体多少与搅拌时形成气泡的多少、气泡聚集的难易程度、气泡在浆体中的上浮速度有极大的关系。防冻组分的掺入对这几方面均有影响。

新拌混凝土含气量的影响因素很多,为了更好地研究防冻组分对引气混凝土气含气量的影响,尽量排除其他各种因素的影响,在室温条件下,采用相同的原材料,保持搅拌方式、搅拌时间、测试时间、振捣时间相同,主要通过对分别掺入皂苷引气剂 S 和苯磺酸盐引气剂 C 的混凝土中掺入 $CaCl_2$、$Ca(NO_2)_2$、$Ca(NO_3)_2$、乙二醇四种防冻组分的结果来分析讨论防冻组分对引气混凝土含气量的影响。

四种不同的防冻组分对引气剂 S 均有不利的影响,新拌混凝土含气量均随着防冻组分掺量的增加而减少,其中乙二醇对新拌混凝土含气量影响最大,掺加 $Ca(NO_2)_2$ 的新拌混凝土含气量减少程度最小,如图 4-23 所示。对于引气剂 S,由于钙盐大幅度降低了溶液的表面张力,导致泡沫稳定性降低,进而导致新拌引气混凝土的含气量降低;因此,防冻组分较大程度上影响着掺引气剂 S 的新拌混凝土的含气量。由于乙二醇的极性较强,引气剂 S 分子也是极性的,极性分子间产生了相互作用,影响了引气剂 S 的起泡能力,所以乙二醇对掺引气剂 S 的新拌混凝土含气量影响较大。

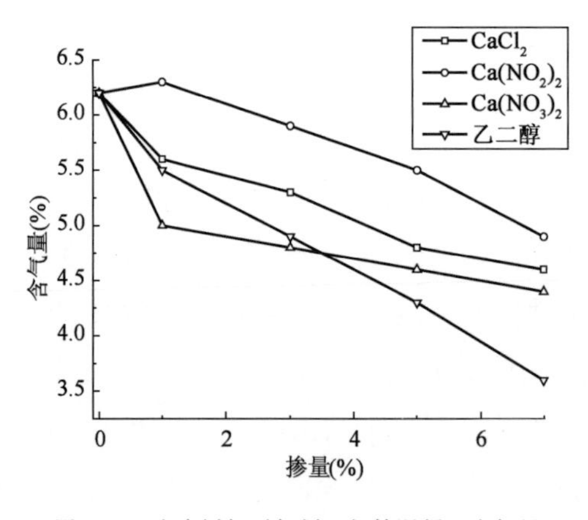

图 4-23 防冻剂与引气剂 S 新拌混凝土含气量

不同防冻组分对掺引气剂 C 的混凝土拌合物含气量影响不尽相同:钙盐类防冻组分降低了掺引气剂 C 新拌混凝土的含气量,其中 $CaCl_2$ 对含气量影响的程度最大,$Ca(NO_3)_2$ 对新拌混凝土的含气量影响较小,如图 4-24 所示。随着乙二醇掺量的增加,掺加引气剂 C 的混凝土拌合物含气量有增大的趋势。

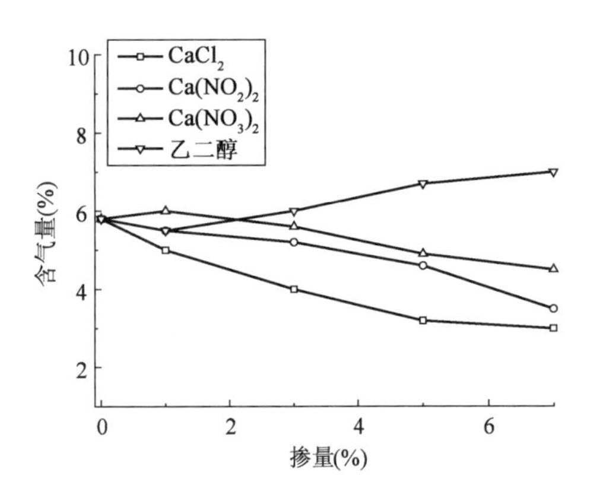

图4-24　防冻剂与引气剂C新拌混凝土含气量

防冻组分的掺加，降低了引气剂C的起泡能力，致使混凝土中含气量的下降。另一方面，水泥水化过程中，水化初期由于C_3A首先发生水化生成水化铝酸盐使得粒子表面带正电，随着水化的进行，C_3S开始水化，水泥电性逐渐由正转负，因此早期水泥粒子表面带正电有利于阴离子型表面活性剂的吸附，由于盐类外加剂掺量的增加，加速了水泥早期水化作用，增大了水泥粒子表面对引气剂C的吸附，降低了气泡液膜的表面张力，然而，掺$CaCl_2$、$Ca(NO_3)_2$等防冻组分的新拌混凝土与不掺盐的新拌混凝土相比，其含气量略有降低，这可能是因为它们在低掺量下促进水化作用不是很明显，此时，电解质的聚沉作用起主要作用，引气有效组分含量降低，引气剂的起泡能力下降，略微降低了新拌混凝土的含气量。另外，乙二醇作为防冻组分，是一种使混凝土拌合物在负温环境下不受冻害的化学物质。乙二醇与水有很低的共熔温度，能降低水的冰点而使混凝土在负温下仍在进行水化作用，能使含该类物质的冰的晶格构造严重变形，因而无法形成冻胀应力而破坏水化矿物构造使混凝土强度受损。另一方面，乙二醇本身表面张力低，其溶液在搅拌下容易起泡，因此引气剂能够更好地在气-液界面上，使其起泡能力和泡沫稳定性提高，增大新拌混凝土的含气量。

4.4　负温条件下混凝土强度预测

4.4.1　传统成熟度方法

在高原寒冷地区为避免混凝土因硬化初期受冻而造成材料内部永久性损伤，必须对混凝土是否达到抗冻临界强度的龄期做出准确预测，从而决定是否拆除模板及保温养护措施。研究人员早已认识到混凝土水化程度及力学性能的发展严重依赖于其所经历的温度与时间，为了在不破坏结构物的基础上能够更准确地预测混凝土强度值，遂提出“成熟度”概念，即首先建立一个由温度与时间表征的函数，再通过建立强度与该函数值间的对应关系来预测混凝土强度值。由于该方法简单易用,且对结构物强度的预测精度能够满足工程要求,因而得到广泛应用。

基于“成熟度”法对混凝土强度进行预测时需注意两方面,首先表示混凝土“成熟度”的方法必须能够准确地描述强度随温度及时间的变化规律,且尽量做到简洁易用;其次,如何准确描述成熟度值与强度的对应函数关系。目前,在表示混凝土“成熟度”的方法中 Saul 提出的度时积概念应用最为广泛,但该方法将温度对强度的影响简单地视为线性关系使得其应用范围受到限制。此外,在度时积表达式中如何确定混凝土停止水化的温度值尚存在争议。同时,为了更准确地描述温度对强度发展的影响规律,学者们利用表征化学反应速率的 Arrhenius 公式来计算成熟度值,该方法较为准确地描述了温度对强度发展的影响,但同时由于其表示形式复杂,式中关键参数表面活化能 E 值的确定方法尚在研究之中,同样也限制了其在工程实际中的应用。另外,由于不同的早期养护温度会显著地影响混凝土后期强度的发展,出现“crossover”效应,因而目前的研究主要集中在如何提出一种函数形式来准确表示早期温度对后期强度的影响,而提出的各种函数形式也越来越复杂,易用性不够。同时,也忽略了成熟度方法对于早期混凝土强度预测准确性方面的研究。

基于度时积的成熟度计算方法,研究人员很早就发现混凝土强度的发展与其所经历的温度与时间密切相关,Saul 在前人研究的基础上提出了以混凝土硬化过程中所经历的温度与时间两个参数的乘积来表征混凝土强度的发展,并命名为“成熟度”,用度时积来表示,其数学表达式见式(4-11)。

$$M_s = \sum_0^t (T - T_0)\Delta t \tag{4-11}$$

$$S = \phi(M_s) \tag{4-12}$$

上述式中:M_s——t 时刻的成熟度值(℃·h 或℃·d);

Δt——混凝土硬化过程中的时间间隔(h 或 d);

T——混凝土在 Δt 内的平均温度(℃);

T_0——混凝土进行水化反应要求的最低温度(℃);

S——混凝土强度值(MPa);

ϕ——成熟度与强度值之间的函数关系。

T_0 的取值将直接影响成熟度的计算结果,目前比较常用到的 T_0 取值为 -10℃,式(4-12)可改写为式(4-13)。

$$M_s = \sum_0^t (T + 10)\Delta t \tag{4-13}$$

虽然以温度与时间的乘积来量化强度的发展程度很简洁,且易于为工程人员接受,但其却不具备明确的物理意义。Rubinsky 提出了等效龄期 t_e 的概念,即在保证达到相同成熟度值的前提下,混凝土实际养护温度下经历的时间与在温度 T_r 下经历的时间的比值,其数学表达式见式(4-14)。

$$t_e = \frac{\sum_0^t (T - T_0)\Delta t}{T_r - T_0} \tag{4-14}$$

一般 T_r 取值为20℃。同时,还定义 $\gamma_s = (T - T_0)/(20 - T_0)$,该值表示对于实际的养护温度,要达到与温度 T_r 相等的成熟度值所需要的时间。分别取 T_0 为 -10℃、-5℃和0℃,绘制 γ_s-T 关系曲线(图4-25)后发现,γ_s 随温度呈线性增加。显然,对于水泥水化反应来讲,达到同样的强度值,不同温度所需要的时间不是简单地与其温度的比值成反比。Saul提出的基于度时积的成熟度概念具有局限性,当温度范围在5~30℃时,γ_s 与实际偏差还可接受,但是在温度较高(30℃以上)或较低温度(5℃以下)的条件下,与实际偏差较大。同时,T_0 取不同值时也会影响 γ_s 的确定,因而不能简单地定为 -10℃。基于度时积的成熟度的计算方法存在较大误差,原因在于其将水泥水化速率简单地看作温度的线性关系,显然与实际不符。

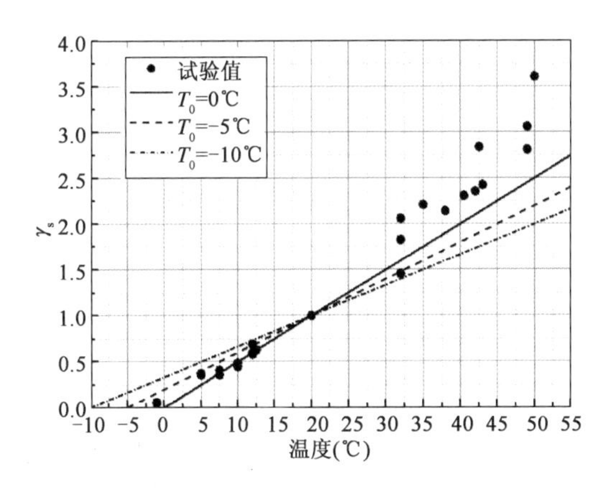

图4-25 γ_s-T 关系曲线

水泥水化是由一系列的化学反应组成,其与温度直接相关,Arrhenius方程可以较为准确地反映这一化学过程,见式(4-15)。

$$k = e^{-\frac{E}{RT}} \tag{4-15}$$

式中:k——水化反应速率常数(h^{-1}或d^{-1});

E——表面活化能(J/mol);

R——气体常数,取8.3144J/K·mol;

T——反应温度(K)。

Hansen 和 Pedersen 利用上述方程,通过定义 k 为水泥水化速率,对 Saul 的成熟度公式进行了改进,见式(4-16)。

$$M_a = \sum_0^t k\Delta t = A\sum_0^t e^{-\frac{E}{RT}}\Delta t \tag{4-16}$$

式中:A、E——两个需要试验确定的系数。

为了简化,现按照等效龄期的定义,重新计算 20℃下各温度 γ_α,见式(4-17)。

$$\gamma_\alpha = e^{\frac{E}{R}\left(\frac{1}{293}-\frac{1}{T}\right)} \tag{4-17}$$

γ_α 是否能准确表示不同温度与标准养护温度在达到相同强度时所用的时间比,取决于表面活化能 E 的确定。此处表面活化能 E 值的物理意义可理解为水泥发生水化反应所需要的最小能量,显然,温度越高,其所需能量越小,反之,温度越低,水泥水化所需能量就越大,因此,目前 E 值的确定方法见式(4-18)。

$$\begin{cases} E = 33.5 + 1.47(20 - T)\text{kJ/mol} & (T \leqslant 20℃) \\ E = 33.5\text{kJ/mol} & (T \geqslant 20℃) \end{cases} \tag{4-18}$$

分别按照实际温度取 E 值后计算得到的 γ_α 与 T 的关系曲线(图 4-26),相较于基于度时积提出的 γ_s,基于水化速率提出的 γ_α 与温度 T 之间的关系呈非线性,与实际吻合度较高。

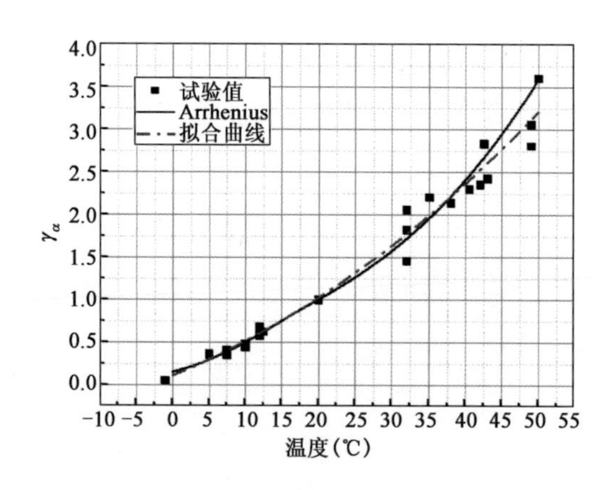

图 4-26 γ_α-T 关系曲线

两种方法各有优劣,Saul 法简单实用但精度不够,适用范围有限,且 T_0 值也需要试验确定;基于水化速率得到的成熟度表示方法能更准确地反映温度对水泥水化速率的影响,但其计算较为复杂且依赖于温度的 E 值的确定方法目前尚存在争议。因此有必要提出一种既能

反映 γ-T 的非线性关系同时可以保证其足够简洁易用的成熟度表示方法。

4.4.2　改进成熟度方法

实际上，在高原冻土地区预测混凝土强度发展以防止其遭受早期受冻破坏，通常设计施工人员会有一个强度预测范围。按照以往的研究成果以及《建筑工程冬期施工规程》(JGJ/T 104—2011)中的相应规定，对于后期无耐久性要求的混凝土，一般抗冻临界强度为设计强度等级的30%，而对后期有耐久性要求的混凝土，抗冻临界强度做出相应的提高：对有抗渗要求的混凝土，不宜小于混凝土设计强度等级值的50%；而对有抗冻耐久性要求的混凝土，不宜小于混凝土设计强度等级值的70%。如利用成熟度方法进行强度预测时，从预防其早期受冻的要求上看，对后期无耐久性要求的混凝土只需要对其强度范围在设计强度等级30%以内的强度做出准确预测即可，无须预测此后强度的增长趋势；同样，如混凝土材料对耐久性有要求，需要预测的强度范围也限制在设计等级的50%～70%，对低于(或高于)该值时强度预测不做精度要求。

在工程实际中，只要对何时混凝土强度(或水化度)能够达到要求值作出准确判断即可，并不要求做到对整个龄期内各阶段强度预测都十分准确，这样，就可以分阶段地确定表观反应活化能 E_α 值，此时的 E_α 可能无法在整个养护龄期内都保证预测精度的准确性，但对一定强度范围内的强度预测，却可以保证预测精度。

基于上述考虑，提出以下对成熟度预测强度的改进方法：

①首先确定工程实际中要求的强度预测范围 S。

②初步估计混凝土在预养护期间可能经历的温度范围 T，在此温度范围内选取3个 T 值，使其能够尽量代表材料水化反应过程中可能经历的温度范围，其中选取一个温度为标准温度。

③令 $T_1 = T_{\min}$，$T_2 = 20℃$ 以及 $T_3 = T_{\max}$，分别对混凝土进行恒温养护，并测试各龄期下的强度，龄期选择参照现行《成熟度法估计混凝土强度的标准实施规程》(ASTM C1074)中的要求，最终得到不同温度下各龄期的强度，分别表示为 $(t^i_{T_1}, f^i_{T_1})$、$(t^i_{T_2}, f^i_{T_2})$ 以及 $(t^i_{T_3}, f^i_{T_3})$，其中 $i = 1, 2, 3 \cdots\cdots$

④选取能对 $T_2 = 20℃$ 时 $S \sim t$ 拟合效果最好的方程作为强度发展的标准曲线。

⑤假定表观活化能 E_a 值，利用基于 Arrhenius 方程龄期转换系数 γ，见式(4-19)。

$$\gamma = \mathrm{e}^{\frac{E_a}{R}\left(\frac{1}{T_2}-\frac{1}{T_1}\right)} \tag{4-19}$$

将温度为 T_1 和 T_3 下不同测试龄期换算成 $T_2 = 20℃$ 下的等效龄期，得到 $te^i_{T_1}$ 和 $te^i_{T_3}$，$i = 1, 2, 3\cdots\cdots$，此时 $te^i_{T_1}$ 和 $te^i_{T_3}$ 为 E_a 的函数。

⑥假定一个 $S \sim t$ 关系式，将 $te^i_{T_1}$、$te^i_{T_3}$ 以及 $t^i_{T_2}$ 代入 $S \sim t$ 关系式，得到各自下列不同龄期的

强度：$(te^i_{T_1},S^i_{T_1})$、$(te^i_{T_2},S^i_{T_2})$以及$(t^i_{T_2},S^i_{T_2})$，其中$i=1,2,3\cdots\cdots$

⑦在给定范围$(f^i_{T_1},f^i_{T_2},f^i_{T_3})\in[S_{\min},S_{\max}]$内，求式(4-20)的最小值$a$。

$$a = \min\left[\sum_{i=1}^{n}\left(\frac{|f^i_{T_1}-S^i_{T_1}|^2}{f^i_{T_1}}+\frac{|f^i_{T_2}-S^i_{T_2}|^2}{f^i_{T_2}}+\frac{|f^i_{T_3}-S^i_{T_3}|^2}{f^i_{T_3}}\right)\right] \tag{4-20}$$

此时求得的表观反应活化能E_a值即可用于温度范围为$T\in[T_1,T_3]$，预测强度范围为$S\in[S_{\min},S_{\max}]$的混凝土进行强度预测。

通过统计高原地区典型气候特征，选定具有典型的高原温度曲线，设置温度模拟曲线，模拟高原地区昼夜大温差环境，考察在温度时间曲线上选取不同浇筑时间，掺与不掺加早强剂，考察混凝土的强度发展，最终用强度发展及后期耐久性作为评价指标，选定使混凝土保证强度和耐久性的浇筑窗口期。

实例验证：针对普通混凝土及不同掺量粉煤灰混凝土进行强度预测，选取的水泥为P.O 42.5水泥，各项性能均满足要求；砂子为中砂，细度模数为2.6，含泥量为1.1%，石子为粒径5～20mm的石灰石碎石，含泥量为0.7%；水为饮用水，粉煤灰为Ⅱ级，减水剂为萘系减水剂，混凝土配合比见表4-4。

混凝土配合比　　表4-4

编号	水泥 (kg/m³)	粉煤灰 (kg/m³)	水 (kg/m³)	减水剂 (%)	水胶比	砂 (kg/m³)	粗集料 (kg/m³)	砂率 (%)
P40	420	0	162	1	0.40	710	1109	39
F10	380	40	164	0.9	0.39	772	1210	39
F20	336	80	167	0.9	0.40	710	1210	39
F30	295	125	168	0.85	0.40	707	1105	39

注：减水剂掺量为胶凝材料质量的百分比。

选择变温养护时设定的24h内温度变化幅度为0～15℃，以模拟在高原地区有养护措施下混凝土所经历的低温养护过程。恒温养护及变温养护时典型的试件内温度变化趋势如图4-27和图4-28所示。

由于不同养护温度影响胶凝材料的强度发展，参照《成熟度法估计混凝土强度的标准实施规程》(ASTM C1074—2011)中对测试龄期的确定方法，对于恒温试验，初次测试的时间一般为混凝土终凝之后，此后测试的时间约为前一测试时间的2倍，每组混凝土每个养护温度下共测试6个龄期的抗压强度。对于普通混凝土不同养护条件下第一次强度测试的时间分别为：高温养护(35℃)的试块约为成型后12h，20℃养护的试块约为18h，5℃养护的试块约为24h。由于掺加粉煤灰混凝土早期强度发展减缓，因此测试时间适当延后。不同温度下试件强度测试龄期见表4-5。强度测试结果见表4-6和表4-7。

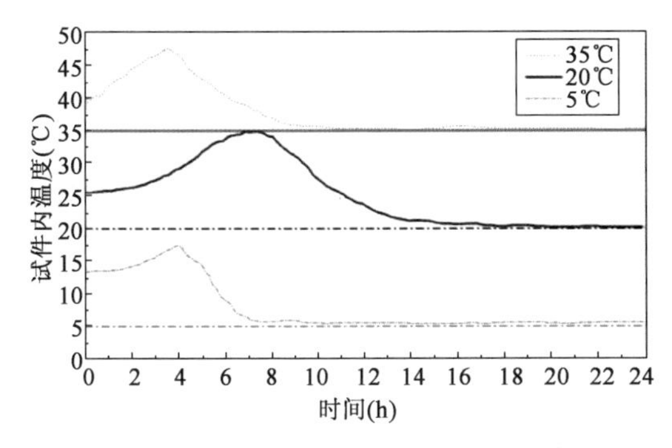

图 4-27 恒温养护试件内典型温度曲线(P40)

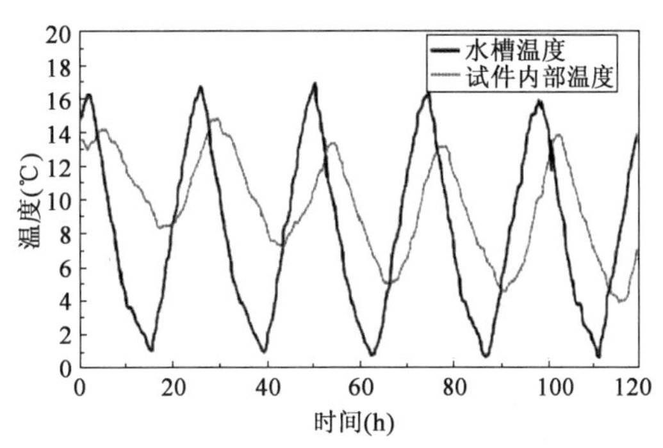

图 4-28 变温养护试件内温度变化曲线(F10)

不同养护条件下的测试龄期 表 4-5

养护温度(℃)	测试时间(d)					
	第一次	第二次	第三次	第四次	第五次	第六次
5	1	2	4	7	14	28
20	0.75	1.5	3	6	11	22
35	0.5	1	2	4	6	11
0 ~ 15	1	2	3	4	5	—

粉煤灰混凝土 **F30** 不同龄期下强度值(单位:MPa) 表 4-6

5℃		20℃		35℃	
龄期(h)	强度	龄期(h)	强度	龄期(h)	强度
23.8	2.1	15.7	7.9	15.8	14.7
48.8	8.7	38.8	20.5	24.9	19.8
96.7	18.1	72.5	30.7	48.8	28.8
168.6	29.9	142.3	37.9	96.7	38.2
335.9	34.3	262.4	43.6	143.3	40.3
672.3	44.7	528.9	51.6	262.2	42.5

变温条件下不同龄期下 **F10** 混凝土强度值 表 4-7

龄期(h)	24.1	45.7	71.9	94.3	119.4
强度(MPa)	10.2	17.4	21.6	24.8	29.1

分别用《成熟度法估计混凝土强度的标准实施规程》(ASTM C1074—2011)中推荐的方法以及改进成熟度方法对强度范围在设计等级 30% ~70% 内的混凝土抗压强度进行预测,比较两者的准确性,预测强度范围为 0 ~ 35MPa。

图4-29～图4-32为对测试强度值按照式(4-20)进行拟合后的强度发展趋势图,表4-8给出了参数值拟合结果。

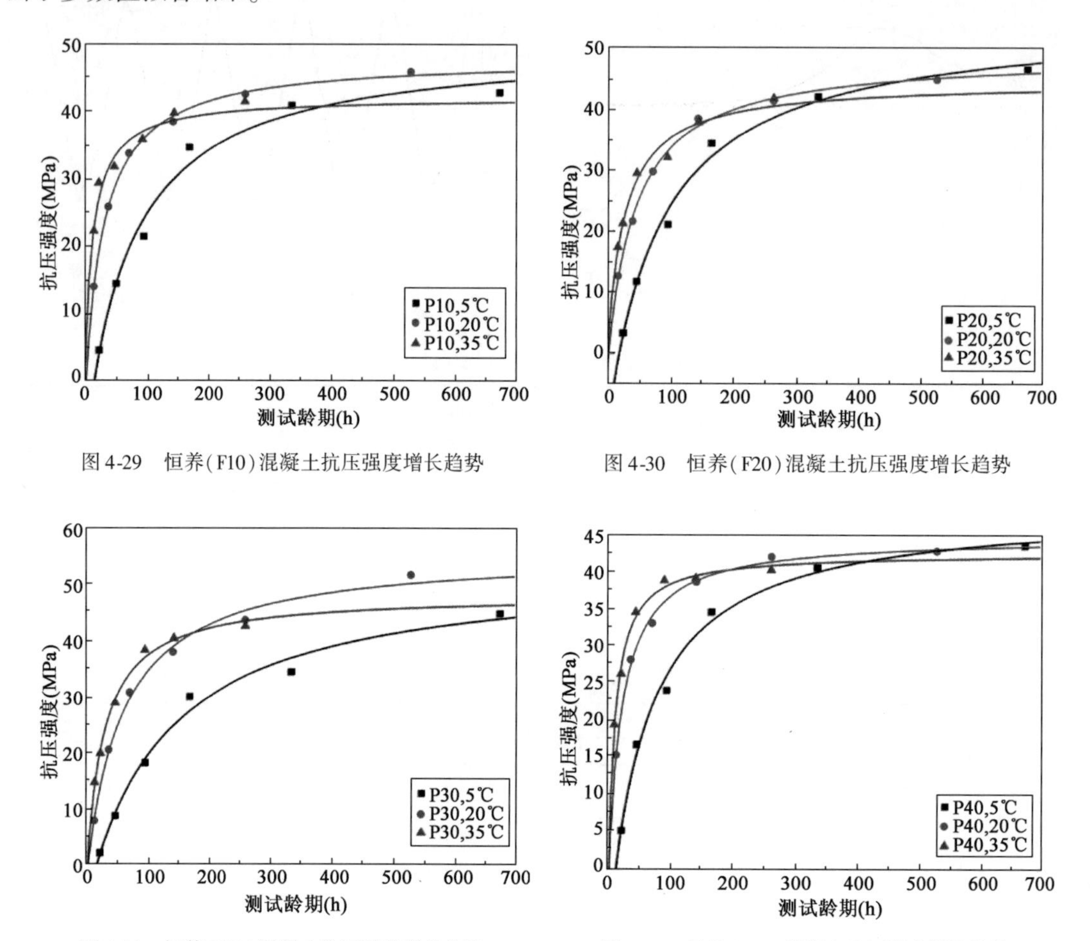

图4-29　恒养(F10)混凝土抗压强度增长趋势

图4-30　恒养(F20)混凝土抗压强度增长趋势

图4-31　恒养(F30)混凝土抗压强度增长趋势

图4-32　恒养(P40)混凝土抗压强度增长趋势

强度发展拟合参数结果　　　　表4-8

配合比	5℃			20℃			35℃			E_a
	S_u(MPa)	$K(h^{-1})$	t_0(h)	S_u(MPa)	$K(h^{-1})$	t_0(h)	S_u(MPa)	$K(h^{-1})$	t_0(h)	(J/mol)
P40	48.59	0.0143	15.3	44.73	0.0463	4.9	42.45	0.0926	4.0	44180
F10	50.23	0.0115	15.4	48.01	0.0322	2.6	42.60	0.0763	0	45111
F20	54.99	0.0096	18.5	49.03	0.0221	2.2	44.60	0.0373	0	32308
F30	53.29	0.0070	18.9	55.76	0.0168	5.3	48.16	0.0349	3.8	38086

按照《成熟度法估计混凝土强度的标准实施规程》(ASTM C1074—2011)中推荐的方法,利用不同温度养护条件下材料强度的增长趋势,回归得到每种配合比混凝土三个等温养护条件下的反应速率常数K,通过线性回归$\ln(K)\sim 1/T$后,所得直线斜率即为E_α/R值,而R值为常数,这样就可求得表观反应活化能E_α值。利用E_α值就可以计算出不同温度对应于标准养

护温度的龄期转换系数，然后将混凝土材料所经历温度历时统一转换为标准温度下的等效龄期，进而在标准养护温度下的 *S-t* 曲线上读出强度值。

按照《成熟度法估计混凝土强度的标准实施规程》(ASTM C1074—2011)中方法对4种配合比混凝土5℃以及35℃进行强度预测的结果，针对设计强度等级的30%～70%范围内的抗压强度进行预测，仅列出强度范围在0～35MPa内基于《成熟度法估计混凝土强度的标准实施规程》(ASTM C1074—2011)中方法的抗压强度预测结果，见表4-9。无论是普通混凝土还是粉煤灰混凝土，《成熟度法估计混凝土强度的标准实施规程》(ASTM C1074—2011)中方法在抗压强度预测结果上均不能得到令人满意的结果，28组预测结果中，一半以上(15组)误差超过20%，仅有6组误差在10%之内，在工程实际中如利用现有成熟度方法进行强度预测将存在很大误差，不利于对现场混凝土强度的发展做出准确判断。

基于ASTM C1074—2011对不同配合比混凝土强度预测结果(单位：MPa)　　表4-9

P40					
5℃			35℃		
实测强度	预测强度	误差(%)	实测强度	预测强度	误差(%)
5.20	7.2	38.37	19.44	24.63	26.69
16.74	16.8	0.65	26.27	31.65	20.48
23.99	26.4	9.93	34.53	37.29	8.00
F10					
5℃			35℃		
实测强度	预测强度	误差(%)	实测强度	预测强度	误差(%)
4.60	7.66	66.62	22.30	25.47	14.22
14.50	16.39	13.04	29.40	30.60	4.07
21.50	24.53	14.09	31.80	37.90	19.18
F20					
5℃			35℃		
实测强度	预测强度	误差(%)	实测强度	预测强度	误差(%)
3.30	8.70	163.52	17.40	24.27	39.49
11.70	15.20	29.89	21.30	32.30	51.63
21.10	24.40	15.66	29.50	39.27	33.13
34.40	31.17	-9.39	32.10	42.12	31.23
F30					
5℃			35℃		
实测强度	预测强度	误差(%)	实测强度	预测强度	误差(%)
2.70	4.26	57.88	14.70	18.07	22.95
8.70	11.63	33.71	19.80	24.91	25.79
18.10	21.13	16.73	28.80	34.86	21.04
29.90	29.58	-1.06	38.20	43.07	12.74

注："-"表示预测强度偏小。

针对现有方法中对表观反应活化能 E_α 取值上存在的问题，结合 E_α 同时受温度以及水化程度的影响，不可能在整个强度预测范围内为定值的事实，根据上节中提出的改进成熟度方法，对不同配合比各温度下的强度进行预测，并与《成熟度法估计混凝土强度的标准实施规程》（ASTM C1074—2011）方法进行比较，同时通过一组变温试验进一步验证该方法的准确性。

改进成熟度方法进行强度预测后的结果，在表4-10全部41组值中误差接近或小于10%的有35组，超出20%的仅有1组。在实际工程中，混凝土材料往往经历变温养护，为了进一步检验改进方法的准确性，对配合比为F10的混凝土进行变温养护，表4-11中给出采用两种方法进行强度预测时需要的试验参数。

改进成熟度方法对不同配合比混凝土强度预测结果（单位：MPa）　　表4-10

P40								
5℃			20℃			35℃		
实测强度	预测强度	误差（%）	实测强度	预测强度	误差（%）	实测强度	预测强度	误差（%）
5.20	5.25	1.02	15.40	13.81	-10.33	19.44	21.59	11.08
16.74	16.99	1.51	28.20	25.18	-10.70	26.27	27.61	5.11
23.99	25.44	6.03	33.10	30.08	-9.12	34.53	31.80	-7.90
F10								
5℃			20℃			35℃		
实测强度	预测强度	误差（%）	实测强度	预测强度	误差（%）	实测强度	预测强度	误差（%）
4.60	4.62	0.39	14.10	13.39	-5.03	22.30	24.80	11.21
14.50	14.71	1.45	25.90	24.38	-5.88	29.40	28.58	-2.79
21.50	22.40	4.17	33.80	29.80	-11.84	31.80	33.21	4.44
F20								
5℃			20℃			35℃		
实测强度	预测强度	误差（%）	实测强度	预测强度	误差（%）	实测强度	预测强度	误差（%）
3.30	3.35	1.45	12.70	10.55	-16.94	17.40	19.65	12.93
11.70	12.17	4.04	21.70	21.00	-3.21	21.30	23.58	10.70
21.10	21.16	0.28	29.80	26.27	-11.85	29.50	28.45	-3.55
34.40	26.08	-24.19	—	—	—	32.10	31.66	-1.37
F30								
5℃			20℃			35℃		
实测强度	预测强度	误差（%）	实测强度	预测强度	误差（%）	实测强度	预测强度	误差（%）
2.70	2.75	2.02	7.90	6.60	-16.50	14.70	15.82	7.62
8.70	9.69	11.39	20.50	17.64	-13.95	19.80	22.16	11.93
18.10	18.55	2.46	30.70	26.41	-13.97	28.80	31.29	8.66
29.90	26.35	-11.86	37.90	34.90	-7.90	38.20	38.73	1.39

成熟度方法强度预测参数　　表4-11

预测方法	标准温度(℃)	Su(MPa)	K(h^{-1})	t_0(h)	E_a(J/mol)
ASTM C1074—2011	20	48.01	0.0322	2.6	45111
改进方法	20	38.50	0.0512	5.2	48737

按照混凝土实际经历的温度历史，分别按照不同的 E_α 转换成标准温度(reference temperature)下的等效龄期，然后分别在两种方法提供的不同 S-t 曲线上读出强度值，并与实测强度进行对比，见表4-12。

变温条件下F10强度预测结果(单位:MPa)　　表4-12

测试龄期(h)	等效龄期(h)		实测强度	预测强度		误差(%)	
	ASTM C1074—2011	改进方法		ASTM C1074—2011	改进方法	ASTM C1074—2011	改进方法
24.1	13.8	13.2	10.2	12.7	11.2	24.51	9.39
45.7	26.0	24.9	17.4	20.6	19.3	18.54	11.00
71.9	38.8	36.9	21.6	25.8	23.8	19.59	10.34
94.3	49.6	47.2	24.8	28.9	26.3	16.55	5.93
119.4	61.7	58.6	29.1	31.5	28.2	8.12	-3.15

在变温条件下，改进成熟度计算方法对混凝土抗压强度进行预测，在预测精度上控制在10%左右，明显高于利用ASTM C1074—2011中使用的方法。在高原地区可以通过记录混凝土浇筑后的温度历史，改进成熟度法，对工程实体结构中的混凝土进行强度预测，从而保证混凝土在受冻前达到临界强度。

4.5 本章小结

(1) $CaCl_2$、$Ca(NO_2)_2$、$Ca(NO_3)_2$、乙二醇四种防冻组分均能起到一定的防冻效果，且防冻效果：$CaCl_2 > Ca(NO_3)_2 >$ 乙二醇 $> Ca(NO_2)_2$。随着 $CaCl_2$、$Ca(NO_2)_2$ 掺量的增加，混凝土抗冻性能明显减弱，乙二醇在较低掺量时，能提高混凝土的抗冻性能。

(2) 随着 $CaCl_2$ 掺量的增加初始坍落度稍减小，30min 坍落度损失增大；$Ca(NO_2)_2$、$Ca(NO_3)_2$ 对掺减水剂混凝土初始坍落度影响不大，但是会增加30min后的坍落度损失。乙二醇能增加掺减水剂混凝土的初始坍落度，也会增大30min后的坍落度损失。

(3) 建立了水泥稀浆摇泡中的气泡指数衰减模型，指数衰减模型能够较好地拟合气泡体积随时间的变化规律，其参数能够表征不同引气剂的特征参数。从模型结果中有，对于皂苷类引气剂，$CaCl_2$ 降低了气泡稳定性和混凝土拌合物含气量，$Ca(NO_2)_2$、$Ca(NO_3)_2$ 降低了溶液的起泡能力而使含气量也减少。乙二醇对泡沫的稳定性有所提高，但起泡能力显著下降，新拌混凝土含气量也降低。对于苯磺酸盐类引气剂，$CaCl_2$ 使其起泡能力下降，$Ca(NO_2)_2$ 则主要降低了泡沫的稳定性,$Ca(NO_3)_2$ 不利作用不显著,但掺三种盐类混凝土拌合物含气量均降低。乙二醇则提高了气泡稳定性与新拌混凝土含气量。

(4) 基于度时积的成熟度和反应活化能 Ea 参数,提出成熟度预测强度的改进方法,对工程实体结构中的混凝土进行强度预测,从而保证混凝土在受冻前达到临界强度。

本章参考文献

[1] 于海洋. 受冻混凝土的早期变形及冻害机理分析[D]. 哈尔滨:哈尔滨工业大学,2016.

[2] 孙小彬. 防冻剂对混凝土性能影响研究及配比优化[D]. 阜新:辽宁工程技术大学,2014.

[3] 朱长华. 青藏高原多年冻土区高性能混凝土的试验研究[D]. 北京:铁道部科学研究院,2004.

[4] 宋东升,戴民,盖永丰,等. 防冻组分对负温混凝土性能的影响[J]. 混凝土,2011(08):55-56+61.

[5] 杨文萃. 无机盐对混凝土孔结构和抗冻性影响的研究[D]. 哈尔滨:哈尔滨工业大学,2009.

[6] 李琴飞. 盐类外加剂对引气混凝土气孔结构的影响[D]. 哈尔滨:哈尔滨工业大学,2010.

[7] 王谦. 萘系减水剂吸附与保塑性能的研究[D]. 南京:南京工业大学,2003.

[8] 朱建立. 混凝土防冻剂的原理及应用[J]. 石家庄铁道学院学报,2002(S1):44-46+50.

[9] 杨英姿,王政,巴恒静. 工作性对负温防冻剂混凝土性能的影响[J]. 武汉理工大学学报,2009,31(01):30-33.

[10] 张向东,李庆文,李广华,等. 防冻剂对混凝土引气剂气泡稳定性能影响研究[J]. 功能材料,2015,46(23):23036-23041.

[11] 柴春风. 防冻外加剂对客运专线用高性能混凝土性能的影响研究[D]. 哈尔滨:哈尔滨工业大学,2011.

第 5 章　典型高原气候下混凝土构件的开裂机制

5.1　高原地区静稳天气条件下混凝土的开裂机制

在高原环境静稳天气条件下，混凝土主要受到日较差(日较差是指：在一昼夜间最高值与最低值之差。描述日较差是一日内，气温、气压、湿度等气象要素观测记录的最大值与最小值之差，也称为“日振幅”。)、低湿度和低气压条件的共同影响，混凝土表面温度变化随气温呈现周期性变化的规律，由温度变化引起的温度应力也呈现周期性变化的规律，所产生的温度—湿度—气压耦合应力也呈现近似周期性变化规律。混凝土在此种反复的环境荷载条件下，会产生疲劳破坏现象，其定义为：循环扰动作用在某点或者某部位时，一定循环次数后形成裂纹，进而产生永久性的损伤，直至断裂的现象。按照疲劳应力幅值的大小，可将疲劳分为亚临界疲劳、高周疲劳和低周疲劳。亚临界疲劳的疲劳应力幅值最小，循环次数一般大于 10^7；高周疲劳的疲劳应力幅值低于材料极限强度的 50%，循环次数在 $10^4 \sim 10^7$ 范围内；低周疲劳的疲劳应力幅值最大，一般在材料极限应力的 50% 以上，循环次数小于 10^4。

在混凝土表面日较差变化条件下，混凝土表面及内部应力呈现出规律性波动，表里部分将产生近似于疲劳循环的温度应力，可称之为温度疲劳应力。日较差条件不同、距表面深度不同、构件受约束程度不同，则产生温度疲劳应力的大小也不同。当所产生的表面最大耦合拉应力达到一定程度时，会对混凝土结构表面产生拉应力循环荷载。与平原地区相比，高原地区的温差更大、出现频率更高，环境湿度和气压也更低，所以高原地区混凝土在更大的耦合应力和更高频次的共同作用下，在混凝土表面形成疲劳循环作用，从而造成混凝土表面的疲劳开裂。

在高原地区实际服役的混凝土建筑物中，构件表面开裂多发生在施工结束后的 1 ~ 2 年间，且阳面开裂情况较阴面更为严重。这意味着其开裂原因并非极限荷载破坏，而是由环境因素长期作用下的疲劳荷载破坏引起。对比高原地区的大温差、低湿度和低气压三种影响因素可以发现，环境相对湿度值和气压值较为稳定，而温度呈现周期性变化规律。从气象学角度考虑，环境温度的周期性变化主要分为年温度变化和日温度变化。年温度变化主要源于一年四季的气温变化，温度变化较为平缓，规律较为简单；与规律简单的年温度变化相比，日温度变化规律更复杂，变化周期更短、随机因素更多、温度变化更剧烈。因此，日温度变化、湿度和气压的耦合应力是高原地区混凝土疲劳破坏的主要因素。

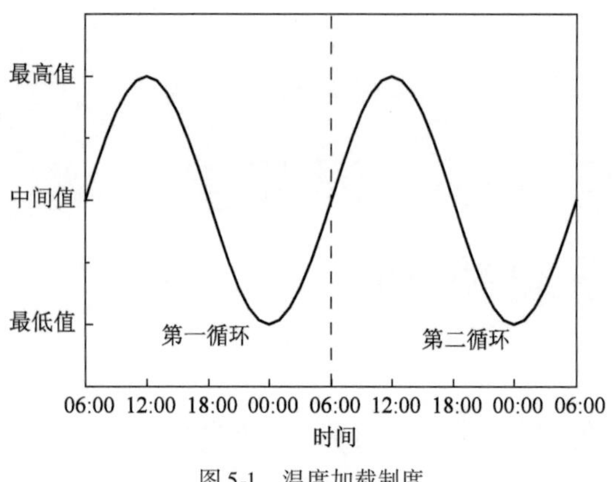

图 5-1 温度加载制度

5.1.1 混凝土温度应力

采用正弦函数的温度变化过程作为温度荷载,来模拟实际环境中混凝土表面的日温度变化过程,设定每 24h 为一个温度加载循环,具体加载制度如图 5-1 所示,并选取构件的中心位置的截平面作为研究对象,来分析混凝土表面不同的日较差条件下,构件表里位置的温度和温度应力变化规律。

共设定 3 种不同的混凝土表面日较差温度变化条件,在计算过程中混凝土柱体初始温度值设定为 10℃,日较差分别设定为 20℃、30℃、40℃。通过应力计算模型计算,得到 3 种不同的混凝土表面日较差温度变化条件下的柱体温度应力场,正值表示拉应力,负值表示压应力,结果如图 5-2 所示。

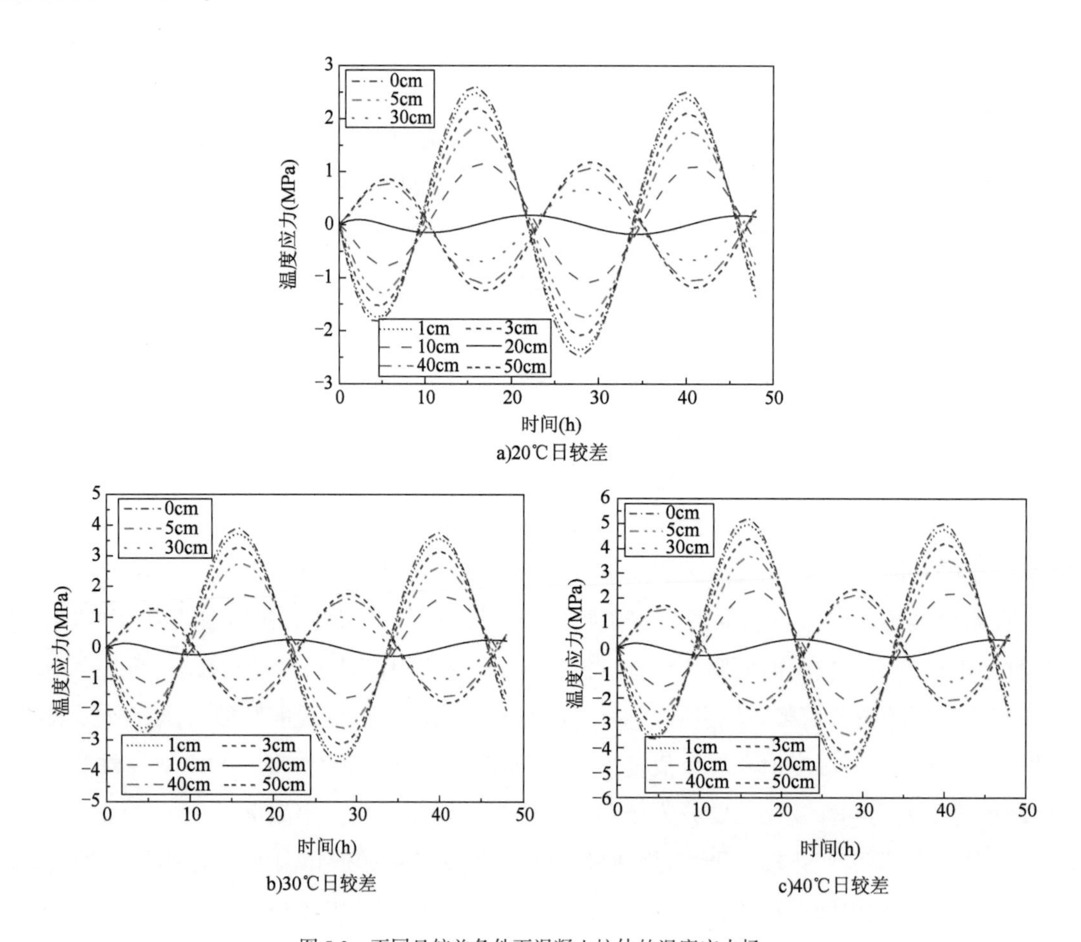

图 5-2 不同日较差条件下混凝土柱体的温度应力场

在3种不同的混凝土表面日较差温度变化条件下，柱体表里各部位的温度应力呈现规律性的波动，不同日较差的循环荷载主要影响了温度应力的数值，而对温度应力的曲线线形影响不大，如图5-2所示。对比不同的日较差条件，日较差越大，混凝土柱体产生的温度应力越大，当日较差为20℃时，柱体表面的最大拉应力约为2.6MPa，而当日较差40℃时，最大拉应力可达5.2MPa。

以混凝土表面20℃日较差条件下距柱体表面各深度位置的温度应力为例，进行回归分析，结果见表5-1。混凝土柱体温度应力值随时间的变化规律均呈现近似的正弦函数关系，相关系数值均在0.9以上，可以说，日较差在混凝土表面产生的应力体现出显著的周期性，可以按照疲劳应力方式进行分析。

20℃日较差时距表面各深度位置温度应力的回归方程　　表5-1

深度(cm)	回归方程	R^2
0	$Y=2.33\times\sin\left[\pi\times\frac{(t-10.092)}{11.82}\right]+0.19$	0.973
1	$Y=2.22\times\sin\left[\pi\times\frac{(t-10.155)}{11.82}\right]+0.18$	0.973
3	$Y=1.96\times\sin\left[\pi\times\frac{(t-10.314)}{11.82}\right]+0.16$	0.973
5	$Y=1.64\times\sin\left[\pi\times\frac{(t-10.528)}{11.83}\right]+0.14$	0.974
10	$Y=1.02\times\sin\left[\pi\times\frac{(t-11.074)}{11.86}\right]+0.09$	0.975
20	$Y=0.16\times\sin\left[\pi\times\frac{(t-16.26)}{11.96}\right]+0.006$	1.000
30	$Y=0.63\times\sin\left[\pi\times\frac{(t+1.251)}{11.82}\right]-0.05$	0.976
40	$Y=0.99\times\sin\left[\pi\times\frac{(t+0.751)}{11.87}\right]-0.08$	0.978
50	$Y=1.11\times\sin\left[\pi\times\frac{(t+0.634)}{11.89}\right]-0.09$	0.978

5.1.2 低湿、低压条件下混凝土湿度场及应力场

当环境气压降低时,蒸发率明显升高,当气压条件分别为101kPa、76kPa和51kPa时,通过道尔顿蒸发定律计算得到的蒸发率比例为$W_{(101kPa)}:W_{(76kPa)}:W_{(51kPa)}=3:4:6$,由此可得表面湿度交换系数可近似看作$\beta_{RH(101kPa)}:\beta_{RH(76kPa)}:\beta_{RH(51kPa)}=3:4:6$,将此作为边界条件应用到混凝土湿度场的计算模型中。

模型计算中设定混凝土柱体的初始湿度为90% RH,边界条件选取三种环境湿度条件(10% RH、50% RH、70% RH)和三种气压条件(51kPa、76kPa、101kPa)做正交组合,作为湿度的边界荷载条件,湿度应力场的计算结果如图5-3所示。

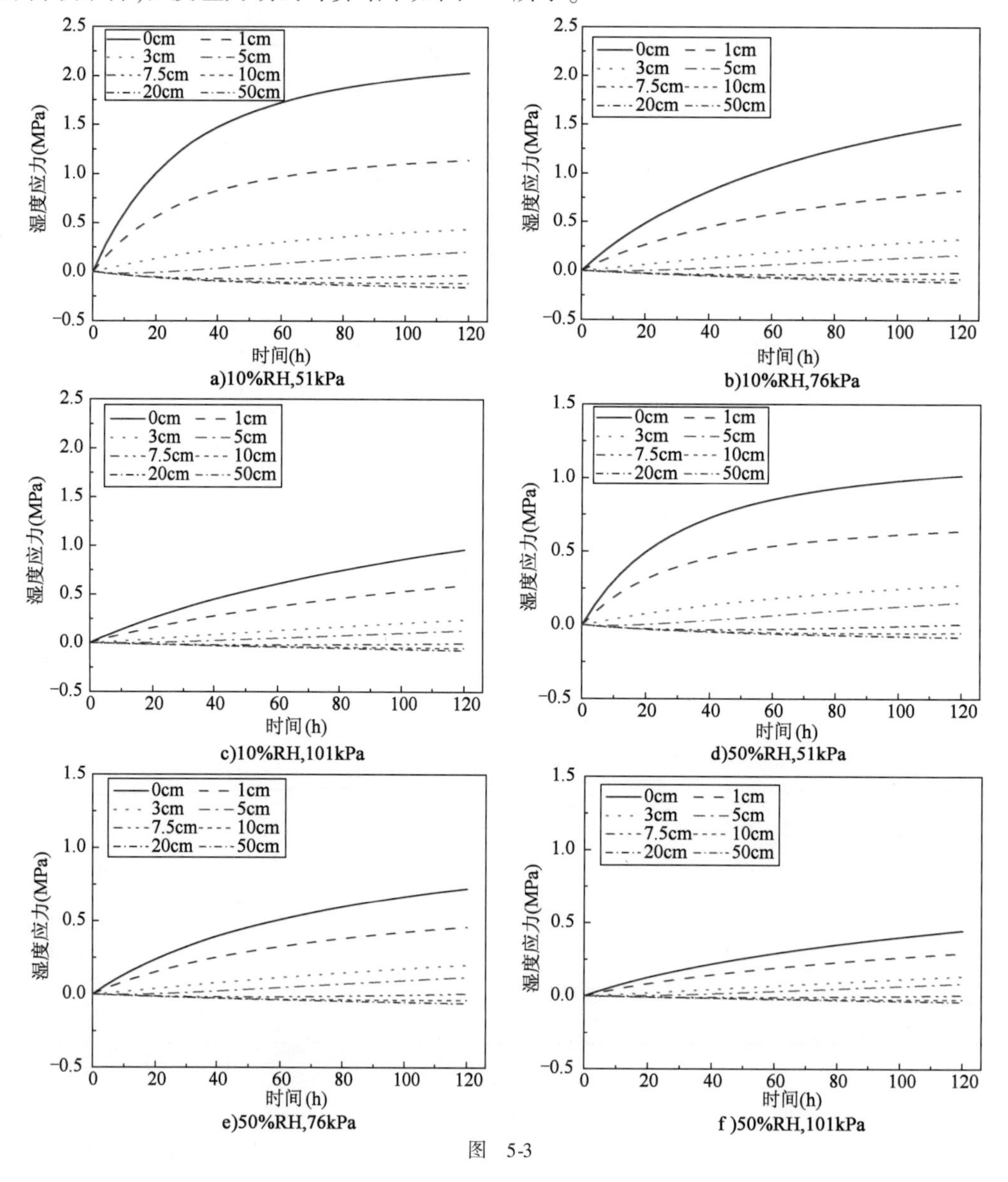

图 5-3

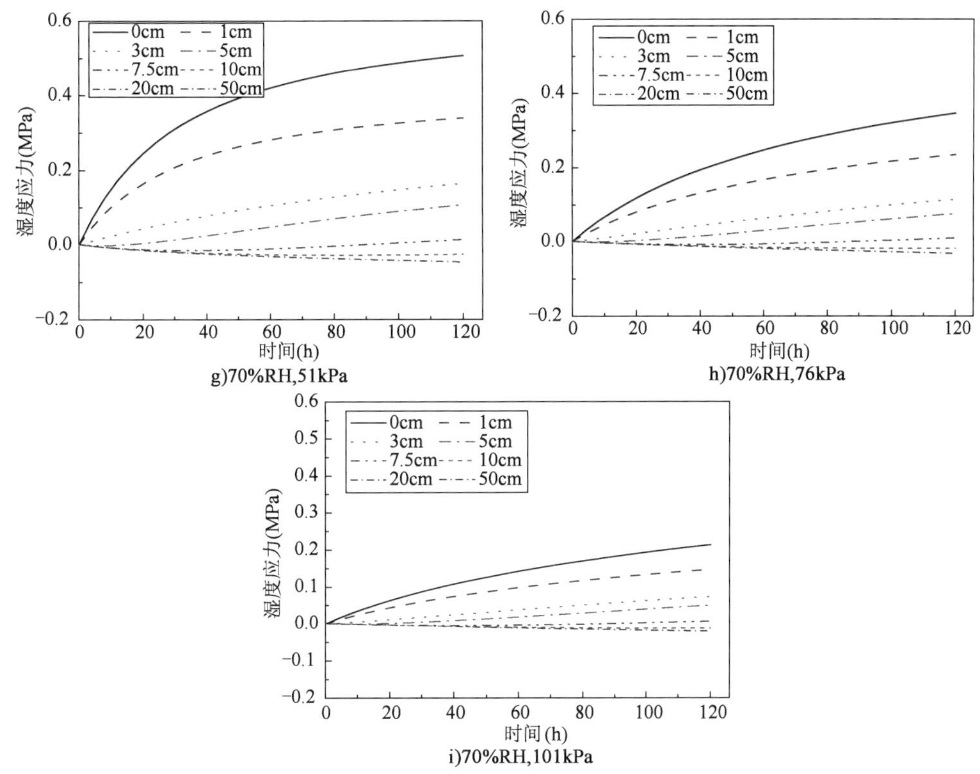

图 5-3 不同湿度、不同气压条件下混凝土墩柱的湿度应力场

由图 5-3 可知,环境湿度越低、气压越低,混凝土柱体产生的湿度应力越大。在柱体距表面深度为 0cm、1cm、3cm 和 5cm 的位置,湿度应力为拉应力,而 7.5cm 以及更深的位置处于受压状态。原因在于距表面 0 ~ 5cm 深度处,混凝土主要受到外界湿度和气压的影响,相对湿度降低,混凝土收缩受拉,而 7.5cm 及更深位置的混凝土湿度变化不大,其受压状态主要受到 0 ~ 5cm 处混凝土的影响。

混凝土柱体距表面不同深度位置的湿度应力随深度的变化规律,如图 5-4 所示。对于湿度和气压较高的条件(70% RH,101kPa),表面拉应力为 0.21MPa,而对于低湿度和低气压条件(10% RH,51kPa),表面拉应力可达 2.01MPa。

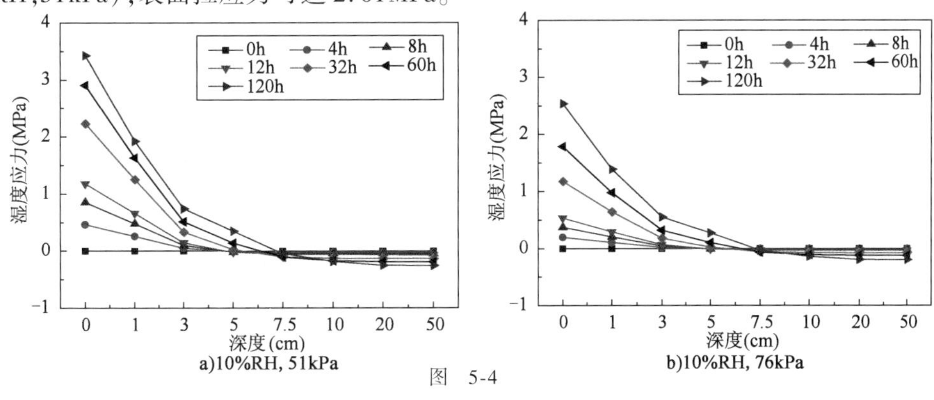

图 5-4

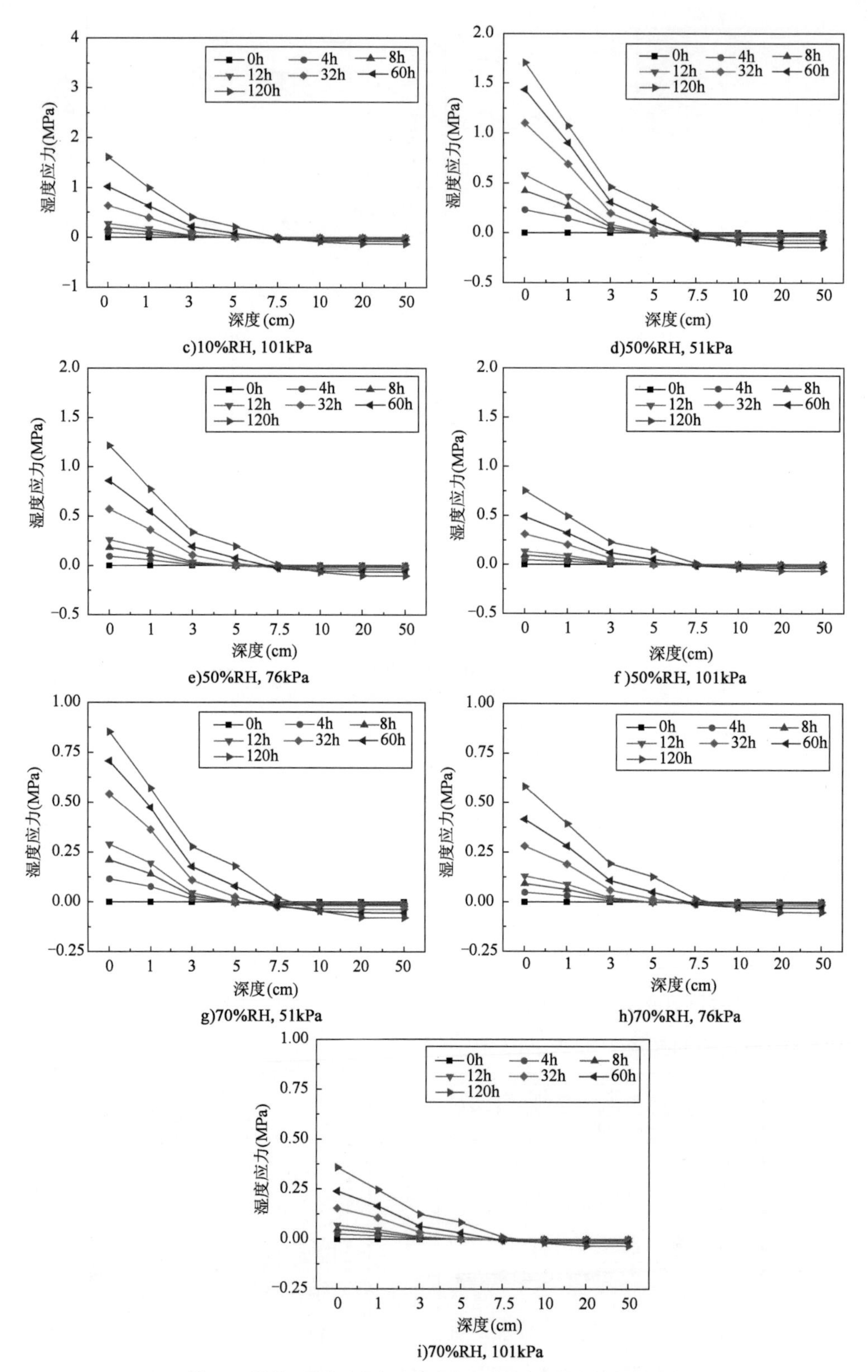

图 5-4 混凝土墩柱内部各点湿度应力随距表面深度的变化规律

5.1.3　混凝土温度-湿度-气压耦合应力场

选择哈尔滨、日喀则分别作为平原地区、高原地区的代表城市，两城市的0cm地表温度（此温度与混凝土表面的温度变化最为接近，近似作为混凝土表面温度进行分析）、相对湿度和气压值见表5-2。

哈尔滨和日喀则的气候数据　　表5-2

地　点	气压（kPa）	混凝土表面温度较差（d/年）		相对湿度（%）
		≥30℃	≥20℃	
哈尔滨	99.73	0	12	61
日喀则	63.79	34	200	44

注：表中为30年气象数据。

以哈尔滨和日喀则的日较差、湿度和气压数据作为边界条件，得出混凝土柱体的温度-湿度-气压耦合应力场，如图5-5和图5-6所示。在哈尔滨地区在日较差20℃（湿度61%、气压99.73kPa）时混凝土柱体表面的耦合拉应力最大值分别为2.57MPa；在日喀则地区，日较差为20℃和30℃（湿度44%、气压63.79kPa）时混凝土柱体表面的耦合拉应力分别为3.61MPa和4.80MPa。受到大温差、低湿度和低气压条件的影响，高原地区的混凝土柱体表面耦合拉应力普遍高于平原地区。

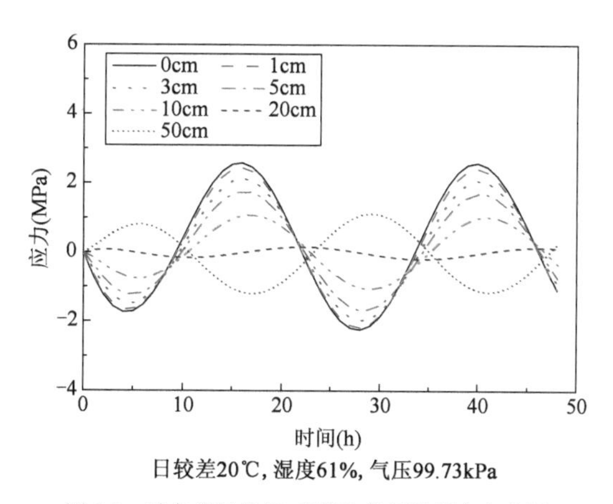

图5-5　哈尔滨的温度、湿度和气压的耦合应力场

混凝土结构表面的开裂绝大多数情况是由拉应力导致，因此以环境产生的分析拉应力疲劳破坏为主。综合考虑混凝土收缩松弛效应（松弛疲劳系数0.707）、混凝土表面开裂时间（1～2年）、劈裂强度于轴拉强度换算值（轴拉强度3.87MPa），通过轴拉疲劳*S-N*方程，得到哈尔滨和日喀则地区的温度-湿度-气压耦合作用下的疲劳极限次数（表5-3），见式（5-1）。

$$S = 0.967 - 0.048 \times \lg N \tag{5-1}$$

式中：S——应力水平；

N——疲劳次数。

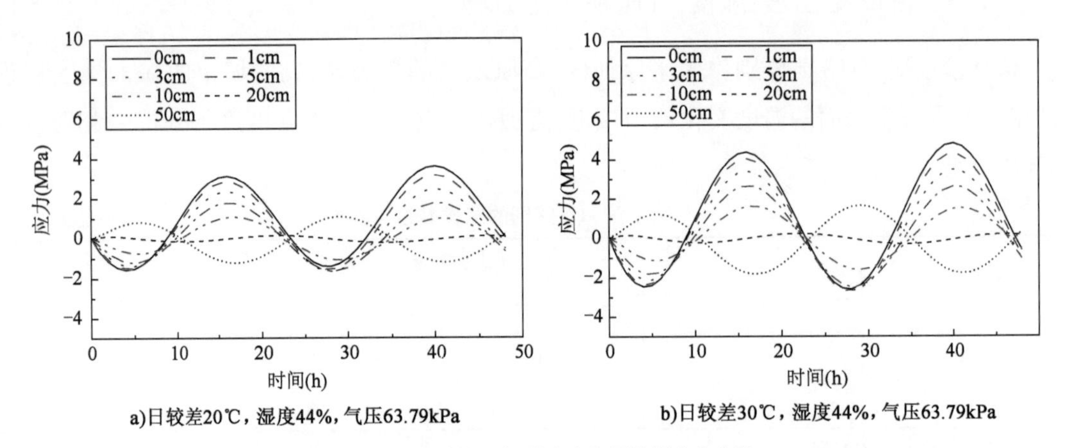

a)日较差20℃，湿度44%，气压63.79kPa

b)日较差30℃，湿度44%，气压63.79kPa

图5-6　日喀则的温度、湿度和气压的耦合应力场

由表5-3可知，哈尔滨地区的混凝土柱体开裂所需的疲劳循环次数很高，混凝土服役期内不会因静稳天气的疲劳作用而产生破坏；日喀则地区的应力水平更高，疲劳循环次数的极限值更小，仅需65次即可产生破坏，即为高原地区混凝土柱体后龄期（1～2年）的开裂原因。

日喀则与哈尔滨的疲劳循环次数　　表5-3

参　数	日　喀　则		哈　尔　滨
日较差（℃）	20	30	20
湿度（%）	44	44	61
气压（kPa）	63.79	63.79	99.73
应力水平	0.661	0.880	0.470
循环次数（次）	2.37×10^{6}	65	2.26×10^{10}

5.2　高原地区剧变天气条件下混凝土的开裂机制

高原地区条件下服役的混凝土结构，会受到剧变天气的影响，例如：气温骤降、淋雨和云层遮挡。当温度剧变产生的混凝土应力高于混凝土表面的极限强度时，会立刻引起混凝土表面的开裂。与平原地区相比，高原地区的海拔较高、空气稀薄、空气保温能力差，气温骤降时温度的变化幅度大、降雨时的雨水温度低、云层遮挡造成的降温程度大。在本节中，以混凝土柱体作为典型分析构件，通过试验模拟高原地区不同的剧变天气条件得到混凝土表面温度和湿度的边界条件，基于试验结果计算混凝土柱体表里位置的温度-湿度-气压耦合应力。

5.2.1　气温骤降

高原地区的环境温度变化剧烈，由于高原地区空气保温能力差，午间阳光直射时混凝土表面温度较高，气温的快速降低会造成混凝土的表面温度下降，从而在混凝土表面产生较大的拉应力。基于高原地区的调研经验,在试验室条件模拟了三种不同降温程度的气温骤降天气,具体试验操作如下:先将混凝土试件加热至三种不同的温度(24℃、46℃和65℃),然后将试件转移到低温环境中(5℃),实测得到的混凝土表面温度作为模型的边界条件,计算得出混凝土柱体的温度应力场,具体计算结果如图5-7所示。

对于上述三种不同程度的气温骤降天气,初始温度越高,混凝土表面及内部降温速率越快,相同时间内表里温差越大,产生的拉应力越大,三种不同天气的最大拉应力均出现在混凝土表面部位,拉应力大小分别为2.4MPa、4.2MPa和5.9MPa。取抗拉强度作为极限值(3.87MPa),24℃初始温度的气温骤降天气引起的拉应力未达到极限强度,不会产生开裂,而46℃、65℃初始温度的天气已超过极限强度,开裂风险较大。

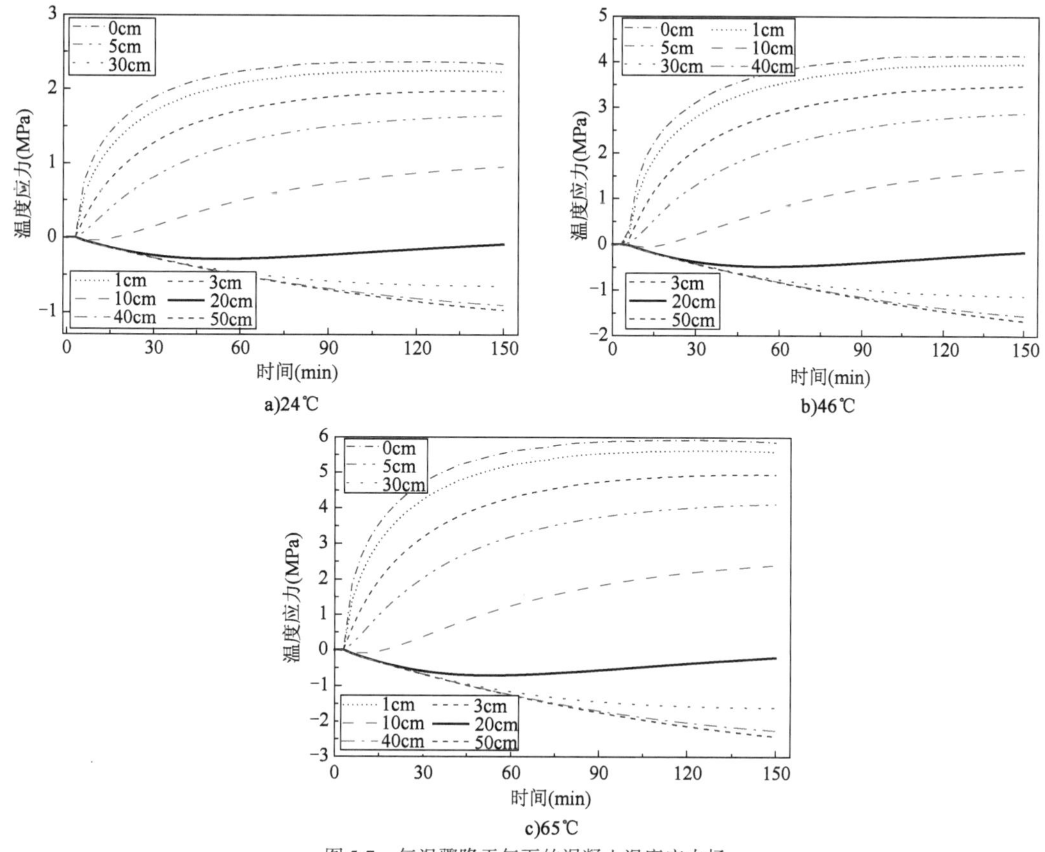

图5-7 气温骤降天气下的混凝土温度应力场

5.2.2 淋雨

在高原地区中,午时混凝土表面的温度较高,当遇到突然降雨天气时,混凝土表面会受到雨水的喷淋作用,由于高原地区的雨水温度普遍较低,造成混凝土柱体表面温度急剧下降,同时表面湿度迅速达到饱和状态,可形成较大的表面应力。基于高原地区的调研经验,在试验室条件模拟了两种不同程度的淋雨天气,具体操作如下:将混凝土试件加热到不同的温度(46℃

和 64℃)，然后将 10℃的水不断喷淋到混凝土表面，实测混凝土表面的温度变化过程，作为模型计算的边界荷载条件，以此计算混凝土的耦合应力场，结果如图 5-8 所示。

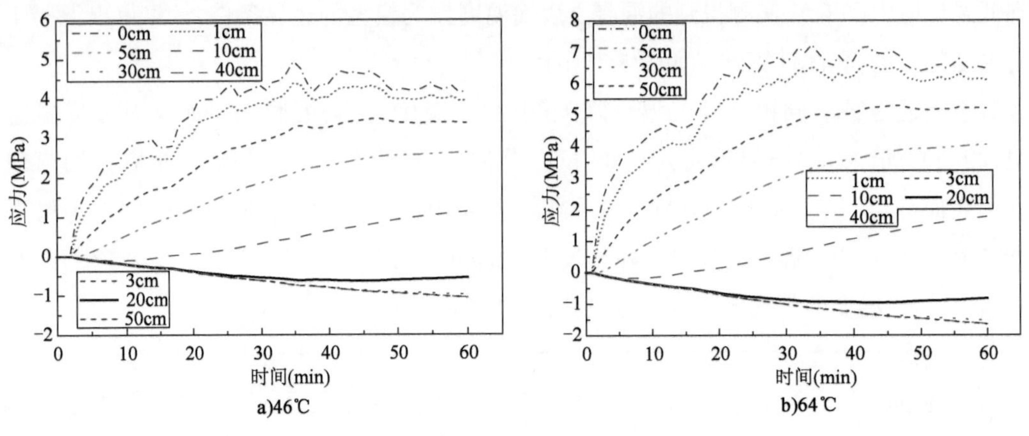

图 5-8 淋雨天气下的混凝土应力场

与气温骤降天气相比，淋雨天气的混凝土表面降温速度更快。混凝土初始温度越高，淋雨天气造成的混凝土降温越快，表里温差越大，温湿度耦合应力越大。对于 46℃和 64℃初始温度的淋雨天气，温度应力分别达到 4.8MPa 和 7.1MPa，均超过 C30 混凝土的极限抗拉强度，开裂风险较大。

5.2.3 云层遮挡

高原地区空气稀薄，对日光的反射作用较低，日光中的大部分能量进入大气环境中，所以午时处于高原地区的混凝土表面温度较高，而当日光受到云层遮挡时，混凝土表面温度的下降速度比平原地区更大，从而形成更大的表面应力。基于调研经验，在试验室条件模拟两种不同程度的云层遮挡(薄云层和厚云层)，并实测得到混凝土表面的温度值，作为计算的边界荷载条件，混凝土应力场的计算结果如图 5-9 所示。

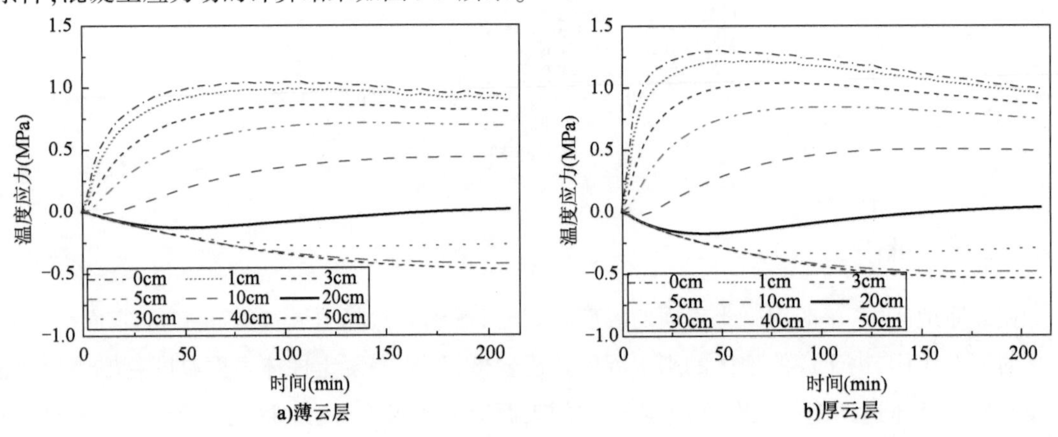

图 5-9 云层遮挡下的混凝土应力场

云层遮挡会降低混凝土表面及内部的温度，云层越厚，温度降低速率越大，混凝土表里温差越大，产生的应力也就越大。薄、厚云层遮挡带来的混凝土表面拉应力分别为 1.04MPa 和 1.30MPa，厚云层产生的应力比薄云层高 30%，但两者均未超过 C30 混凝土的抗拉强度。

5.3　本章小结

将温度、湿度和气压作为主要参数，对高原地区静稳天气和剧变天气环境下的温度场、湿度场和耦合应力场进行计算分析，得出以下结论：

(1)在混凝土表面日较差温度变化条件下，距柱体表面不同深度部位的温度应力均呈周期性变化趋势。当日较差为 20℃时，混凝土柱体表面的最大拉应力为 1.3MPa，日较差为 80℃时，最大拉应力可达 5.1MPa。

(2)混凝土柱体在低湿度和低气压条件下，主要影响深度在距表面 0～5cm 范围内。环境湿度越低、气压越低，湿度下降速度越快，产生的表面湿度应力也越大。在 10% 相对湿度、51kPa 气压条件下，柱体表面最大拉应力可达 2.01MPa。

(3)高原地区混凝土后期(施工后 1～2 年)开裂的主要原因是低周高应力的疲劳破坏。以哈尔滨、日喀则分别作为平原、高原地区的代表城市，温湿度耦合应力计算结果显示，日喀则的疲劳应力水平高于哈尔滨，疲劳循环次数的极限值更小，只需 65 次 30℃的日较差循环，即可产生开裂。

(4)对高原地区“气温骤降”“淋雨”和“云层遮挡”三种常见剧变天气进行应力分析，混凝土柱体在“淋雨”天气下产生的表面拉应力最大，“气温骤降”天气次之，“云层遮挡”天气产生的应力最小。除“云层遮挡”天气未超过混凝土的抗拉极限值外，“气温骤降”和“淋雨”天气表面开裂风险较大。

本章参考文献

[1] 刘宗辉，王威威，文豪，等. 不同温度后全轻混凝土单轴受压疲劳性能[J]. 混凝土，2019(05)：48-53.

[2] FANG Z, HU R, JIANG R, et al. Fatigue Behavior of Stirrup Free Reactive Powder Concrete Beams Prestressed with CFRP Tendons[J]. Journal of Composites for Construction, 2020, 24(4)：04020018.1-04020018.14.

[3] 邹晓翎，谈至明，钱晨，等. 路面温度日变化曲线的拟合[J]. 长安大学学报，2015，35(3)：40-45.

[4] 刘积丁. 自密实混凝土自生约束收缩下应力松弛性能研究[D]. 福州：福州大学，2017.

[5] 葛勇，土木工程材料学[M]. 北京：中国建材工业出版社，2011.

[6] 吕培印，宋玉普. 不同温度下混凝土抗拉疲劳性能试验研究[J]. 工程力学，2003，20(2)：80-86.

[7] 李廷勇. 青藏高原 50 年来气候变化初步研究[D]. 重庆：西南师范大学，2004.

[8] 余莲. 青藏高原地区气候变化的特征及数值模拟研究[D]. 兰州：兰州大学，2011.

[9] 韩国军. 近 50 年青藏高原气候变化特征分析[D]. 四川：成都理工大学，2012.

第6章　大温差缺掺合料地区大体积混凝土的温度控制

6.1　大体积混凝土

根据《大体积混凝土施工标准》(GB 50496—2018)规定,大体积混凝土的定义为:混凝土结构物实体最小几何尺寸不小于1m的大体量混凝土,或预计会因混凝土胶凝材料水化引起的温度变化和收缩而导致有害裂缝产生的混凝土。高原地区缺乏掺合料,所以应给予大体积混凝土更足够重视。

由于大体积混凝土的广泛使用,其特性也越来越引起人们的重视。大体积混凝土结构具有如下主要特点:

(1)混凝土是脆性材料,能承受很大的压应力,却不能承受其抗压强度十分之一的拉应力;同时,拉伸应变也很小,短期加载时的极限拉伸变形应变只有$(0.6\sim1.0)\times10^{-4}$,相当于温度降低6~10℃的变形;长期加载时的极限拉伸变形也只有$(1.2\sim2.0)\times10^{-4}$。

(2)大体积混凝土结构几何尺寸较大,混凝土浇筑以后,水泥进行水化反应,发出的热量很难通过混凝土表面排出,内部温度急剧快速上升;当成型一定时间后,温度开始逐渐降低,此时混凝土弹性模量比较大,徐变较小,在一定的约束条件下,由于温度梯度,会产生相当大的温度拉应力。

(3)大体积混凝土表面在暴露于空气或水中时,表面温度较低,内部温度较高,该温度梯度在大体积混凝土结构中也会引起相当大的拉应力。

(4)大体积混凝土结构通常是素混凝土结构,很少配筋,或是只在表面或孔洞附近配置少量钢筋。即使配筋,与结构的几何尺寸相比,配筋率是极低的。在常规钢筋混凝土结构中,钢筋承担拉应力,混凝土只承受压应力。对于大体积素混凝土结构,由于没有设置钢筋,一旦出现了拉应力,就要依靠混凝土本身来承受。

在大体积混凝土结构的设计中,混凝土一般只承受压应力,结构只能出现很小的拉应力。施工完成后,混凝土温度趋向于稳定,结构通常只承受自重、水压力等外荷载,此时,可以保证内部拉应力在一定范围内。但是在施工和养护成型阶段,大体积混凝土结构中会因为温度的变化而产生很大的拉应力,而这种拉应力通常会超出设计值。因此,大体积混凝土面临的问题,不是力学上的强度不够,而是需控制混凝土温度梯度,防止混凝土因温度变形产生裂缝。

根据热传导规律,物体的热量传递与其最小尺寸的平方成正比,因此混凝土体量越大,水化热消散得越慢。

对于体积较小的混凝土而言,混凝土发热量很快通过表面散出,结构内部的温度变化很小,与外界的温度梯度不大,不至于产生拉应变;而当结构几何尺寸很大时,由于水化热的作用,内部温度升高,再加上混凝土拌合物是热的不良导体,因此其成型硬化过程中绝大部分热量不能消散,从而导致混凝土温度升高,体积变大;随后水泥水化逐渐减弱,混凝土温度又在周边环境温度影响下逐渐下降,混凝土内部温度随时间不断变化。

由于水泥水化放热,混凝土内部温度比表面温度升高得快,在结构表面产生拉应力;在后期的降温过程中,由于受到周边条件的约束,混凝土结构中也会产生拉应力;或者当突遇寒潮,未及时在表面进行保温时,混凝土表面温度骤降但内部温度不变,表里有很大的温度梯度,从而产生很大的收缩变形,产生很大拉应力。

混凝土是脆性材料,抗拉强度低,极限拉伸变形小。当大体积混凝土在施工和养护阶段,温度梯度可能造成拉应力大于设计值或拉应变大于混凝土的极限拉应变,混凝土则会出现裂缝。因此,控制混凝土结构内部的温度,防止裂缝的产生,是大体积混凝土浇筑和养护中需要解决的关键问题。

6.1.1　大体积混凝土温度场

水泥在水化反应中放出的热量是影响大体积混凝土温度场的一个重要因素。水泥的水化热是依赖于龄期的,通常用以下三种表达式表达。

(1)指数式:

$$Q(\tau)=Q_0(1-\mathrm{e}^{-m\tau}) \tag{6-1}$$

(2)双曲线式:

$$Q(\tau)=\frac{Q_0\tau}{n+\tau} \tag{6-2}$$

(3)双指数式:

$$Q(\tau)=Q_0(1-\mathrm{e}^{-a\tau^b}) \tag{6-3}$$

式中:τ——水泥龄期;

Q_0——$\tau\to\infty$时,水泥的最终水化热;

m、a、b——相应的参数。

目前,混凝土的绝热温升,在缺少直接测定的资料时,可根据水泥的水化热进行计算。先测定水泥的水化热,再根据水化热、水泥用量以及混凝土的比热容、密度计算绝热温升。具体计算公式见式(6-4)。

$$\theta(\tau)=\frac{Q(\tau)(W+kF)}{c\rho} \tag{6-4}$$

式中：W——单位体积水泥用量；

k——折减系数，当掺合料是粉煤灰时，通常可取 $k=0.25$；

F——单位体积掺合料用量；

c——混凝土比热容；

ρ——混凝土密度。

也可以用绝热温升试验来直接测定水泥混凝土的绝热温升。直接法比较准确，重要工程一般应采用直接法。

混凝土计算绝热温升和通过混凝土绝热温升试验直接测定的数值往往存在较大差异，其误差来源主要是不同水灰比对水泥的水化过程影响不同，以及其他胶凝材料对放热的影响。因此在可能的条件下，应尽量进行混凝土绝热温升试验。

混凝土绝热温升与龄期的关系和水泥水化热类似，也可以用三种表达式表达。

(1)指数式：

$$\theta(\tau)=\theta_0(1-e^{-m\tau}) \tag{6-5}$$

(2)双曲线式：

$$\theta(\tau)=\frac{\theta_0\tau}{n+\tau} \tag{6-6}$$

(3)双指数式：

$$\theta(\tau)=\theta_0(1-e^{-a\tau^b}) \tag{6-7}$$

式中：θ_0——$\tau\to\infty$时，混凝土的最终绝热温升。

混凝土水化作用化期间，其温度、湿度和变形存在着相互影响与作用。温度变化会引起水分的迁移发生改变，湿度变化会影响热传导过程，同时，温度、湿度的变化又对变形存在影响。当变形形成裂缝后，渗流速率、渗流场都将随着裂缝而改变，继而影响温度场。

通水换热温度控制的关键在于通过计算获得通水换热期间多因素作用下混凝土内部的温度场分布，并据此提出基于温度场分布的通水控制和反馈模型。

1968 年美国 E. L. Wilson 教授开发的有限元仿真程序 DOT-DICE 是最早的计算混凝土温度场的程序。该程序主要用于分析二维温度应力，能考虑分段施工、温度、徐变的影响，并在对 Dworshak 坝温度应力的计算分析中取得了理想的效果。

1988 年美国工程师 S. B. Tarto 和 E. K. Schrader 对 DOT-DICE 进行了改进，并利用该程序分析了柳溪坝，得到了不同时期的大坝温度场分布，结果与现场监测结果较为接近。

1992 年第三次碾压混凝土会议上，P. K. Barrett 在大坝温度应力仿真中引入了 Bazant 的"Smeared Crack"开裂模型，并由此编写了温度和徐变作用时，能逐层模拟混凝土三维温度应力场的分析软件 ANACA。

朱伯芳院士、潘家铮院士等专家结合水工大体积混凝土结构施工经验，比较系统而全面地提出了关于温度应力计算、温度控制以及结构设计的理论，并分别用有限元分析法、数理统计求解法和差分法等方法深入研究了大体积混凝土温度场的分布，提出了结构在不同初始条件和约束条件下温度应力的解析解法。

6.1.2 通水冷却

国内外大体积混凝土温度控制技术的发展历程见表6-1。

大体积混凝土温度控制技术的发展历程　　表6-1

年　代	温度控制技术的主要进步	工程案例	主要国家
20世纪30年代	分缝分块，预埋冷却水管	Owyhee坝 Hoover坝 小牧坝	美国 日本
20世纪40年代	重视基础温差，预冷集料技术	Hiwassee坝 Foliante坝 Boolean Shaw坝 Barak坝	美国 印度
20世纪50年代	注意表面保护，发展了减水剂、粉煤灰等改善混凝土抗裂性能的措施	丸山坝 佐久间坝 有峰坝 小河内坝	日本
20世纪80年代	提出“小温差、早冷却、慢冷却”的概念，制定阶段性温控目标，注意降温速率和环境温度的影响，对通水数据实现了自动化采集	二滩拱坝 小湾拱坝 锦屏一级拱坝	中国

控制混凝土内部温度的方法主要有以下几种。

1）合理选取混凝土材料

水泥水化热产生的温度应力是大体积混凝土开裂的主要因素。在混凝土中减少水泥用量，或者选用低热水泥配制混凝土（如硅酸盐水泥）可以有效减少水泥水化热。此外，通过选取合适的级配，在保证集料耐久、坚固、尺寸稳定的条件下，尽可能选择大粒径的集料，减小混凝土的孔隙率，减小水泥用量和水，以产生较低的水化热。最后还可以适当地掺加减水剂，在保证混凝土坍落度和强度不变的同时降低水灰比，减少水泥含量；掺加缓凝剂可以推迟混凝土的凝结时间，延缓水化热峰值的产生。

2）减小内外温差

降低混凝土浇筑温度。通过冷却加水、加冰拌和、预冷集料等方法降低混凝土的初温。在混凝土表面覆盖保温材料，以减少内外温度差，降低混凝土表面温度梯度。

3)水管冷却

在混凝土内埋设水管,通低温水以降低混凝土温度。国内外学者对冷却水管进行了深入的研究。1931 年夏天,美国垦务局在 Owyhee(欧瓦希)坝上开展了水管通水冷却的现场试验。试验结果表明,通水冷却确实能有效降低混凝土内部温度。20 世纪 30 年代中期,美国垦务局在设计当时世界最高的混凝土坝体 Hoover(胡佛)坝时,就选定了水管冷却方案。现场大量试验表明,水管冷却效果十分明显,成为大体积混凝土温度控制方面的一项重要的措施,之后在全美国推广。美国垦务局学者用分离变量法对大体积混凝土无热源平面问题进行了严格解答,对其空间问题进行了近似解答。

历经 80 余年发展,水管通水冷却的布置形式由粗略型不断向精细型转化,水管类型先后采用了钢管、铝管、竹管、拔除水管预留孔、高密聚乙烯管等。水管冷却的布置形式由矩形布置变成梅花形布置(图 6-1)。

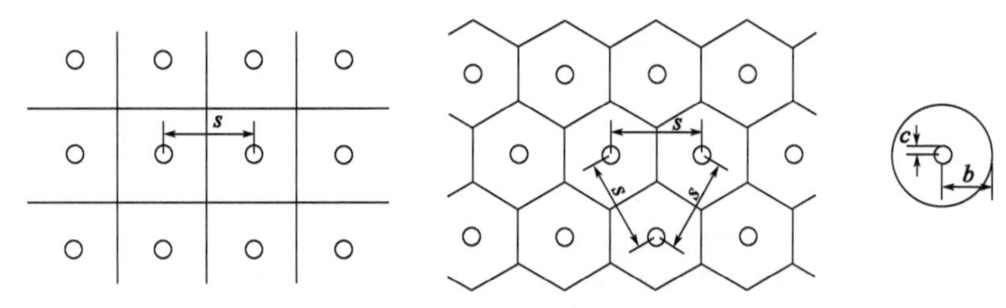

图 6-1　矩形、梅花形布置图与计算简图

水管在仓面的埋设方式通常采用蛇形布置。一般工程中冷却水管进、出水口往往是固定的。常规的蛇形布置图如图 6-2a)所示,冷却水从进水口流入,出水口流出,当进水口和出水口位置相近时,可以最大限度地确保水能够循环利用。这样布置水管带来的问题是,混凝土在水管前端的冷却速度要大于水管末端的冷却速度,造成混凝土整体冷却不均匀,在一定程度上降低了冷却效率。

在条件允许的情况下,交换进水口和出水口位置可以缓解冷却不均匀的问题,但交换进、出水口位置也要改变水泵的位置。采用图 6-2b)所示双循环布置的埋设方式可以缓解上述问题。

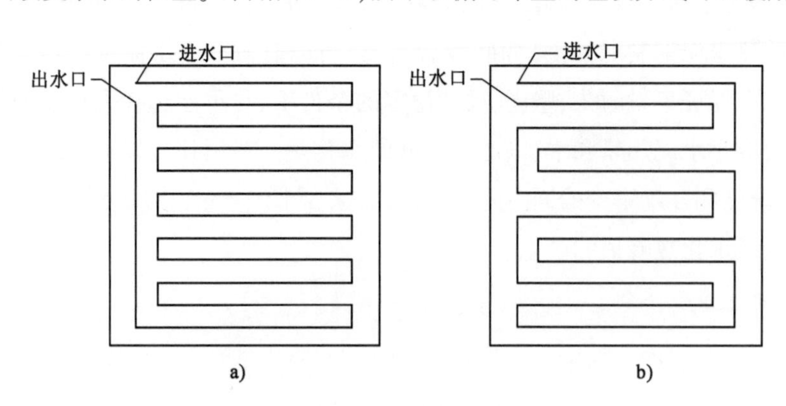

图 6-2　单循环蛇形布置和双循环蛇形布置

冷却水与混凝土热交换理论遵守能量守恒定律,包含以下四个假设:

①冷却水是不可压缩的液体。

②冷却水在管径方向上的导热系数极小,可以忽略不计。

③水管内冷却水的动能和势能的变化量很小,可以忽略不计。

④冷却水仅存在热能和流动的变动,并且水管内只有冷却水,杂质可以忽略不计。

目前,在模拟冷却水管方面,有三种代表性方法。

(1)线单元理论

用二接点等线单元模拟冷却水管,用内部流动的热量转移理论计算冷却水的温度变化。线单元理论为模拟线单元提供了很大的便利,成功地避开了冷却水管附件区域有限元划分难题,取得了比较好的模拟效果。

(2)边界理论

以冷却水管作为混凝土的第三类温度边界,输入有限元计算。这种理论要求精确模拟冷却水管的尺寸、水管线路,同时计算出冷却水的沿程温度值,计算比较复杂。边界理论是最为贴近真实情况的理论,能有效计算出通水冷却三维真实温度场,并能得出水管周围的温度梯度分布。但是模型建立过程困难,计算耗时长。

(3)热流耦合理论

有限元热-流耦合精细算法。该方法是通过基于有限元热流耦合精细算法模拟水管周围的温度梯度,来实现混凝土施工期温度场的程序化计算。

6.2　高效通水冷却温控技术

6.2.1　混凝土放热速率的温度场模拟

(1)混凝土温度热传导理论

对于混凝土材料,其热传导特性是均匀、各向同性的。在其中任意取一微小的六面体单元 $dxdydz$,示意图如图6-3所示。

由热力学第一定律可知,该单元内能的增量 ΔU 等于吸收的热量 Q 和外界对其做的功 W 之和,即:

$$\Delta U = Q + W \tag{6-8}$$

在固体热传导中,一般认为单元体积变化很小,外界对系统的做功 W 等于零,即一定时间内,单元的内能增量等于从外界吸收的净能量和内部热源自身产生的热量。

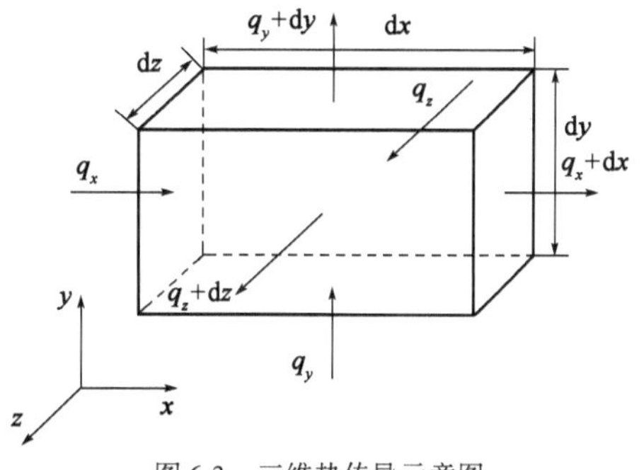

图6-3　三维热传导示意图

在一维固体热传导方程中，热流量与温度的梯度成正比，方向相反，见式(6-9)。

$$q_x = -\lambda \frac{\partial T}{\partial x} \tag{6-9}$$

式中：q_x——x 轴方向的热流量；

λ——混凝土导热系数，对于各向同性材料 $\lambda_x = \lambda_y = \lambda_z = \lambda$；

T——选取六面体单元的温度。

沿 x 轴方向，$\mathrm{d}\tau$ 时间内流入该六面体单元的热流量为：

$$Q_x = (q_x - q_{x+\mathrm{d}x})\mathrm{d}y\mathrm{d}z = -\frac{\partial q_x}{\partial x}\mathrm{d}x\mathrm{d}y\mathrm{d}z = \lambda \frac{\partial^2 T}{\partial x^2}\mathrm{d}x\mathrm{d}y\mathrm{d}z \tag{6-10}$$

同样，在 y 轴、z 轴方向流入该六面体单元的热流量为：

$$Q_y = \lambda \frac{\partial^2 T}{\partial y^2}\mathrm{d}x\mathrm{d}y\mathrm{d}z \tag{6-11}$$

$$Q_z = \lambda \frac{\partial^2 T}{\partial z^2}\mathrm{d}x\mathrm{d}y\mathrm{d}z \tag{6-12}$$

六面体单元在 $\mathrm{d}\tau$ 时间内从其周围吸收的热流量为：

$$Q_1 = Q_x + Q_y + Q_z = \lambda \left(\frac{\partial^2 T}{\partial x^2} + \frac{\partial^2 T}{\partial y^2} + \frac{\partial^2 T}{\partial z^2}\right)\mathrm{d}x\mathrm{d}y\mathrm{d}z \tag{6-13}$$

此外，由于水泥水化放热，单位体积、单位时间内放热 q，则 $\mathrm{d}\tau$ 时间内该六面体单元从自身吸收的热量为：

$$Q_2 = q\mathrm{d}x\mathrm{d}y\mathrm{d}z \tag{6-14}$$

六面体单元吸收的全部热量为：

$$Q = Q_1 + Q_2 = \left[\lambda \left(\frac{\partial^2 T}{\partial x^2} + \frac{\partial^2 T}{\partial y^2} + \frac{\partial^2 T}{\partial z^2}\right) + q\right]\mathrm{d}x\mathrm{d}y\mathrm{d}z \tag{6-15}$$

对于图示六面体单元，单位时间内，其内能增量 ΔU 为：

$$\Delta U = c\rho \frac{\partial T}{\partial \tau}\mathrm{d}x\mathrm{d}y\mathrm{d}z \tag{6-16}$$

式中：c——混凝土比热容；

ρ——混凝土密度。

根据热力学第一定律，$\Delta U = Q$，联立式(6-15)和式(6-16)，得到混凝土中的热传导方程：

$$\frac{\partial T}{\partial \tau} = \alpha \left(\frac{\partial^2 T}{\partial x^2} + \frac{\partial^2 T}{\partial y^2} + \frac{\partial^2 T}{\partial z^2}\right) + \frac{q}{c\rho} \tag{6-17}$$

式中：α——混凝土的导温系数，$\alpha = \frac{\lambda}{c\rho}$。

对于混凝土温度处于稳态的情况下，即$\frac{\partial T}{\partial \tau} = 0$ 时，式(6-17)转化为泊松方程：

$$\lambda\left(\frac{\partial^2 T}{\partial x^2}+\frac{\partial^2 T}{\partial y^2}+\frac{\partial^2 T}{\partial z^2}\right)+q=0 \tag{6-18}$$

对于无热源的混凝土稳态温度场,即 $q=0$ 时,式(6-18)又转化成拉普拉斯方程:

$$\lambda\left(\frac{\partial^2 T}{\partial x^2}+\frac{\partial^2 T}{\partial y^2}+\frac{\partial^2 T}{\partial z^2}\right)=0 \tag{6-19}$$

对于极坐标下的平面热传导方程,将式(6-17)用极坐标方式表达,通常写成式(6-20)。

$$\frac{\partial T}{\partial \tau}=\alpha\left(\frac{\partial^2 T}{\partial r^2}+\frac{1}{r}\frac{\partial T}{\partial r}+\frac{1}{r^2}\frac{\partial^2 T}{\partial \theta^2}\right)+\frac{q}{c\rho} \tag{6-20}$$

在轴对称平面问题情况下,即$\frac{\partial T}{\partial \theta}=0$时,式(6-20)记为:

$$\frac{\partial T}{\partial \tau}=\alpha\left(\frac{\partial^2 T}{\partial r^2}+\frac{1}{r}\frac{\partial T}{\partial r}\right)+\frac{q}{c\rho} \tag{6-21}$$

(2)边界条件

为了确定混凝土内部的温度场,还需要热传导方程满足边界条件。

①第一类边界条件

第一类边界条件是指已知混凝土表面的温度分布:

$$T=f(\tau) \tag{6-22}$$

在实际情况中使用金属水管通水冷却可以看成是第一类边界条件,即与金属水管接触部分的混凝土温度与冷却水的温度一致;另外大坝直接与流水接触时,其边界条件也是第一类边界条件。

②第二类边界条件

第二类边界条件是指已知混凝土表面的热流量,见式(6-23)。

$$-\lambda\frac{\partial T}{\partial n}=f(\tau) \tag{6-23}$$

式中:n——表面外法线方向。

在特殊的情况下,对于混凝土绝热面,有 $f(\tau)=0$,即$\frac{\partial T}{\partial n}=0$。

③第三类边界条件

第三类边界条件是指流出表面的热流量与表面温度和空气温度之差成正比,见式(6-24)。

$$-\lambda\frac{\partial T}{\partial n}=\beta(T-T_a) \tag{6-24}$$

式中:β——固体表面放热系数;

T_a——环境温度。

在特殊情况下,表面放热系数很大,$\beta\to\infty$时,$T=T_a$,即混凝土表面温度和周围介质温度一样。此时,第三类边界条件退化为第一类边界条件。

另一种特殊情况，表面放热系数很小，$\beta=0$ 时，$\frac{\partial T}{\partial n}=0$，即混凝土表面是绝热面。此时，第三类边界条件退化为第二类边界条件中的绝热面。

大多数情况下，为了保温保湿，混凝土表面用棉被或模板覆盖。此时，仍然可以按照第三类边界条件计算。当混凝土表面有若干保温层时，每层的热阻见式(6-25)。

$$R_i=\frac{h_i}{\lambda_i} \tag{6-25}$$

式中：h_i——保温层的厚度；

λ_i——保温层的导热系数。

最外层保温层空气直接接触，与空气之间的热阻为 $1/\beta$，各保温层的总热阻为：

$$R_s=\frac{1}{\beta}+\sum\frac{h_i}{\lambda_i} \tag{6-26}$$

由于保温层的比热容很小，不考虑保温层吸收的热量，混凝土表面通过保温层向周围介质放热的等效放热系数为：

$$\beta_s=\frac{1}{R_s}=\frac{1}{\frac{1}{\beta}+\sum\frac{h_i}{\lambda_i}} \tag{6-27}$$

固体在空气中的放热系数通常为 $\beta=82.2\text{kJ/m}^2\text{/h/℃}$。如果混凝土表面用厚度为30mm的挤塑聚苯保温板($\lambda_i=0.10\text{kJ/m/h/℃}$)覆盖，其等效放热系数为 $\beta_s=\frac{1}{\frac{1}{82.2}+\frac{0.03}{0.10}}=3.20\text{kJ/m}^2\text{/h/℃}$。

④第四类边界条件

第四类边界条件是指混凝土表面和其他固体接触时的边界条件。

如果接触良好，两者在接触面上的温度和热流量都是连续的，条件见式(6-28)。

$$T_1=T_2,\lambda_1\frac{\partial T_1}{\partial n}=\lambda_2\frac{\partial T_2}{\partial n} \tag{6-28}$$

如果两者接触不好，存在较大间隙，则接触面上温度不连续分布，但热流量仍保持平衡，条件见式(6-29)。

$$\lambda_1\frac{\partial T_1}{\partial n}=\lambda_2\frac{\partial T_2}{\partial n}=\frac{1}{R_c}(T_2-T_1) \tag{6-29}$$

式中：R_c——因为接触不好而产生的热阻。

实际工程中，混凝土和地基或土壤之间有保温层的情况就是第四类边界条件，热阻 R_c 由保温层的厚度和导热系数决定。

$$R_c=\frac{h}{\lambda} \tag{6-30}$$

如果混凝土和土壤间有厚度为 30mm 的挤塑聚苯保温板（$\lambda_i = 0.10$kJ/m/h/℃），则热阻为 $R_c = \frac{0.03}{0.10} = 0.30\text{m}^2 \cdot \text{h} \cdot ℃/\text{kJ}$。

（3）混凝土放热速率

通过直接测量的方法来测定混凝土成型期间的放热量，其装置如图 6-4 所示。

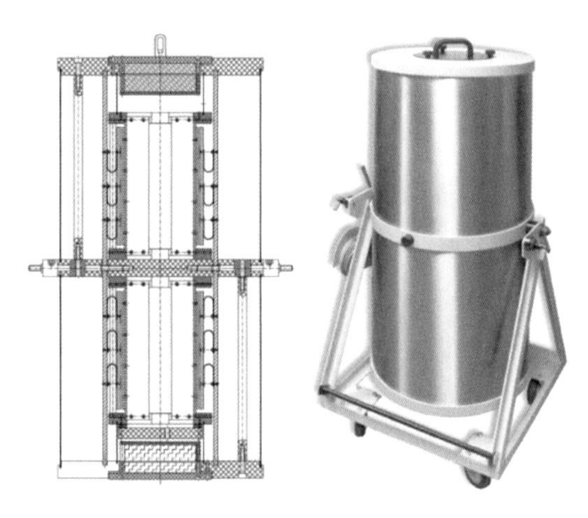

图 6-4　直接测量混凝土发热量的装置

热量桶中间放入试验桶和试块，试验桶与热量桶之间布置了热流计，通过测量两者之间的热流密度来计算混凝土试块的对外放热速率。在试验过程中，热量桶可以选择不同的温度，结合工程的实际情况和操作难度，热量桶温度宜控制在 25℃。

在混凝土试块中心布置了 PT100 型温度传感器，用于实时测量混凝土内部的温度变化情况。试验桶为特制的钢桶，其直径为 15.0cm，高度为 30.0cm，其中可以用于装混凝土的最大容积为 4.5L。混凝土试块、试验桶和温度传感器如图 6-5 和图 6-6 所示。

图 6-5　混凝土试块和试验桶

图 6-6　试验桶和温度传感器

混凝土试块尺寸较小（直径 15.0cm），水泥水化过程中的热量可以均匀地分布于混凝土体内，温度分布均匀，故用混凝土中心温度传感器测得的温度表示整个混凝土试块的温度。

混凝土的放热量 $Q(\tau)$ 可以通过以下式确定。

$$Q(\tau) = Q_1(\tau) + U(\tau) \tag{6-31}$$

$$Q_1(\tau) = \int_0^{\tau} q(t)\,\mathrm{d}t \tag{6-32}$$

$$U(\tau) = (c_c m_c + c_b m_b)[T(\tau) - T_0] \tag{6-33}$$

式中：$Q_1(\tau)$——混凝土试块对外放出的总热量；

$q(t)$——混凝土试块对外的放热速率；

$U(\tau)$——混凝土和试验桶的内能，放入热量桶开始测量时的内能记为0；

c_c、m_c——混凝土的比热容和质量；

c_b、m_b——试验桶的比热容和质量。

试验桶的比热容和质量分别为 $c_b = 0.460 \times 10^2 \text{J/kg/℃}$；$m_b = 10.350\text{kg}$。

通过直接测量试验桶对外放热速率 $q(t)$ 后，积分得到 $Q_1(\tau)$。

在混凝土拌和之前，将原材料准备好定比例的试样若干（水泥、水、粗细集料等），放入恒温箱内恒温1d，恒温箱内的温度即是试验温度25℃。如果拌和过程中环境温度低于25℃，可提高恒温箱温度，或是将砂、石放入烘箱加热。试验中的混凝土配合比见表6-2。

混凝土配合比（单位：kg/m^3） 表6-2

强度等级	水泥	水	砂	石	粉煤灰	矿粉	减水剂
C30	230	180	735	1100	50	100	6.9
C40	290	160	715	1075	50	100	8.7
C50	350	150	695	1045	50	100	10.5
C60	390	140	670	1020	60	110	11.7

所用的水泥为北京金隅P·O 42.5水泥。开始前，将热量桶温度控制在25℃，并保持稳定至少3h。取出恒温箱中的材料，将已经准备好的定比例材料搅拌后倒入已经称过重的试验桶，再次称重得到试验中混凝土的用量。将试验桶放入恒温的热量桶中，测量混凝土内部温度和对外放出的热量。以C50混凝土的水泥混凝土放热试验为例，试验测得混凝土试块对外散热情况如图6-7所示。

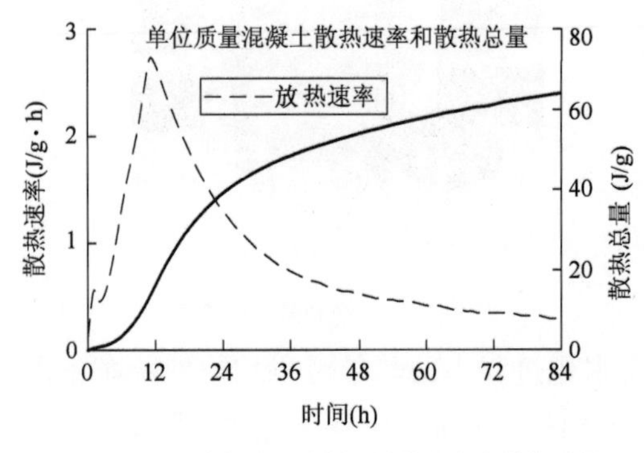

图6-7 C50单位质量混凝土放热速率和散热总量

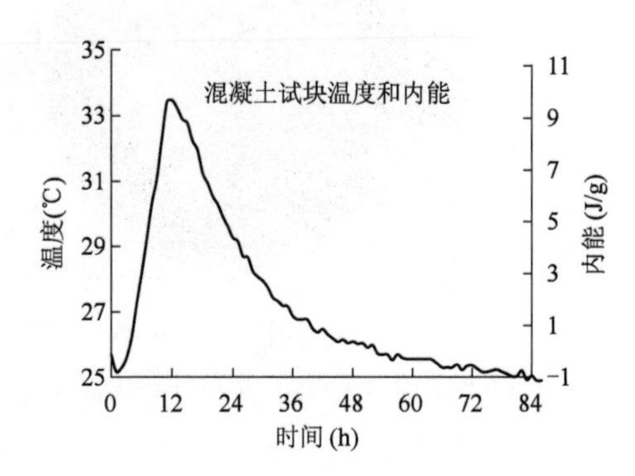

图6-8 混凝土试块内部温度和内能

混凝土的放热速率峰值出现时间为成型后的 11h，其最大放热速率为 $q_{max}=2.72\mathrm{J/g/h}$。之后，混凝土放热速率开始下降。

同时，混凝土和试验桶的温度变化如图 6-8 所示。将初始状态时混凝土和试验桶的内能记为 0，$U(\tau)$曲线的和温度变化曲线走势相同，混凝土的最高温度为 $T_{max}=33.5℃$，出现在第 12h。将混凝土的散热曲线和内能增加的曲线叠加，即得到混凝土的总放热曲线，如图 6-9 所示。

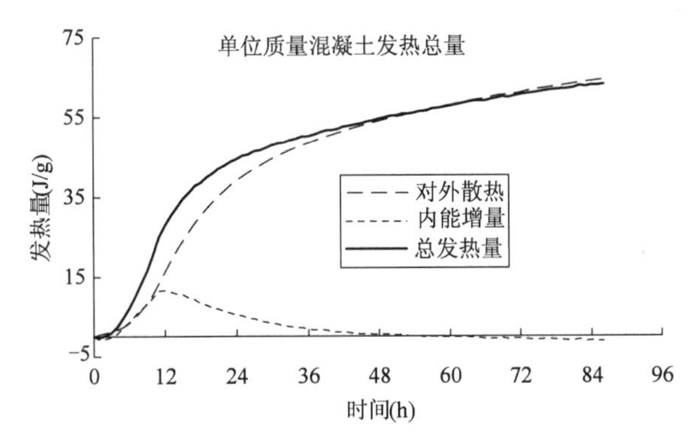

图 6-9　单位质量混凝土发热总量

当混凝土成型时间为 10h 时，混凝土的发热速率达到最大，为 4.40J/g/h，在此之前，混凝土已经放出的热量为 20.58J/g。C50 水泥混凝土的 3d 发热量为 60.64J/g。

参照水泥水化热和混凝土绝热温升的常用拟合公式，对混凝土发热曲线的拟合做如下假设：

①在成型 10h 以内（即水泥从初凝到终凝），水泥和水未充分反应，混凝土发热速率由慢至快，考虑到该部分放热不大，假设混凝土在这阶段均匀放热。

②成型 10h 时（水泥终凝之时），混凝土放热速率达到峰值。

③成型 10h 之后（水泥终凝之后），混凝土放热速率逐渐下降，发热量曲线和水泥水化热、混凝土绝热温升曲线相近。

拟合曲线可以用式(6-34)表示。

$$Q(\tau)=\begin{cases}\dfrac{Q_h\tau}{h},\tau\leqslant h\\[2ex]\dfrac{(Q_0-Q_h)(\tau-h)}{\tau-h+n}+Q_h,\tau>h\end{cases}\tag{6-34}$$

式中：h——热峰时间（终凝时间）；

Q_h——到热峰时间时，混凝土发出的热量；

Q_0——$\tau\to\infty$时，混凝土最终发出的热量。

在热峰时间前，认为混凝土发出的热量随时间线性增加；在热峰时间后，混凝土的发热量用双曲线式进行拟合。采用 Levenberg-Marquardt 方法，对热峰时间后的曲线进行拟合，此时目

标函数为不同时刻计算得到的放热总量和实测得到的放热总量之差的平方和,即:

$$F(Q_0,n)=\sum_{\tau=h}^{t}\left[Q_\tau(Q_0,n)-Q_\tau^0\right]^2 \tag{6-35}$$

式中:Q_0,n——需要拟合的混凝土热学参数;

$Q_\tau(Q_0,n)$——计算得到的 τ 时刻混凝土放热总量;

Q_τ^0——τ 时刻实测混凝土放热总量;

t——数据点从热峰时间 $\tau=h$ 后开始计算,共有 t 个。

为使拟合结果与实测值最为接近,要求目标函数取到最小值,即:

$$F=\mathrm{Min}F(Q_0,n) \tag{6-36}$$

求解上述非线性拟合问题,得到拟合曲线,如图 6-10 所示。

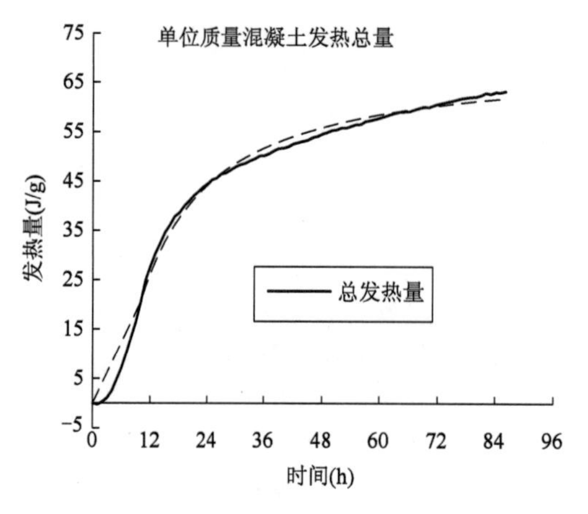

图 6-10 混凝土发热拟合结果

图 6-11 C30、C40、C60 混凝土发热曲线

拟合参数为:$h=10\mathrm{h}$,$Q_\mathrm{h}=20.58\mathrm{J/g}$,$Q_0=70.13\mathrm{J/g}$,$n=15.36\mathrm{h}$。

测得其他三组配合比混凝土发热曲线如图 6-11 所示。三组混凝土拟合情况如图 6-12 ~ 图 6-14 所示。

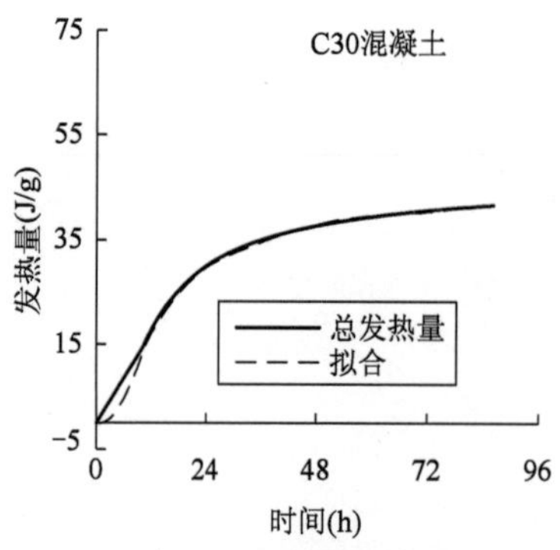

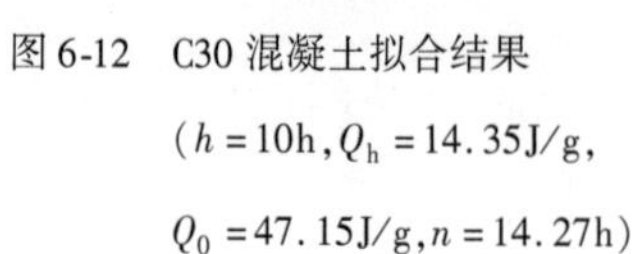

图 6-12 C30 混凝土拟合结果($h=10\mathrm{h}$,$Q_\mathrm{h}=14.35\mathrm{J/g}$,$Q_0=47.15\mathrm{J/g}$,$n=14.27\mathrm{h}$)

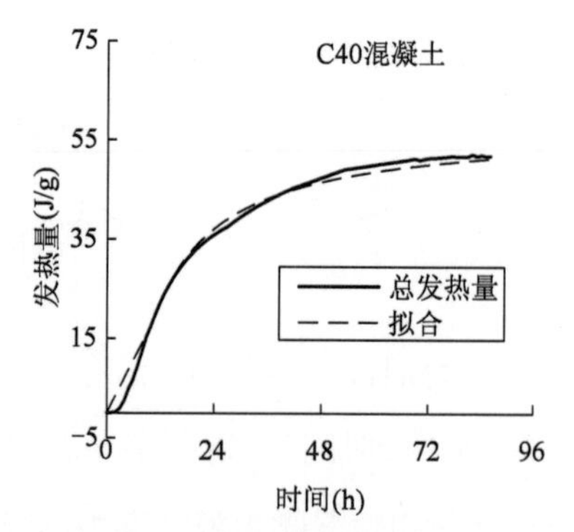

图 6-13 C40 混凝土拟合结果($h=10\mathrm{h}$,$Q_\mathrm{h}=17.46\mathrm{J/g}$,$Q_0=57.76\mathrm{J/g}$,$n=14.62\mathrm{h}$)

(4) 绝热情况下基于放热速率的温度场模拟与验证

在理想的绝热情况下,混凝土中各处的温度保持不变,温度仅随时间变化,热传导方程为:

$$\frac{dT}{d\tau}=\frac{q}{c\rho}=\frac{1}{c\rho}\frac{dQ}{d\tau} \tag{6-37}$$

其内热源 Q 由拟合得到,放热速率 q 可通过对发热总量 Q 求导得到。

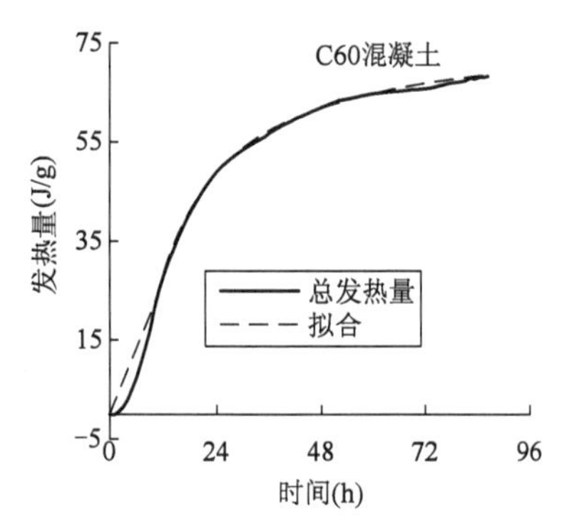

图 6-14　C60 混凝土拟合结果($h=10\text{h}$,$Q_h=22.44\text{J/g}$,$Q_0=77.94\text{J/g}$,$n=15.42\text{h}$)

对于上述四个配比的混凝土,在边界条件为绝热情况下,建立有限元模型,混凝土密度$\rho=2.4\times10^3\text{kg/m}^3$,比热容 $c=1.0\times10^3\text{J/(kg}\cdot\text{℃)}$,其温升随时间的变化如图 6-15 所示。

针对直接测量水泥混凝土放热量的结果,在室外试验采用相同配合比、相同原材料的 C50 水泥混凝土,试块尺寸为 2.20m×2.20m×2.20m。在混凝土内部放置钢筋笼,每根钢筋长 2.0m,钢筋外侧保护层厚度为 10cm,钢筋笼平面图和节点编号如图 6-16 所示(中心节点编号为 A3),在部分节点处埋设温度传感器,实时监测温度场变化情况。缩尺布置图如图 6-17 所示。

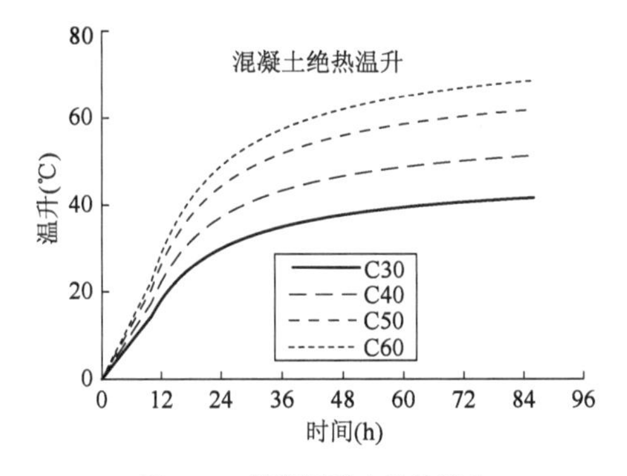

图 6-15　模拟混凝土绝热温升

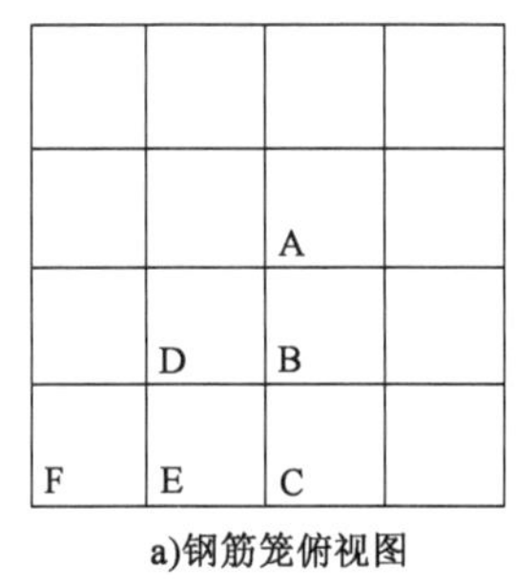

图 6-16　钢筋笼及传感器布置图

图 6-17　缩尺布置图

试块整体位于2.2m深的坑中，上表面放置厚度为3cm的挤塑聚苯保温板；四周为1cm厚的木质模板、3cm的挤塑聚苯保温板以及土体；下表面直接与土体接触。挤塑聚苯保温板导热系数为0.10kJ/(m·h·℃)。土壤为粗粒土，比热为0.840×10^3J/(kg·℃)，天然密度为1.80×10^3kg/m^3，导热系数为0.864kJ/(m·h·℃)。环境温度以及土壤温度均为5℃。

混凝土的浇筑分两次进行，第一次浇筑6m^3，剩余部分第二次浇筑完。两次浇筑时间间隔2h。出料时，混凝土温度为15℃。混凝土浇筑过程及结果如图6-18和图6-19所示。

图6-18 混凝土浇筑过程

图6-19 混凝土浇筑完毕

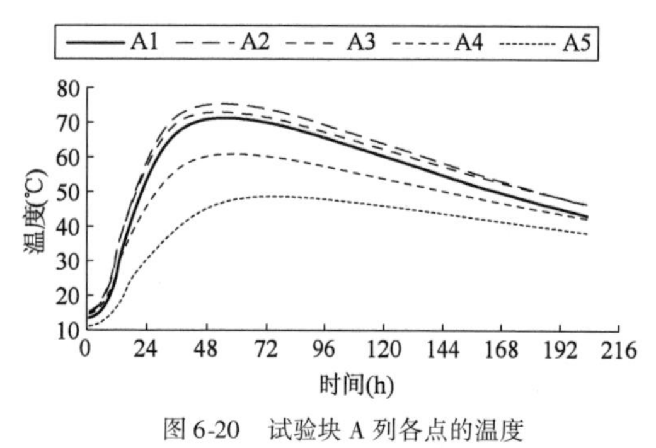

图6-20 试验块A列各点的温度

试验块中间位置处，A列的温度如图6-20所示。

试验中测得大体积混凝土试块中的最高温度为75.3℃，温度峰值在浇筑后50~53h出现。

有限元模型的混凝土表面边界条件如下：

①上表面：混凝土上表面覆盖一层30mm厚的挤塑聚苯保温板[$\lambda_i=0.10$kJ/(m·h·℃)]；环境温度为5℃；固体在空气中放热速率为$\beta=82.2$kJ/(m^2·h·℃)。属于第三类边界条件，等效放热系数为$\beta_s=\dfrac{1}{\dfrac{1}{\beta}+\dfrac{h}{\lambda}}=\dfrac{1}{\dfrac{1}{82.2}+\dfrac{0.03}{0.10}}=3.20$kJ/(m^2·h·℃)。

②下表面：混凝土下表面直接与土壤接触，土壤温度为5℃。考虑到混凝土直接浇筑在土体上，两者之间充分接触，接触界面上温度连续分布，热流也连续分布，属于第四类边界条件中接触良好的情况。

③四周：混凝土四周有30mm厚的挤塑聚苯保温板，保温板外侧才与土壤相接触。由于存

在保温板，混凝土与土壤之间存在温差，但热流仍然连续，属于第四类边界条件中接触不良的情况，等效热阻 $R_c=\frac{h}{\lambda}=\frac{0.03}{0.10}=0.30(m^2\cdot h\cdot ℃)/kJ$。

④土壤远处：在土壤无穷远处，土壤的温度为5℃，属于第一类边界条件，$T=5℃$。在实际建模中，四周土壤宽度为3m，土壤厚5m。

混凝土和土壤的热学参数见表6-3。

混凝土和土壤热力学参数　表6-3

项　目	混　凝　土	土　壤
密度($10^3kg/m^3$)	2.40	1.800
比热容(kg·℃)	1.00	0.840
导热系数(m·h·℃)	8.37	0.864
导温系数($10^{-3}m^2/h$)	3.48	0.571

52h后，大体积试块温度达到峰值75.93℃，其中间截面温度云图如图6-21所示。

由于试块底部直接与土壤接触，热传导速度较大，而顶部盖有挤塑聚苯保温板，与空气的热对流较小，保温效果比底部好，因此，大体积试块最高温度并未出现在正中心A3处。试验中，A2测得的温度要高于中心点A3，在成型50～53h时，最高温度为75.2℃。通过有限元模拟，在混凝土成型52h后，混凝土内部温度最高，最高温度的点位于A3正上方0.34m处，为75.93℃。各测点实测、模拟温度对比如图6-22～图6-26所示。

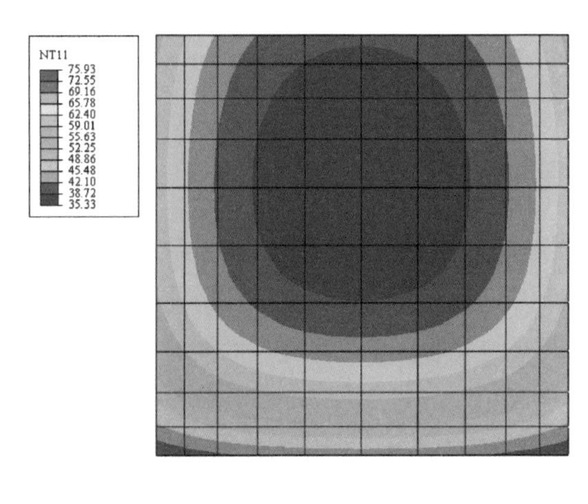

图6-21　温度分布云图

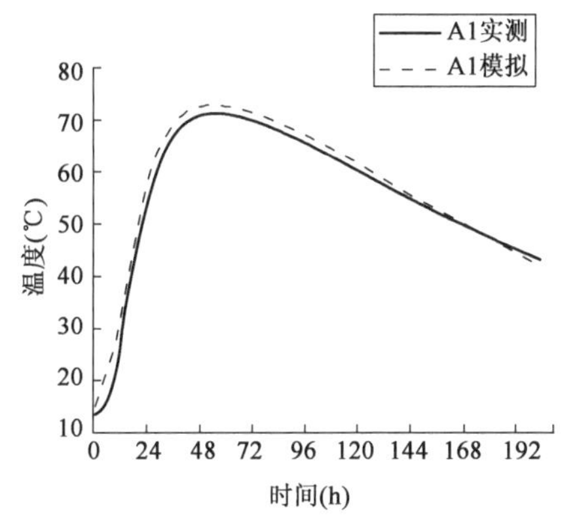

图6-22　A1实测、模拟温度对比

使用直接测量的水泥混凝土放热量的数据，与室外大体积混凝土温升试验结果保持一致，这表明基于混凝土放热速率的试验可以准确地描述水泥混凝土在成型期间内，各时刻的温度场。

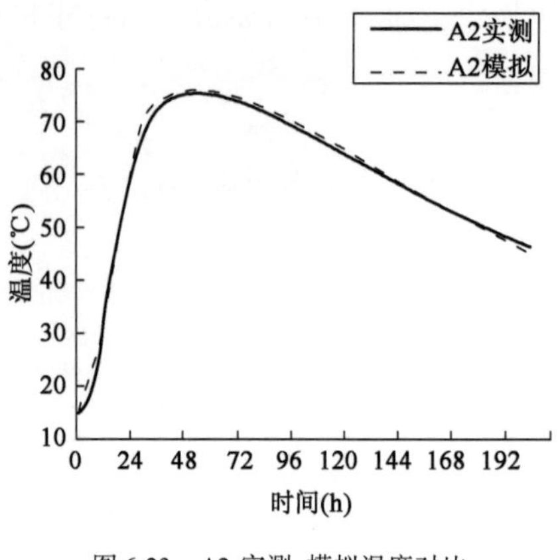

图 6-23　A2 实测、模拟温度对比

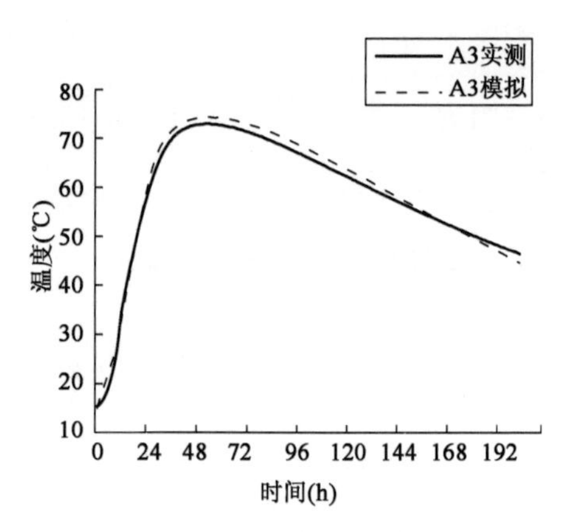

图 6-24　A3 实测、模拟温度对比

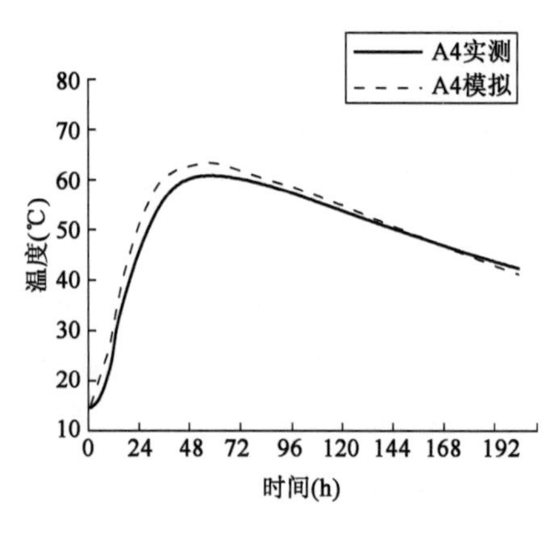

图 6-25　A4 实测、模拟温度对比

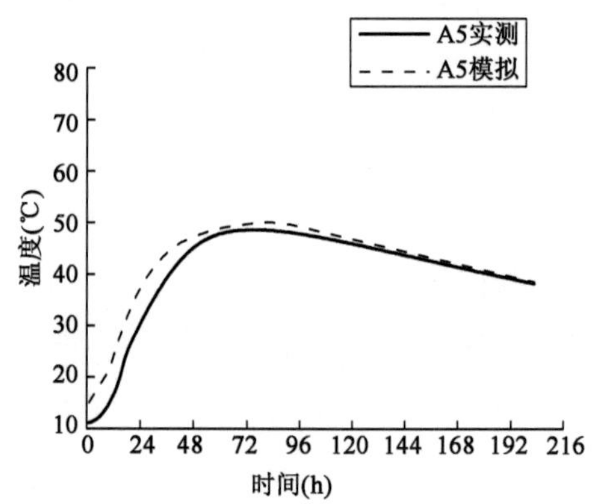

图 6-26　A5 实测、模拟温度对比

6.2.2　通水控温下混凝土温度场

(1)混凝土水管冷却平面温度场

后期无热源水管冷却平面计算模型如图 6-27 所示。

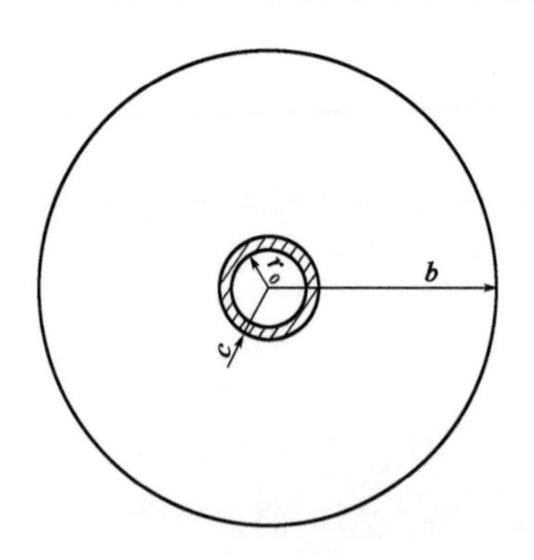

图 6-27　水管冷却模型

r_0-水管内径;c-水管外径;b-水管冷却范围

对于水管,其内径和冷却水直接接触,其外径和混凝土直接接触,考虑到水管和混凝土接触良好,边界条件为内侧温度与冷却水温度相同,外侧温度与混凝土内表面温度相同,即 $r = r_0$ 时,$T = T_w$;$r = c$ 时,$T = T_c$。在 $r = c$ 表面上,水管的径向热流量为:

$$q = -\lambda_1 \frac{T_c - T_w}{c\ln\left(\frac{c}{r_0}\right)} \tag{6-38}$$

对于混凝土,其在内表面上的热流量和水管径向热流一样。内侧边界边界条件为 $r = c$ 时,有:

$$\lambda\frac{\partial T}{\partial r}-\lambda_1\frac{T_c-T_w}{c\ln\left(\frac{c}{r_0}\right)}=0 \tag{6-39}$$

外边界是绝热面,外侧边界边界条件为 $r=b$ 时,有:

$$\frac{\partial T}{\partial r}=0 \tag{6-40}$$

初始条件下,混凝土温度为 T_0。

根据上述边界条件和热传导方程,可以解得任意时刻混凝土断面任意位置处的温度 $T(r,\tau)$,见式(6-41)。

$$T(r,\tau)=T_0\frac{\ln\left(\frac{r}{c}\right)}{\ln\left(\frac{b}{c}\right)}-\pi(T_0-T_w)\sum_{n=1}^{\infty}\frac{J_0(\mu_n)J_0(k\mu_n)}{J_0^2(\mu_n)-J_1^2(k\mu_n)}U_0\left(\frac{\mu_n r}{c}\right)e^{-\frac{\mu_n a}{c^2}\tau} \tag{6-41}$$

$$U_0\left(\frac{\mu_n r}{c}\right)=J_0\left(\frac{\mu_n r}{c}\right)Y_0(k\mu_n)-J_0(k\mu_n)Y_0\left(\frac{\mu_n r}{c}\right) \tag{6-42}$$

式中:J_0——零阶第一类贝塞尔函数;

Y_0——零阶第二类贝塞尔函数;

k——水管半径与冷却半径的比值,$k=\frac{b}{c}$;

μ_n——式(6-43)所示特征方程的根,$\mu_1<\mu_2<\cdots<\mu_n$。

$$J_0(\mu_n)Y_0(k\mu_n)-J_0(k\mu_n)Y_0(\mu_n)=0 \tag{6-43}$$

在断面内,混凝土温度在靠近水管位置处,温度变化较快,温度梯度较大。在绝热面附近,温度梯度较小。使用有限元软件模拟断面四分之一范围内混凝土温度云图,如图6-28所示。

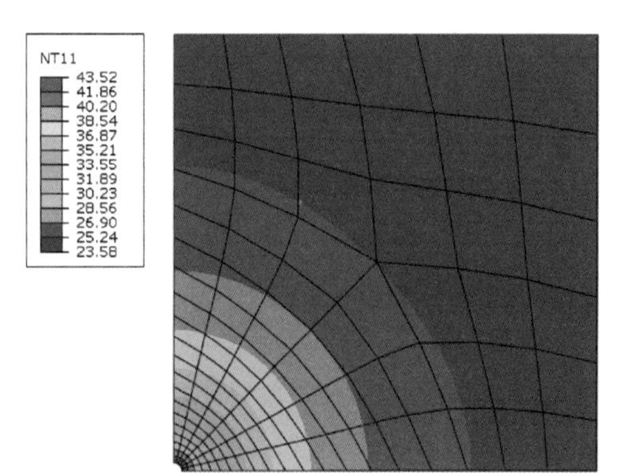

图6-28　后期水管冷却四分之一温度场云图

断面内混凝土的平均温度见式(6-44)。

$$T_m=\frac{1}{\pi(b^2-c^2)}\int_c^b 2\pi rT(r,\tau)\,\mathrm{d}r \tag{6-44}$$

通常情况下,取第一项就可以足够精确地描述混凝土内部温度场分布。得到的平均温度可以近似按式(6-45)计算,平均温度以指数形式下降,最终平均温度下降至与冷却水温度相同。

$$T_m=T_0-\left(1-e^{-\frac{\tau}{\gamma}}\right)(T_0-T_w)=T_w+(T_0-T_w)e^{-\frac{\tau}{\gamma}} \tag{6-45}$$

其中,$\gamma=\frac{b^2}{a\mu_1^2}$。

当 $\tau=\gamma$ 时,混凝土平均温度下降幅度为 $1-1/e=0.632$。

因此用 γ 来表示混凝土平均温度每下降63.2%所需要的时间。γ 越小,表示热交换效率越高,混凝土热量散得越快。混凝土平均温度与时间的关系和 γ 的物理意义如图6-29所示。

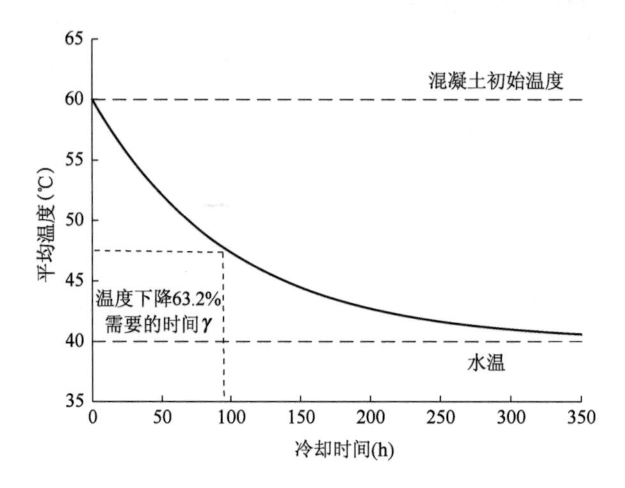

图6-29　混凝土断面平均温度与冷却时间的关系

对于不同材质水管和不同管径间距分布,温度每降低63.2%所需要的冷却时间 γ 见表6-4(水管内半径为1.40cm,外半径为1.60cm)。

不同材质水管冷却时间 γ(单位:h)　　表6-4

b(m)	导热系数[kJ/(m·h·℃)]					
	黄铜	铸铁	不锈钢	聚乙烯		
	150	40	11.2	2	1.66	1.15
0.32	29.6	29.6	31.0	36.8	37.2	40.5
0.80	257.1	258.9	264.5	300.8	309.9	333.5
1.28	753.3	757.8	772.2	865.3	888.7	949.8

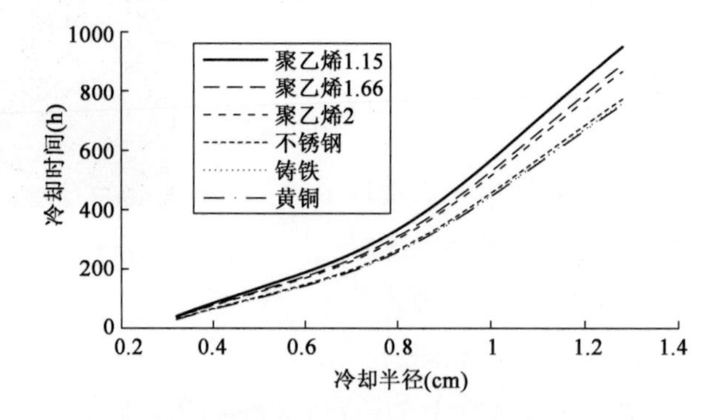

图6-30　不同材质水管冷却时间与冷却半径的关系

如图6-30所示,从上至下水管导热系数逐渐变大,金属水管(黄铜、铸铁、不锈钢)的3条曲线几乎重合。

对于金属水管(黄铜、铸铁、不锈钢),其导热系数远大于非金属材料,冷却效果也好于非金属材料水管,但是金属管之间的冷却效果差异很小。黄铜与铸铁的导热系数相差超过100kJ/(m·h·℃),但冷却混凝土所需要的时间并没有明显差别。在使用金属作为水管材料的情况下,混凝土内表面边界条件可以退化成第一类边界条件,即认为混凝土内表面温度和管内流体的温度一致。

对于塑料管来说,不同大分子聚合成的材料之间虽然导热系数差距较小,但在实际应用中的冷却效果却相差较大。对于水管的冷却范围,即水管间距对降温时间最为敏感。缩短水管间距可以大幅提升冷却效果,但需要的水管材料也较多。

在冷却范围 $b=0.58$m,即水管间距为 1m 的情况下,不同水管内径所需要的冷却时间见表 6-5。

不同水管半径冷却时间 γ(单位:h)　　表 6-5

r_0(cm)	导热系数[kJ/(m·h·℃)]					
	黄铜	铸铁	不锈钢	聚乙烯		
	150	40	11.2	2	1.66	1.15
1.20	87.7	88.4	90.9	106.4	110.3	120.0
1.40	83.4	84.0	86.1	99.4	102.8	111.1
1.80	77.2	77.7	79.4	90.0	92.7	99.4
2.00	74.8	75.2	76.8	86.4	88.8	95.0
2.20	73.2	73.6	75.1	84.1	86.3	92.1
2.50	71.6	71.9	73.3	81.7	83.7	89.1

水管半径越大,降温效果越好,如图 6-31 所示。当水管半径超过 1.80cm 后,其降温的边际效益降低。

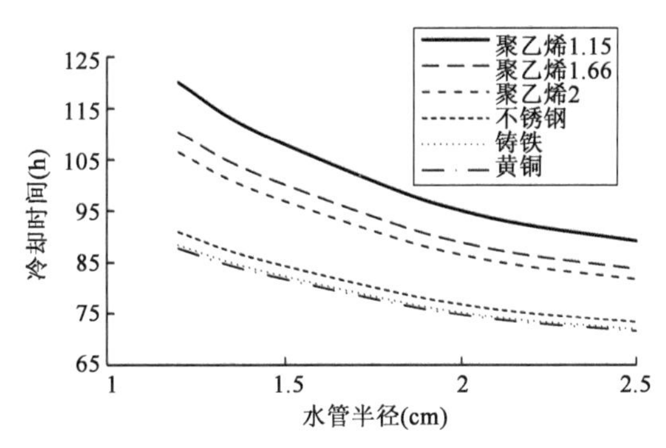

图 6-31　不同材质水管冷却时间与水管半径的关系

(2)混凝土水管冷却空间温度场

根据固体热传导理论,热量的传播范围与距离的平方成反比。在混凝土水管冷却中,水管长度远大于水管间距,因此热量主要沿着垂直于水管的平面传递。在冷却水与混凝土热交换空间模型中,每个垂直于水管的混凝土断面温度场仍然按平面问题来分析,但是由于水在各个断面上温度不同,每个断面上混凝土的温度也有所不同。

在考虑冷却水流速度的情况下,模型为空间温度场(图6-32)。

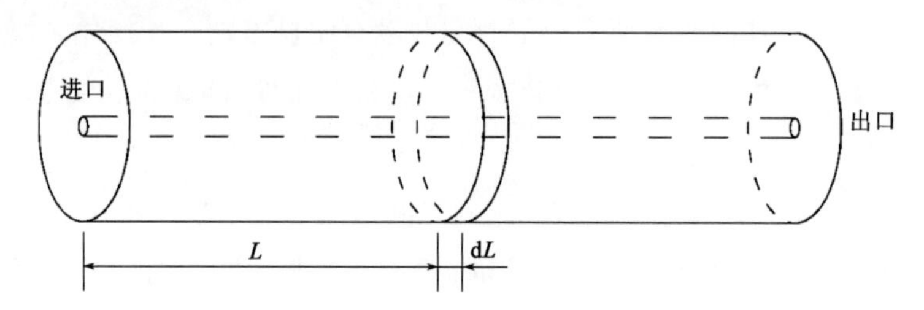

图6-32　水管冷却空间模型

水管长度内混凝土的平均温度:

$$T_{m} = T_{0} - X(T_{0} - T_{w}) \tag{6-46}$$

出口处的水温:

$$T_{Lm} = T_{W} + Y(T_{0} - T_{w}) \tag{6-47}$$

出口处的混凝土断面的平均温度:

$$T_{Lm} = T_{0} - Z(T_{0} - T_{w}) \tag{6-48}$$

式中:X、Y、Z——0~1之间的系数。

当冷却刚开始时,$X=0$,$Z=0$,即混凝土为初始温度。当经过很长时间后,$X=1$,$Z=1$,即混凝土被冷却至冷却水的温度。

当水管很短或者考虑的仅仅是平面问题时,$Y=0$,即水温保持不变;当增加水管长度后,水在给混凝土降温时吸收了热量,水温逐渐上升,此时$0<Y<1$。

后期无热源水管冷却空间计算模型将冷却水看作负热源,以热汇的形式从平均意义上考虑冷却水管的冷却效果。将冷却水与混凝土之间的热量流动分解成三部分:

①保持水温度一定,混凝土温度高于冷却水,热量由混凝土流入冷却水,记为Q_1:

$$\frac{\partial Q_1}{\partial L} = 2\pi c\lambda\left(-\frac{\partial T}{\partial r}\right)_{r=c} = \pi(b^2 - c^2)c_1\rho\left(-\frac{dT_m}{d\tau}\right) \tag{6-49}$$

②冷却水温度升高,混凝土温度保持为冷却水初温,热量由冷却水流入混凝土,记为Q_2:

$$\frac{\partial Q_2}{\partial L} = \pi(T_0 - T_w)R(t-\tau)\frac{\partial Y}{\partial \tau}d\tau \tag{6-50}$$

③冷却水从混凝土中吸收的热量,记为Q_3:

$$Q_3 = c_w\rho_w q_w(T_{Lw} - T_w) = c_w\rho_w q_w(T_0 - T_w)Y(t,L) \tag{6-51}$$

由于能量平衡,Q_1、Q_2、Q_3满足以下关系:

$$Q_3 = \int_0^L \frac{\partial Q_1}{\partial L} dL - \int_0^L \frac{\partial Q_2}{\partial L} dL \tag{6-52}$$

通过迭代法首先求出管长 L 处截面,水温升高系数 $Y(t,L)$ 的高阶近似值。

管长 L 处截面混凝土平均温度下降了 $Z(T_0 - T_w)$,将 $Y(t,L)$ 代入,则下降系数 $Z(t,L)$:

$$Z(t,L) = e^{-\frac{t}{\gamma}} - \sum \left[e^{-\frac{t-\tau}{\gamma}} \Delta Y(\tau,L) \right] \tag{6-53}$$

长度 L 以内的所有混凝土平均温度下降了 $X(T_0 - T_w)$,在 $0 \sim L$ 的平均值即为下降系数$X(t,L)$:

$$X(t,L) = \frac{1}{L}\int_0^L Z(t,L)\,dL \tag{6-54}$$

冷却水与水管做强制对流换热。在紊流的情况下,水的努塞尔数远大于其在层流时的情况,同时,紊流时的给热系数也远大于层流。

为了使冷却效果最大化,管中的冷却水的流动形式应为紊流。以下临界雷诺数$Re_c = 2000$为标准,冷却水的流速 v 和流量q_w 应满足以下条件:

$$v > \frac{Re_c \nu_w}{2 r_0}, q_w > \frac{1}{2}\pi Re_c \nu_w r_0 \tag{6-55}$$

式中:ν_w——水的运动黏度系数,在 25℃ 条件下,$\nu_w = 10^{-6} m^2/s$。

常见水管管内形成紊流的临界速度和临界流量见表 6-6。

常见管的临界速度和临界流量 表 6-6

水管规格	内直径(mm)	临界速度(cm/s)	临界流量(cm^3/s)
DN15	12.7	15.7	19.9
DN20	19.1	10.5	30.0
DN25	25.4	7.87	39.9
DN32	30.5	6.56	47.9
DN40	38.1	5.25	59.8

对于 DN25 管,内直径为 25.4mm,冷却水的最小流速 $v = 7.87cm/s$,最小流量 $q_w = 39.9cm^3/s = 0.143 m^3/h$。

考虑不同水流速度下混凝土的冷却效果,以 DN25 管(水管外径 33.5mm),冷却范围 0.875m,水管总长 200m 为例。图 6-33 显示了冷却 10d 后混凝土平均降温系数 X、水温升高系数 Y 和水管出口处混凝土降温系数 Z 和冷却水流量的关系。

增加冷却水通水流量可以提高混凝土降温效率,有以下三点:

①临界最小流量为 $q_w = 0.143m^3/h$,当通水流量略大于临界流量时,冷却水经过水管出来后,温度上升了 90%。这意味着在水管出口处,水和混凝土的温差只有入口处温差的 10%,水管末端位置处的降温效果远不如出口处。

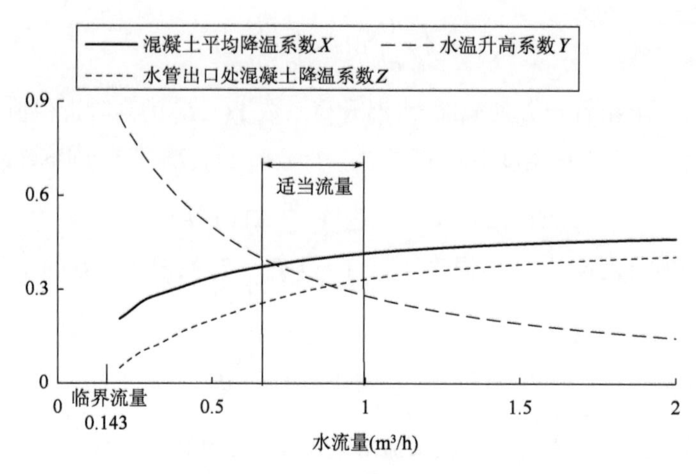

图 6-33　冷却水流量对混凝土降温的影响

②当通水流量有所增加后，水温升高系数 Y 迅速下降，当 $q_w = 0.5\mathrm{m}^3/\mathrm{h}$ 时，冷却水最终升温从 90% 降到 50%，同时，混凝土出口断面的温度和平均温度有很明显的下降。

③继续增加通水流量，当 $q_w > 1.5\mathrm{m}^3/\mathrm{h}$ 后，混凝土的平均温度几乎不再变化，此时，加大通水带来的边际效应明显减小。

从经济性来考虑，加大通水流量后，管道的沿程水头损失会有所增加，需要以更高的功率来运行水泵；此外加大通水流量后，回水温度降低，水与制冷剂（或环境温度）的温差减小。由于制冷设备的效率与温差成正比，温差的减小会导致需要额外的传热面积才能确保同样的制冷效果。无论从水泵还是热机来看，冷却水的流量都不宜过大。比较合适的通水流量为临界流量的 5～7 倍。

（3）通水冷却温控标准

温度变化会在混凝土内部孔口附近产生很大的应力。冷却水通过管道时，混凝土与管道接触面的温度迅速下降至水温，内外温差导致产生温度应力。

对于轴对称的圆环形混凝土，在平面应变问题中，径向位移满足以下物理平衡方程：

$$\frac{\mathrm{d}^2 u}{\mathrm{d}r^2} + \frac{1}{r}\frac{\mathrm{d}u}{\mathrm{d}r} - \frac{u}{r^2} - \frac{1+\mu}{1-\mu}\alpha\frac{\mathrm{d}T}{\mathrm{d}r} = 0 \tag{6-56}$$

式中：α——混凝土线胀系数；

μ——混凝土泊松比。

考虑到水管与混凝土边界条件，上述平衡方程的特解为：

$$u = \frac{1+\mu}{1-\mu}\frac{\alpha}{r}\int_c^r T r \mathrm{d}r \tag{6-57}$$

根据广义胡克定律：

$$\sigma_\theta = \frac{E(1-\mu)}{(1+\mu)(1-2\mu)}\left[\varepsilon_\theta + \frac{\mu}{1-\mu}(\varepsilon_r + \varepsilon_z)\right] \tag{6-58}$$

对于轴对称问题，其几何方程为：

$$
\begin{cases}
\varepsilon_r = \dfrac{\mathrm{d}u}{\mathrm{d}r} \\
\varepsilon_\theta = \dfrac{u}{r}
\end{cases}
\tag{6-59}
$$

将式(6-57)、式(6-59)代入式(6-58)，可以得到混凝土断面内的应力分布；考虑到应力集中，在水管边缘 $r=c$ 处应力最大，为：

$$
\sigma_\theta = \sigma_z = \frac{E\alpha}{1-\mu}(T_m - T_c) \tag{6-60}
$$

式中：T_m——断面平均温度；

T_c——水管边缘 $r=c$ 处混凝土的温度。

在使用金属水管进行冷却时，$T_c = T_w$。

混凝土属于脆性材料，其破坏准则属于最大拉应力准则，也就是说在水管边缘处，混凝土受到的最大拉应力应小于混凝土的轴向抗拉强度，即：

$$
\sigma_\theta = \sigma_z = \frac{E\alpha}{1-\mu}(T_m - T_w) < \sigma_b \tag{6-61}
$$

温度应满足：

$$
T_m - T_w < (1-\mu)\frac{\sigma_b}{E\alpha} \tag{6-62}
$$

在混凝土成型过程中，轴向抗拉强度 σ_b、弹性模量 E 都随龄期变化，总体来说两者都因水泥的水化而增加，且增加趋势相近，因此可以用最终成型后(28d 龄期)的状态来表示。当最终成型后，不同强度等级混凝土的抗拉强度标准值 σ_b、弹性模量 E 和拉伸应变 σ_b/E，见表 6-7。

混凝土抗拉强度标准值、弹性模量和拉伸应变　　表 6-7

混凝土强度等级	抗拉强度 σ_b(MPa)	弹性模量 E($\times 10^4$ MPa)	拉伸应变($\times 10^{-5}$)
C20	1.54	2.55	6.04
C30	2.01	3.00	6.70
C40	2.40	3.25	7.38
C50	2.65	3.45	7.68
C60	2.85	3.60	7.92
C70	3.00	3.70	8.11
C80	3.10	3.80	8.16

混凝土线胀系数 $\alpha = 1.0 \times 10^{-5}/℃$，泊松比 $\mu = 0.167$，一般在水泥终凝后不再随时间变化。各强度等级的混凝土在冷却过程中，冷却水与混凝土平均温度的温差见表 6-8。

冷却水控制温度（单位:℃） 表6-8

混凝土强度等级	C20	C30	C40	C50	C60	C70	C80
温差	5.03	5.58	6.15	6.40	6.60	6.76	6.80

在水管首次通水时,混凝土断面的平均温度即为最高温度,此时,应该严格控制冷却水与混凝土的温差不超过表6-8中的数值。

持续通水一段时间后,断面温度重新分布,靠近水管位置处,混凝土温度迅速下降到与水温一致,在绝热面上,混凝土温度缓慢下降。首次通水前后,断面温度分布如图6-34所示。

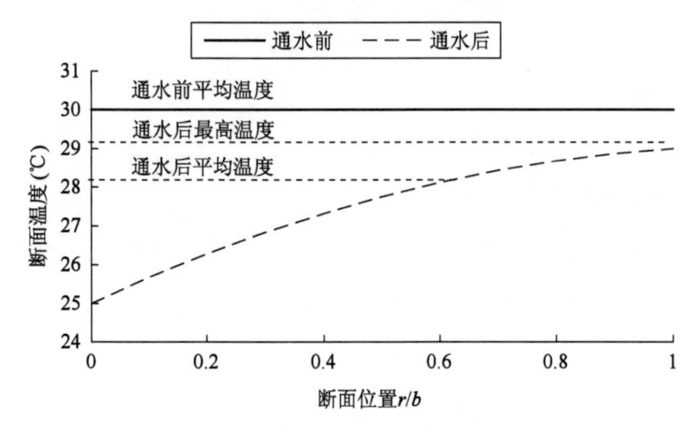

图6-34 首次通水前后,混凝断面温度分布

如果在断面多个位置有温度传感器,可以很容易地找到该断面的平均温度,但限于条件,往往只在水管中间,即绝热面上埋设温度传感器,只能测得断面的最高温度。可以近似认为断面的平均温度 $T_{\mathrm{m1}}=\dfrac{T_{\mathrm{w0}}+2T_{\mathrm{max1}}}{3}$。

控制条件可以改变为通水温度与断面最高温度的温差,即:

$$T_{\mathrm{m}}-T_{\mathrm{maxw}}<\frac{3}{2}(1-\mu)\frac{\sigma_{\mathrm{b}}}{E\alpha} \tag{6-63}$$

6.2.3 通水冷却控温系统

(1)主动控温系统试验设计

为了深入研究大体积混凝土通水冷却过程中温度场的实时分布,制订主动控温措施,研制了实时监测、反馈混凝土内部温度场的室内试验系统。该试验系统的结构示意图如图6-35所示。

主动控温试验系统主要由试验箱、冷却水循环机、数据采集仪和控制服务器组成,各组成部分的功能如下:

①试验箱。试验箱主要包括混凝土试块、冷却水管和温度传感器。试验箱内侧盖有30mm厚的挤塑聚苯保温板,浇筑在试验箱中的混凝土试块尺寸为400mm×800mm×800mm。

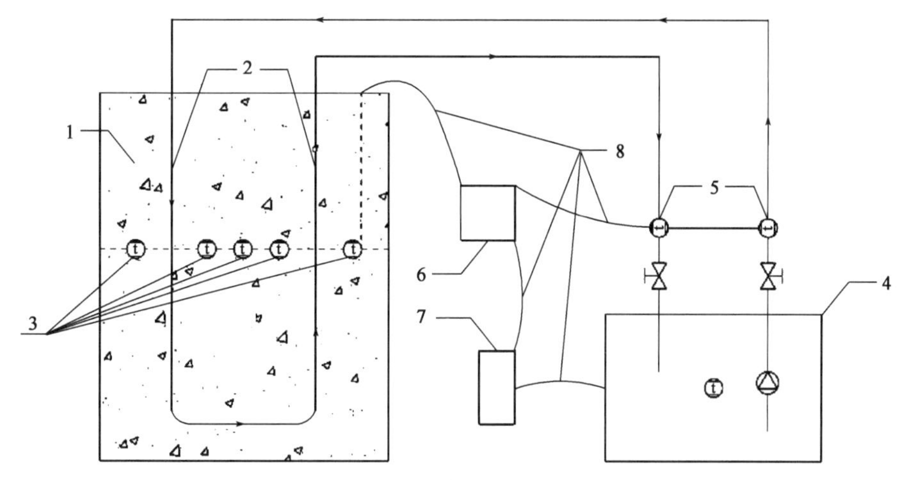

图 6-35　通水冷却温控试验系统结构图

1-混凝土试块;2-冷却水管;3-温度传感器;4-冷却循环水机;5-数字温度计;6-数据采集仪;7-控制服务器;8-数据连接线

冷却水管底部用橡塑海绵保温管包裹。混凝土试块中间高度处,安置若干温度传感器,测量试块内部的温度。

②冷却水循环机。冷却水循环机主要包括冷却水供给箱、压力泵和热机。压力泵用于调整进管的冷却水流量,热机用于控制水箱中冷却水的温度。同时在进管上安置流量计、数字温度计,对进管的冷却水流量和温度进行测量;在出管上安置数字温度计,测量出管的冷却水温度。

③数据采集仪。主要功能是采集试验对象内部的温度场和冷却水循环机进水管和出水管的冷却水温度和流量。

④控制服务器。接收数据采集仪的试验数据,同时根据试验数据,向冷却水循环机发出响应命令。响应命令包括指导热机供应适当温度的冷却水,以及指导压力泵控制进管冷却水管流量。

选取距混凝土底部 400mm 的平面作为温度传感器的埋设面。在进水、出水管之间布置 3 个传感器 T1、T2、T3;在进水、出水管外侧布置 2 个传感器 T4、T5;在混凝土与挤塑聚苯保温板之间布置 5 个传感器 T1′、T2′、T3′、T4′、T5′。具体布置方案如图 6-36 所示。

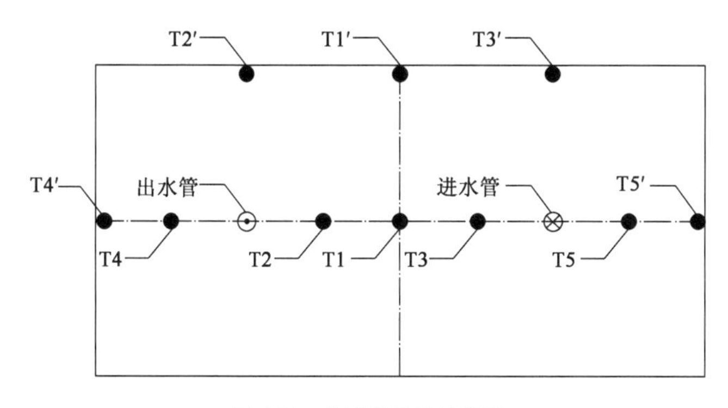

图 6-36　传感器布置示意图

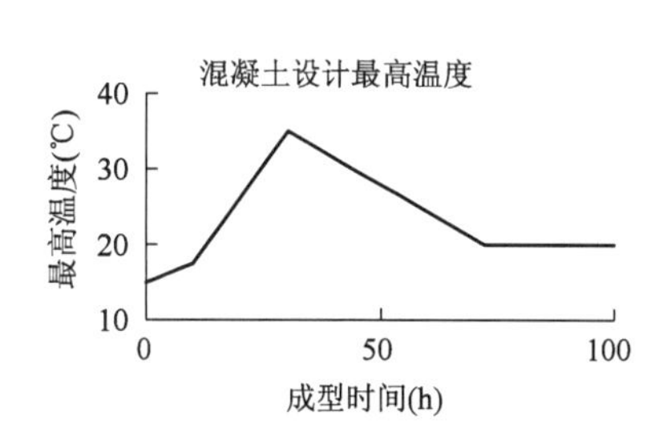

图 6-37　混凝土内部最高温度设计曲线

试验中埋设在混凝土中的温度传感器为热敏电阻温度传感器，输出电阻信号，精确到0.1℃。

混凝土试块从下至上分5层浇筑，每次浇筑时间为5min，每次浇筑后振捣15min，浇筑间隔约为30min。浇筑期间，未开始通冷却水。

根据水泥水化热的发热规律，可以将混凝土成型过程中的温度场分成第一升温期、第二升温期、降温期、稳定期四个阶段。

①第一升温期：从开始浇筑到水泥终凝期间。这一阶段，前期分层浇筑，试块尺寸较小，热量不容易堆积，可以较快散出。同时，水泥放热速率较慢，因此混凝土温度随水化热缓慢上升，并且上升幅度较小，不需要通水。

②第二升温期：从水泥终凝到混凝土温度达到最高值的时间段。这一阶段，试块尺寸较大，热量在试块内部积累，不易排出。同时，水泥放热速率较快，因此混凝土温度上升幅度大。该阶段需要通水。

③降温期：混凝土温度达到最高值时刻之后的时间段。这一阶段，水泥放热少，放热量小于混凝土对外的散热量，因此混凝土的进入降温阶段，通过通水来加快这一阶段混凝土的降温速度。

④稳定期：混凝土温度与环境温度相近的时间段。这一阶段，水泥已经不再放热，停止通水。

各阶段过程中，混凝土设计温度过程曲线如图6-37所示。混凝土试块尺寸为400mm×800mm×800mm，在混凝土试块的底部和四周布置有厚度为30mm的挤塑聚苯保温板，导热系数为$\lambda_i = 0.10\text{kJ/(m·h·℃)}$，在空气中的放热系数取$\beta = 82.2\text{kJ/(m}^2\text{·h·℃)}$，等效放热系数$\beta_s = \dfrac{1}{\dfrac{1}{\beta} + \dfrac{h}{\lambda}} = 3.20\text{kJ/(m}^2\text{·h·℃)}$。

混凝土浇筑完毕后，在混凝土上表面覆盖同样厚度为30mm的挤塑聚苯保温板，保证混凝土表面在浇筑后24h之内处于湿热状态，避免混凝土干缩而造成开裂。混凝土养护的同时，记录下试验过程中的环境温度。

(2)不通水条件下混凝土的水化热

在不通水的情况下，进行对照组试验，采用表6-9所示的混凝土配合比。

通水试验混凝土配合比(单位：kg/m³)　　表6-9

水泥	水	砂	碎石(粒径为4.75~9.5mm)	碎石(粒径为9.5~16mm)	粉煤灰	外加剂
350	150	690	234	800	150	7

对该组分的水泥混凝土进行水化放热测试，结果如图6-38~图6-41所示。

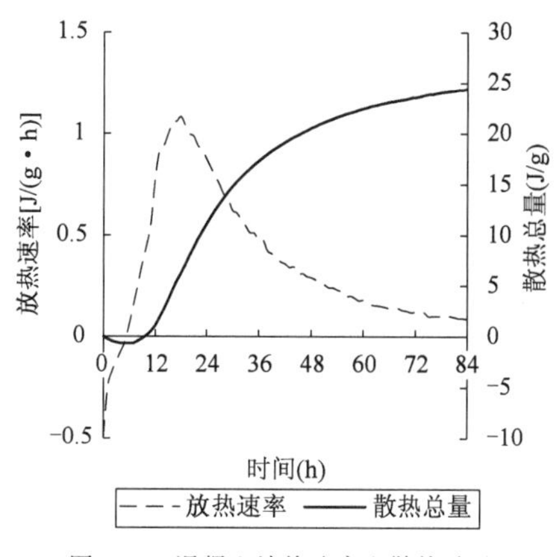

图6-38　混凝土放热速率和散热总量

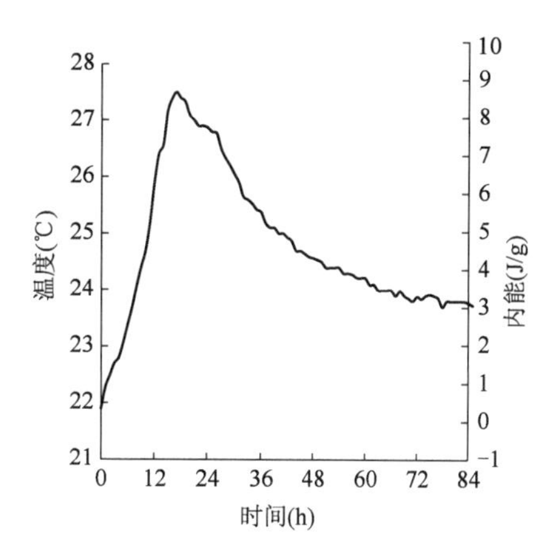

图6-39　混凝土内部温度和内能

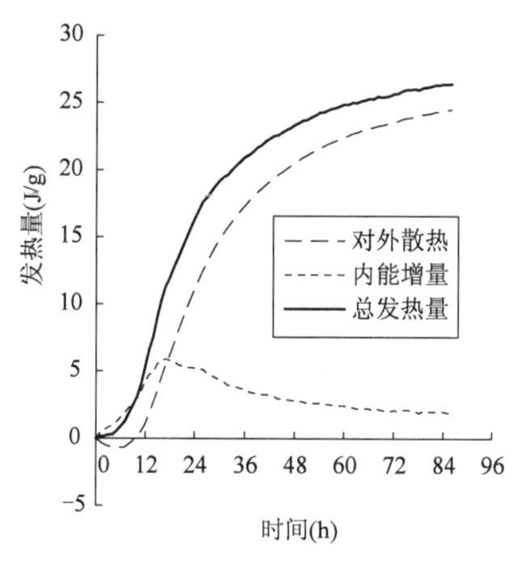

图6-40　混凝土发热总量

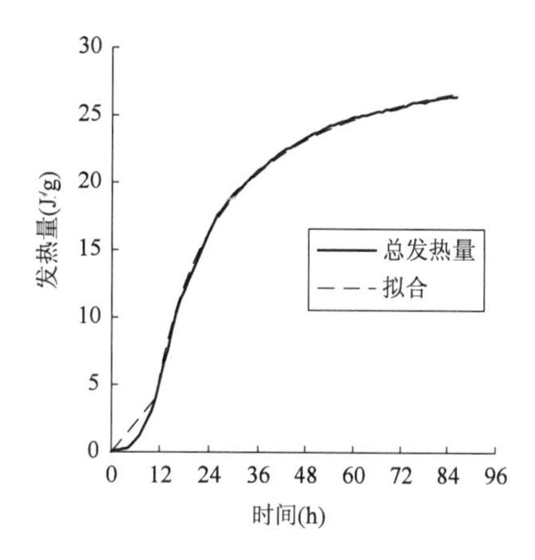

图6-41　混凝土发热拟合结果

拟合曲线结果见式(6-64)。

$$Q(\tau)=\begin{cases}\dfrac{Q_{\mathrm{h}}\tau}{h},\tau\leqslant h\\[2ex]\dfrac{(Q_0-Q_{\mathrm{h}})(\tau-h)}{\tau-h+n}+Q_{\mathrm{h}},\tau>h\end{cases}\tag{6-64}$$

拟合参数为：$h=11h$；$Q_{\mathrm{h}}=4.00\mathrm{J/g}$；$Q_0=31.43\mathrm{J/g}$；$n=15.94h$。

利用混凝土发热关系以及试验的环境条件，建立有限元模型，其中混凝土热力学参数为：密度 $\rho=2.40\times10^3\mathrm{kg/m^3}$，比热容 $c=1.00\mathrm{kJ/(kg\cdot℃)}$，导热系数 $\lambda=8.37\mathrm{kJ(m\cdot h\cdot ℃)}$。

模拟在不通水情况下混凝土试块的温度场分布如图6-42所示，在浇筑40h后，试块温度达到最高值36.38℃。

试验中测得的中心点最高温度和模拟结果，如图6-43所示。温峰时间在40～45h，最高温度为36.4℃，最大温升为24.4℃。试验和模拟得到的混凝土试块内部最高温度在整个测试时段内都很接近。

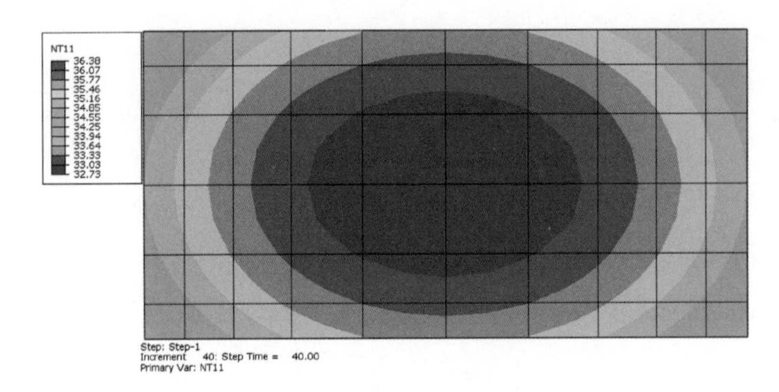

图 6-42 混凝土温度传感器截面温度云图

(3)光面水管通水冷却

使用直径 25mm 的 U 形不锈钢光面水管作为冷却水管。在实际工程中,水管长度往往远大于水管间隔,混凝土内部温度只受到其两侧水管的降温效果,因此将 U 形管底部用橡塑海绵保温管包裹,最大限度地减小底部水管对其混凝土试块中间温度的影响。

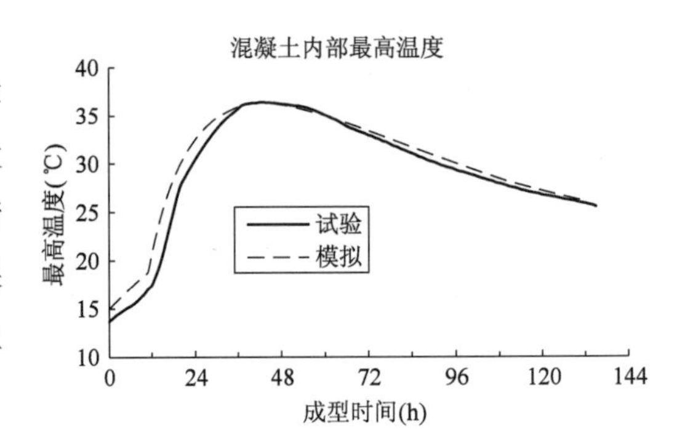

图 6-43 不通水混凝土试块的最高温度

在浇筑前预先将 U 形水管放入试验箱中,将 U 形水管通过 PVC 增强软管与冷却水循环机相连。在试通水确保密封性良好之后,关闭水泵,进行混凝土试块浇筑(图 6-44)。

在预定位置处放入温度传感器(图 6-45),用于监控温度场。浇筑完成后,在混凝土顶部覆盖保温板。开始测量混凝土内部温度场。混凝土试块在 11 ~ 13h 时,温度升高的速度最快。根据水泥混凝土的放热试验,混凝土达到热封时间为 11h。第一升温期结束的时间为 11h,在此之后开始通水冷却,见表 6-10。

图 6-44 混凝土试块浇筑

图 6-45 部分温度传感器

初步通水计划 表 6-10

成型时间(h)	0 ~ 11	11 ~ 30	31 ~ 60	60 之后
冷却水温度(℃)	不通水	15	22	20

按照上述初步计划，建立有限元模型得到混凝土内部的温度场。再依照模型中混凝土内部最高温度，精细化冷却水的温度。在试验中，每3h制订一次通水方案，维持冷却水温度比混凝土最高温度低5～7℃。当混凝土最高温度与环境温度相差小于7℃时，停止通水。详细的冷却水温度如图6-46所示。

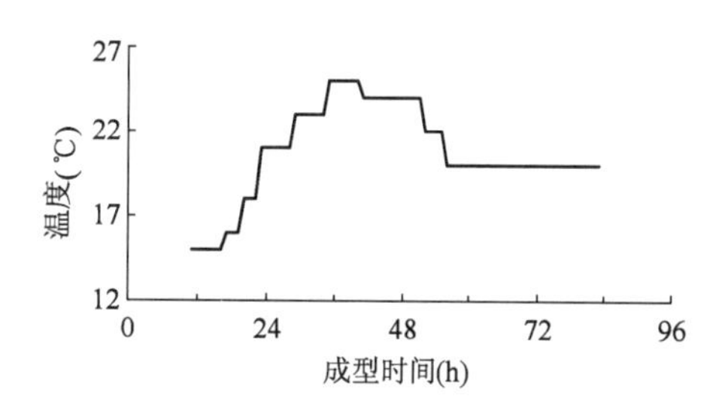

图6-46　冷却水通水温度

使用上述精细化的通水方案重新替换有限元模型的边界条件，得到各阶段下混凝土内部的温度场分布，如图6-47～图6-50所示。

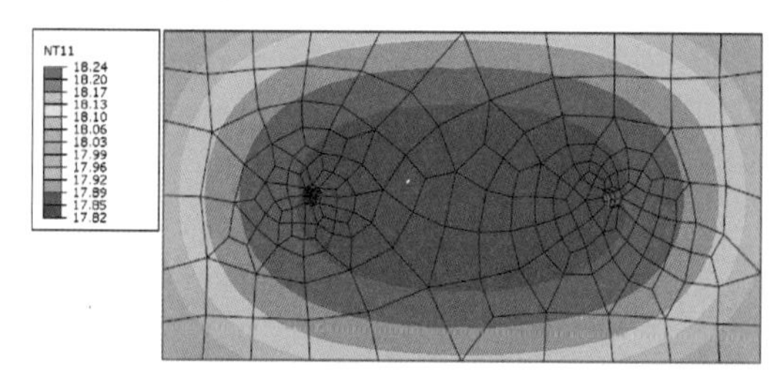

图6-47　10h模拟温度分布

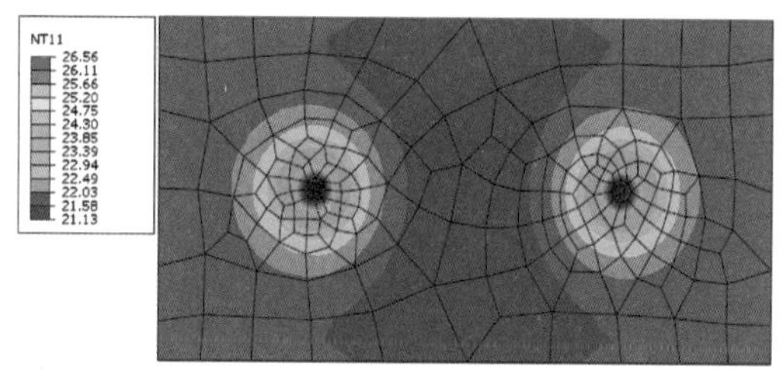

图6-48　26h模拟温度分布

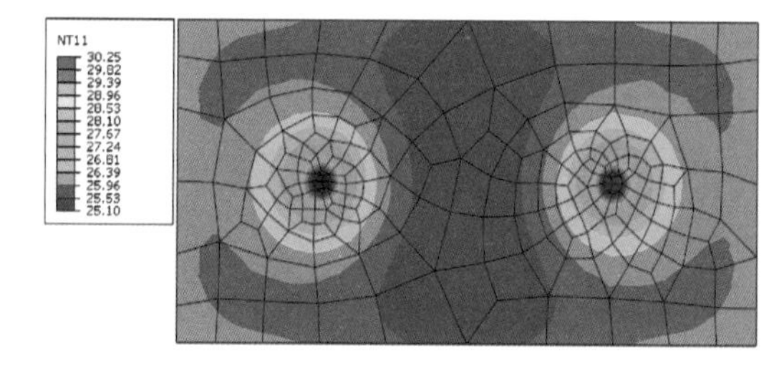

图6-49　36h模拟温度分布

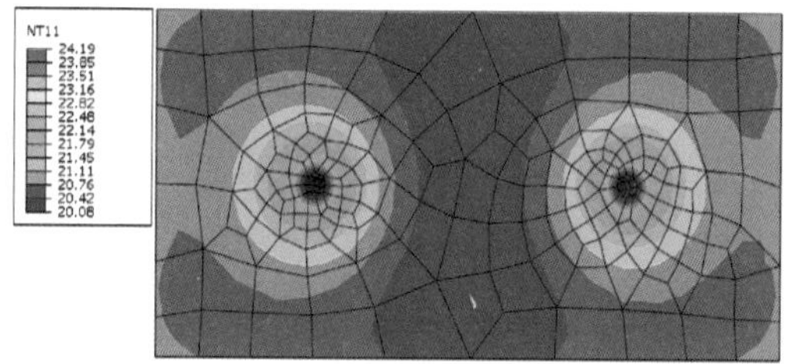

图6-50　62h模拟温度分布

根据有限元模拟结果，得出以下结论：

①由于水管和其紧贴的混凝土保持良好接触，水管附近的混凝土温度和水温始终保持一致。

②由于对称性，进水、出水管中间的截面为绝热面，在绝热面上，混凝土的温度最高。

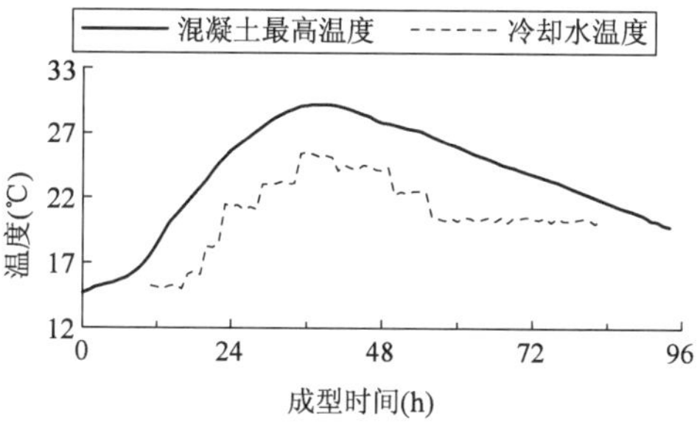

③在四周有保温层的情况下，离水管较远的位置处，混凝土温度梯度很小，而在水管附近，混凝土温度梯度最大，如果通水温度与混凝土温度相差过大，会在水管边缘产生足以使混凝土开裂的温度应力。

混凝土试块内部的最高温度和实测进管冷却水温度如图6-51所示。

图6-51　混凝土试块实测最高温度和冷却水温度

在成型37～39h时，混凝土温度达到峰值29.1℃，相比于入模温度14.7℃，最大温升约为14.4℃。

在试验期间，根据实测温度场数据，通过MATLAB的griddata函数，插值计算出断面内混凝土内部的温度场。各个阶段下，混凝土内部温度云图如图6-52～图6-55所示。

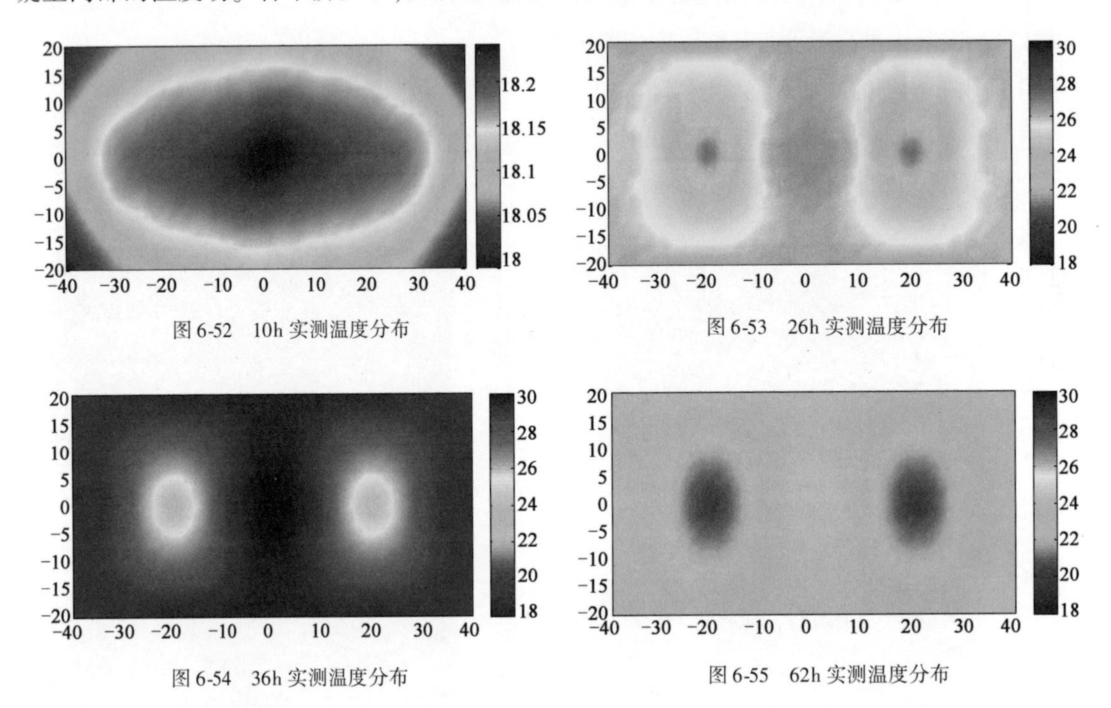

图6-52　10h实测温度分布

图6-53　26h实测温度分布

图6-54　36h实测温度分布

图6-55　62h实测温度分布

混凝土内部温度有以下变化规律：

①在第一升温期，即开始通水之前，混凝土温度中间高，四周低，平均温度上升速度较慢。

②在第二升温期，混凝土温度变化很快，此时，应尽可能地精细化制订通水方案，确保冷却水温度随着混凝土温度的上升而升高。

③在降温期早期，混凝土内部温度仍然较高，通水温度不能立刻下降，与混凝土的温度在一定范围之内。

(4)翅片水管冷却

使用不锈钢翅片水管作为冷却水管，可以进一步加快混凝土的冷却速度。翅片水管的结构如图6-56所示。

翅片扩大了混凝土与水管的接触面积，加快了散热速度。翅片间距越小，高度越大，接触面积也越大。但为了使水泥浆体可以自由流入翅片间隔之中，翅片间距不宜小于粗集料的小粒径。故选用间距为300mm、高度为100mm的翅片。

由于翅片水管(图6-57)的吸热效果难以用有限元软件模拟，根据试验中测得的最高温度，实时控制冷却水的温度。读取之前测得的混凝土温度数据，结合放热试验中后4h混凝土预计的发热量，对4h后的混凝土最高温度进行预测，通水温度设定为与预计最高温度温差保持5～7℃。当前混凝土温度提升速度过快，超过1.25℃/h，或者预计混凝土温度将在未来4h内提升5℃以上时，加快制订通水计划的频率，每2～3h制订一次通水温度（图6-58）。

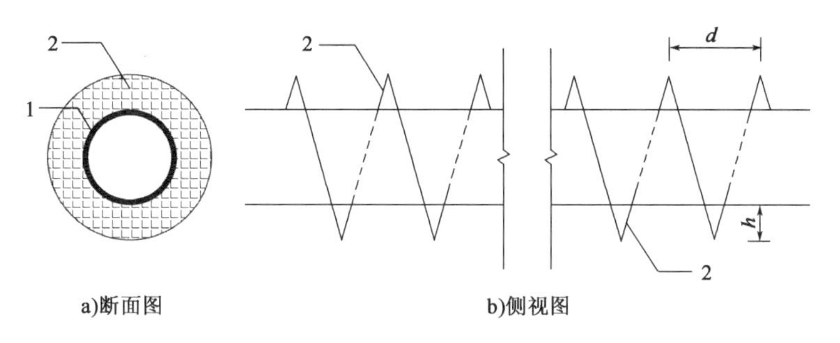

图6-56　不锈钢翅片水管结构图

1-不锈钢钢管；2-翅片；d-翅片间距；h-翅片高度

图6-57　翅片水管

图6-58　带翅片水管冷却的混凝土浇筑

在使用带翅片水管冷却的情况下，温度峰值为27.0℃，温峰时间为32～34h。所需要的冷却水最高温度为22℃（图6-59）。

将对照组、光面水管和翅片水管的降温效果进行比较，如图6-60所示。从最大降温温度来看，在不通水的情况下，混凝土最大温升为24.4℃；在使用光面水管进行冷却的情况下，混凝土最大温升下降到14.4℃；在使用翅片水管进行冷却的情况下，混凝土最大温升只有11.6℃。

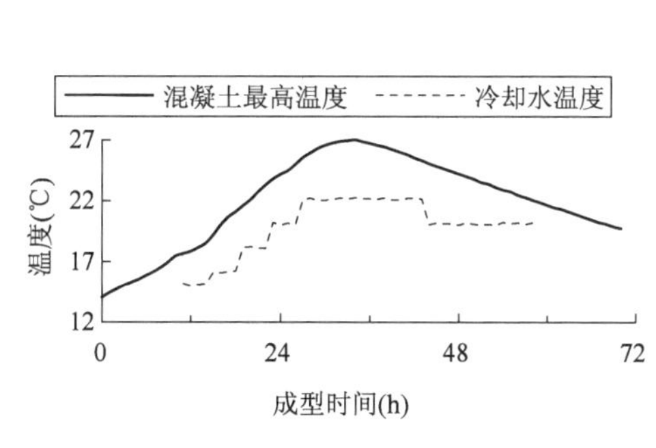

图6-59　混凝土试块实测最高温度和冷却水温度

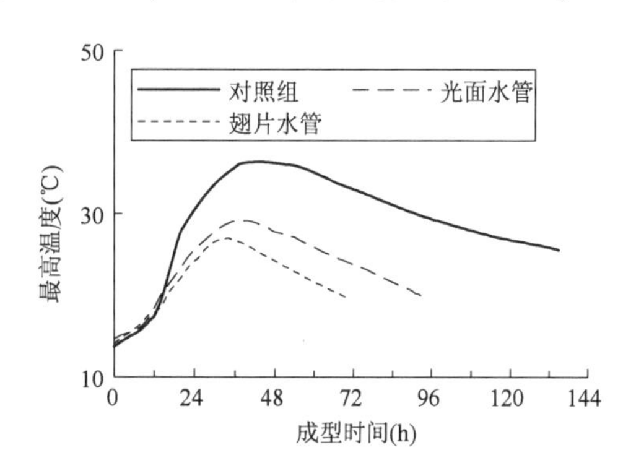

图6-60　三种情况下混凝土内最高温度

从降温时间来看，在不通水的情况下，预计需要10d以上，混凝土内部最高温度才能降到与环境温度相差7℃以内；在使用光面水管进行冷却的情况下，混凝土需要4d(94h)，最大温度下降到20℃；在使用翅片水管进行冷却的情况下，所需时间只有3d(71h)。

6.3 水化热量抑制温控技术

6.2节讲述的冷却水管控温技术属于被动式控温，如何从根本上削减或均化混凝土水化放热量，避免早龄期集中温升，是未来大体积混凝土发展主要方向。水化热抑制剂通过络合、沉淀等作用，与混凝土拌合液相中钙离子、镁离子形成稳定多齿配位化合螯合物，延缓金属离子参与其他反应，进而延缓C_3A水化、AFt与CH的形成，显著推迟水化放热峰值的出现，降低水化放热速率的峰值；能够均化大体积混凝土内部温度差异，大幅降低混凝土内部温度梯度产生的温度应力，彻底遏制大体积混凝土的有害温度裂缝，减少由于温度不均匀导致的混凝土裂缝。有机膦酸是典型钙镁离子络合剂，可有效螯合二价和三价金属离子，将金属离子包合到官能团内部，形成稳定的、分子量更大的多齿配位化合物，从而阻碍金属离子参与其他反应。膦酸分子所含有的膦羧基是对金属离子螯合作用的功能基团。随着膦羧基团数目的增加，有机膦酸化合物的螯合性能有明显增高的趋势。图6-61为有机膦酸PBTCA、HEDP和DTPMPA的化学式，按单分子膦酸基团数量排序为：PBTCA < HEDP < DTPMPA。

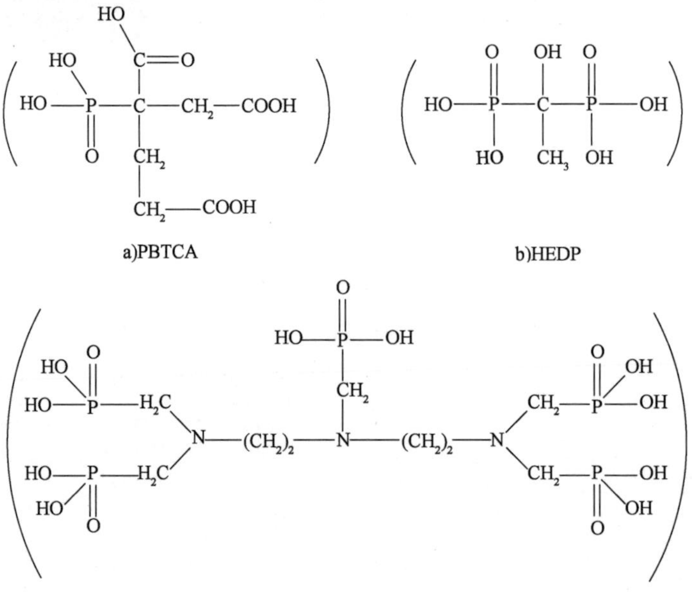

a)PBTCA

b)HEDP

c)DTPMPA

图6-61 有机膦酸化学式

有机膦酸的钙离子螯合测试结果见表6-11。

有机膦酸对钙离子的螯合值　　表6-11

试　　样	在30℃,pH为13时对钙离子的螯合值　(mg/g)
空白	—
PBTCA	122
HEDP	570
DTPMPA	680

有机膦酸的螯合能力与膦酸基团有关,单分子膦酸基团数量越多,其对金属离子的螯合值越大,螯合物的稳定常数也越大。

当有机膦酸添加到水泥浆时,分子结构中的**—P—O**$^-$会优先与溶液中的Ca^{2+}、Mg^{2+}产生键合作用,然后,Ca^{2+}、Mg^{2+}再与**—P═O**通过共用电子形成结构复杂的多元螯合结构;以DTPMPA为例,五个亚甲基上的膦酸基团会与Ca^{2+}、Mg^{2+}络合形成八元环或者九元环交错的螯合结构。该螯合物在强碱环境具有很大稳定常数,不易水解,容易在水泥颗粒面富集,形成稳定的包裹层,阻碍水化产物钙矾石(AFt)和CH的形成,抑制水泥正常水化,其与金属离子螯合反应如图6-62所示。

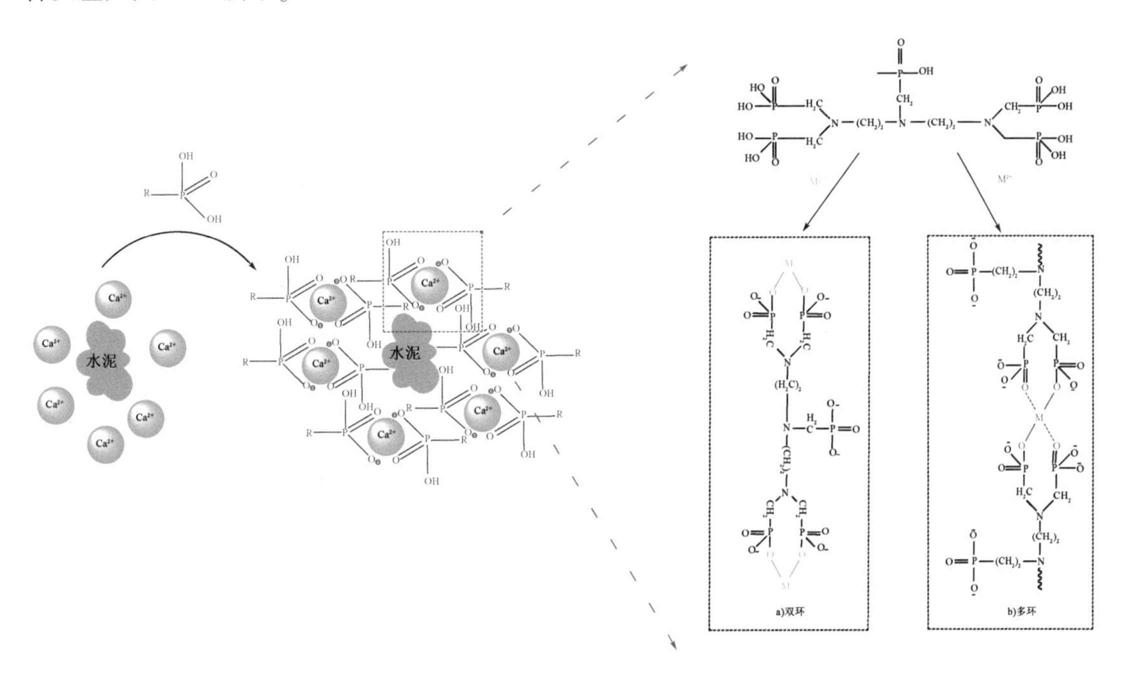

图6-62　有机膦酸与金属离子的螯合反应

图6-63为25℃下基准组(空白组)和掺有机多元膦酸水泥浆的水化放热速率和水化放热总量与时间的关系曲线。

与基准组相比,有机膦酸的添加阻碍了水泥浆水化反应进程,显著推迟了水化放热峰值的出现时间,降低了水化放热速率的峰值。但不改变水泥浆水化反应规律,即溶解期、诱导期、加速期、减速期和缓慢反应期。

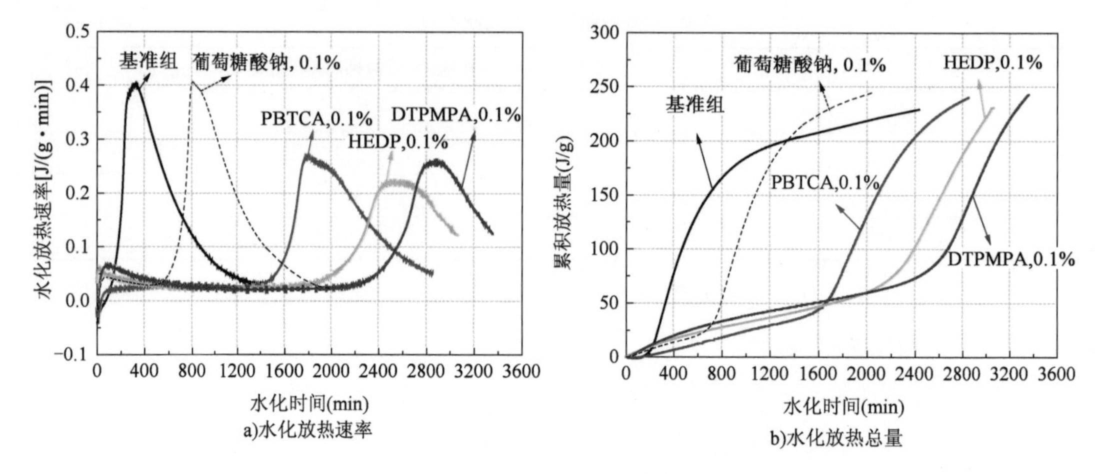

图 6-63　25℃时有机膦酸对水泥浆水化的影响

PBTCA、HEDP 和 DTPMPA 的放热峰值与空白相比降低了 35% ~45%，放热峰值迟滞时间为空白组的 5 ~8 倍，如图 6-63 所示。相同掺量下，有机膦酸的单分子膦酸基团数量越多，放热峰值迟滞时间越长，缓凝抑制效力越强，但峰值大小与膦酸基团数量无相关性。为突显对比，测试常用缓凝剂（葡萄糖酸钠）试样（图 6-63 中虚线），与葡萄糖酸钠相比有机膦酸具有更强的水泥缓凝效力，按缓凝抑制强度排序为：葡萄糖酸钠 < PBTCA < HEDP < DTPMPA。

有机膦酸会显著降低混凝土的早期强度（3d 和 7d），但适量掺加对混凝土 28d 的抗压强度和抗折强度有增强作用，如图 6-64 所示。

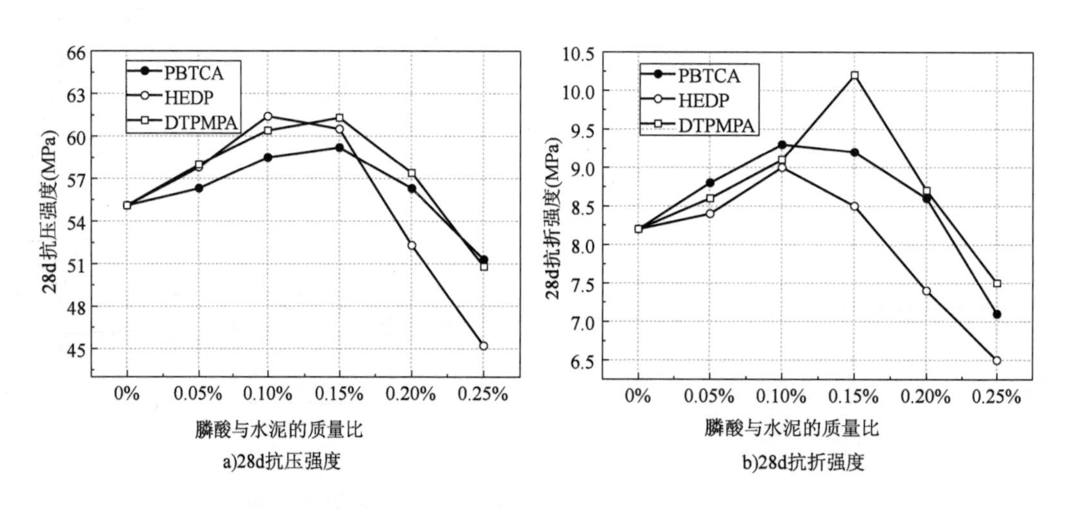

图 6-64　有机膦酸对混凝土抗压及抗折强度的影响

由图 6-64 可知，随着有机膦酸掺量的增加，混凝土 28d 抗压强度和抗折强度均呈先增大后减小趋势；掺量小于 0.15% 时，28d 抗压强度和抗折强度均大于空白试样，掺量在 0.10% ~ 0.15% 时各项强度最高。相比之下，HEDP 超量掺入后对混凝土各项强度降低最大，当掺量达到0.25%时,28d抗压强度降低了17.9%,抗折强度降低了20.7%。

掺适量有机膦酸对混凝土28d抗压强度和抗折强度均有提高作用,但以掺量不大于0.20%为宜,否则对混凝土28d抗压强度和抗折强度产生不利影响。

络合物的稳定常数与环境温度呈反比关系,温度越高,络合物越不稳定,则抑制效果大幅降低。基于络合配位理论和稳定系数(K)的影响因子考虑,我们可设计具有空腔结构的超分子环糊精(β-CD)为主体,并通过包合、嫁接等方式组装螯合基团,形成具有阳离子强螯合能力的超分子化合物的水化热抑制材料(图6-65)。

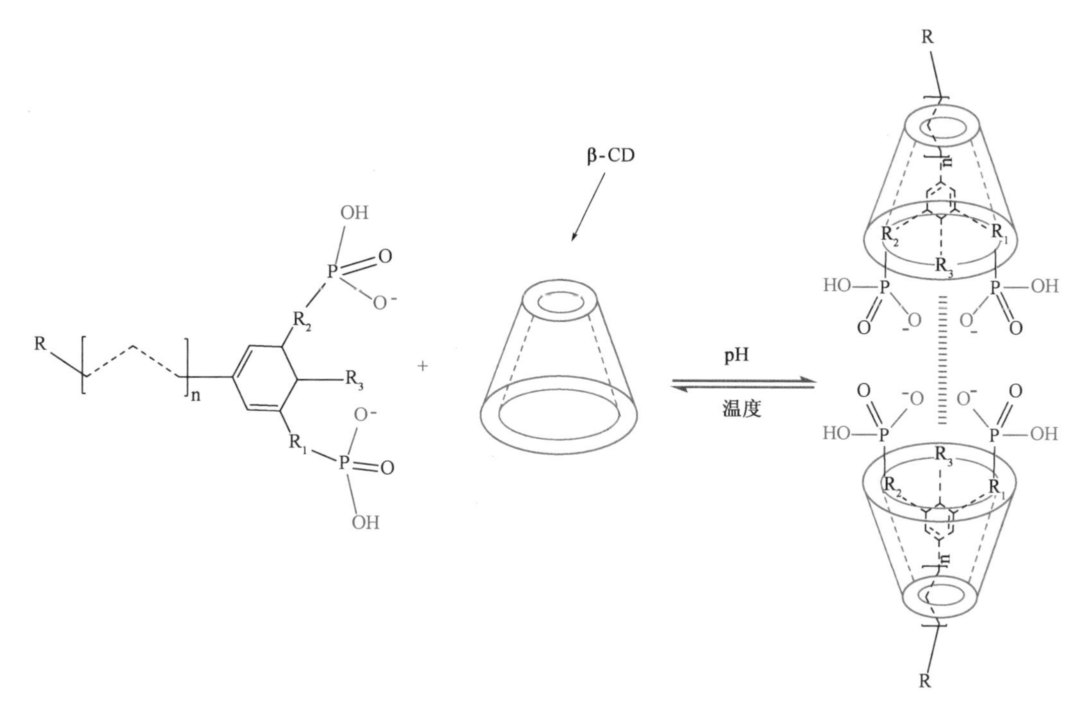

图6-65　环糊精(β-CD)与膦酸基团组合

设计的超大分子笼型化合物(简写为"@β-CD")与水泥接触可迅速将水泥浆中溶解的Ca^{2+}、Mg^{2+}束缚在分子笼中,形成更为稳定的螯合物,从而阻止液相中Ca^{2+}、Mg^{2+}参与水化反应(图6-66),@β-CD在高温环境下束缚离子能力尤为突出,且具有药物缓解作用,从而实现高温条件下混凝土水化热量的有效抑制和靶向控制,其抑制效果是有机膦酸的数十倍。

大量研究表明,钙离子螯合值可代表材料水化抑制的能力,而耐高温则是水化热抑制材料的缺陷,在30℃和60℃下水化热抑制材料的螯合值测试结果见表6-12和表6-13。

测试方法:称取一定质量的测试样品(0.05～0.1g),将其用少量的蒸馏水溶解,再移取10mL浓度为0.10mol/L的$CaCl_2$标准溶液于上述溶液中,间歇震荡后,加10mL氨-氯化氨缓冲溶液和3～4滴铬黑T指示剂,然后用0.05mol/L EDTA标准溶液滴定,以溶液从酒红色变为纯蓝色为终点,并按公式(6-58)计算钙离子螯合值。

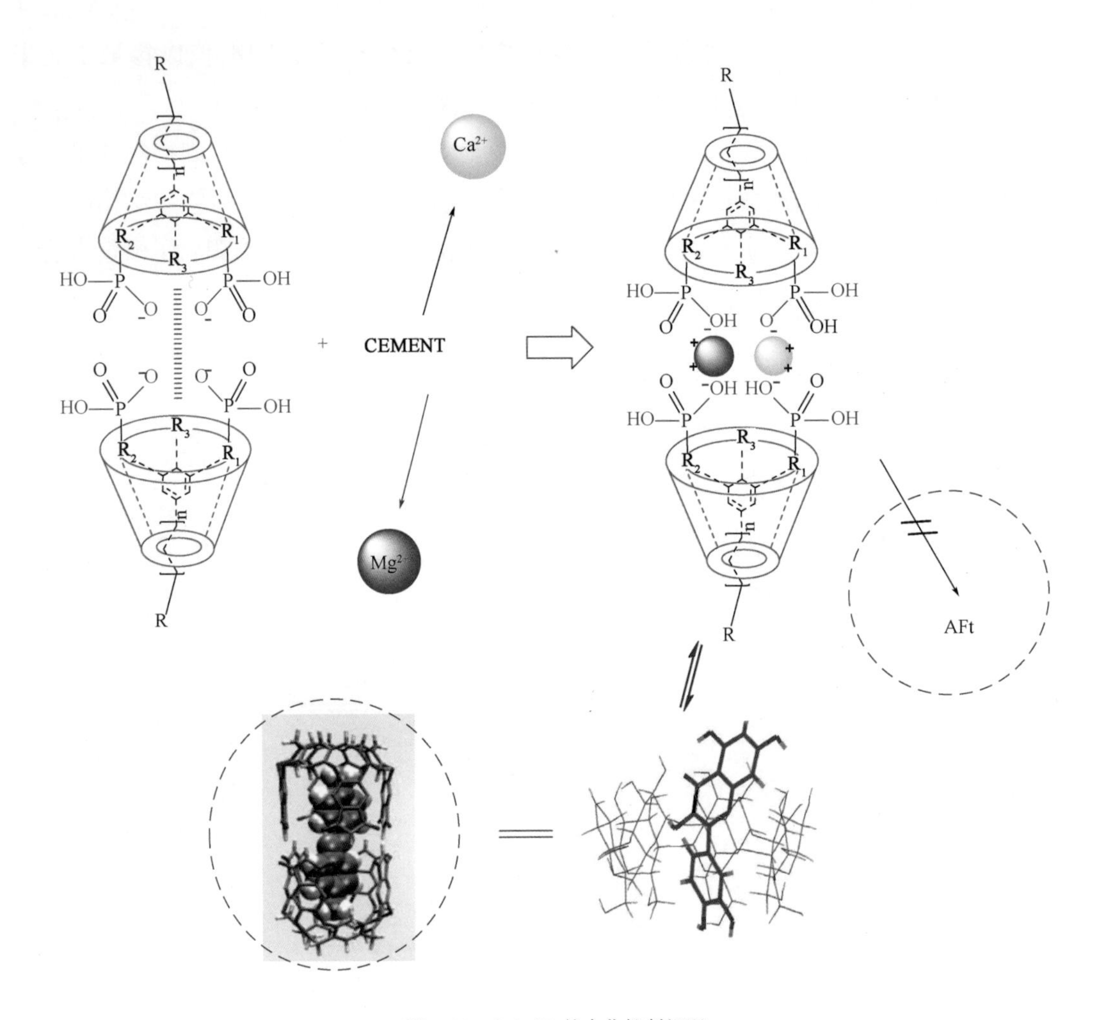

图 6-66 @β-CD 的水化抑制机理

$$\phi = 100 \times \frac{10C_1 - VC_2}{m} \tag{6-65}$$

葡萄糖酸钠、有机膦酸盐等在60℃下对钙离子的螯合能力显著降低，而@β-CD对钙离子的螯合值几乎保持不变，因此，在大体积混凝土中尤其夏季高温时，常规材料难以有效抑制混凝土水化热量，而@β-CD则可正常发挥抑制作用。

30℃条件下不同缓凝材料对钙离子螯合值 表 6-12

名称	葡萄糖酸钠	白糖	三聚磷酸钠	硼砂	PBTCA	@β-CD
式样量(g)	0.200	0.05	0.1	0.07	0.130	0.110
DETA(mL)	17.8	18.2	12.7	18.5	15.3	11.8
螯合值	55	180	365	107	646	745

60℃条件下不同缓凝材料对钙离子螯合值 表 6-13

名称	葡萄糖酸钠	白糖	三聚磷酸钠	硼砂	PBTCA	@β-CD
式样量(g)	0.143	0.1	0.103	0.097	0.117	0.132
DETA(mL)	19.2	17.7	8.2	15.5	1.6	14.7
螯合值	28	115	573	232	410	717

由图 6-67 混凝土水化温升可知,@β-CD 抑制材料可有效降低混凝土的水化温升,并推迟混凝土水化硬化,其中葡萄糖酸钠降低幅度为 10% 左右,PBTCA 降低幅度为 15% 左右,而@β-CD 水化抑制效果最佳,降低幅度高达 30% 以上(凝结硬化时间为 65 ~ 70h)。

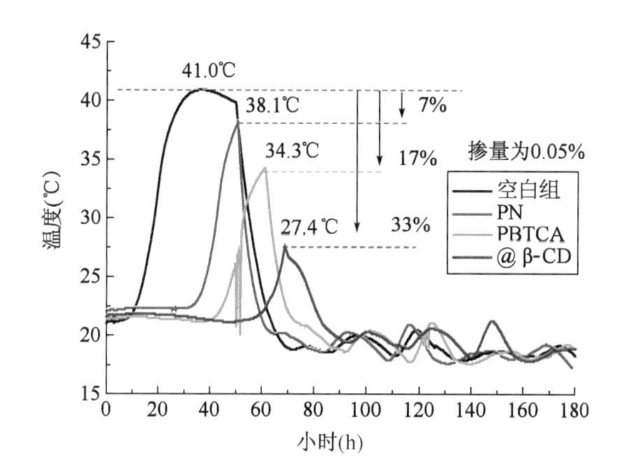

图 6-67 混凝土水化过程温度变化(暖瓶法)

6.4 本章小结

(1)水管的冷却范围是影响混凝土热交换最主要的因素,减小水管间距、加大水管布置密度可以明显提高冷却效率。

(2)处于紊流状态的冷却水能与水管强制对流换热,通水速度至少应大于临界紊流速度。增加通水流量对混凝土冷却效果的边际效应递减,合适的通水流量约为临界流量的 5 ~ 7 倍。

(3)给出主动控温系统的控制标准。冷却水与断面混凝土平均温度的温差,不宜超过一定的限值。对 C20 混凝土,该限值为 5.03℃;对 C80 混凝土,该限值为 6.80℃。在混凝土断面平均温度难以测量的情况下,给出了冷却水与混凝土最高温度的温差,分别为 7.55 ~ 10.20℃。

(4)使用带翅片的水管可以在不改变水管内径、通水流量的情况下,进一步加快冷却速度。结合当前混凝土升温速度和未来一段时间内混凝土的放热量,对冷却水的温度动态调整。翅片水管的冷却效果比光面水管提高了 19%。

(5)有机膦酸对钙离子具有很强螯合作用,单分子膦酸基团数量越多,其对金属离子的螯合值越大,由强到弱依次为DTPMPA、HEDP、PBTCA;相同掺量下的有机膦酸缓凝效力远大于葡萄糖酸钠,其对水泥浆水化放热延缓与钙离子的螯合值成正比例关系;有机膦酸优先与钙、镁等离子形成稳定螯合物,限制了钙、镁等离子参与水化产物的形成,单分子膦酸基团数量越多,放热峰值迟滞时间越长,削峰能力也越强。

(6)以含空腔结构的超大分子笼型包合物为主体、螯合基团为客体的超大分子笼型包合物表现出出色的耐高温束缚离子性能,可实现高温条件下混凝土水化热量的有效抑制和靶向调整,其抑制效果是有机膦酸类的数十倍,是未来大体积混凝土水化热抑制材料发展的重要方向之一。

本章参考文献

[1] 胡双达.大体积混凝土主动控温技术研究[D].北京:交通运输部公路科学研究所,2017.

[2] 陶建强,李化建,黄佳木,等.铁路工程大体积混凝土的水化热及裂缝控制[J].铁道建筑,2018,58(01):146-149.

[3] 程智清,林星平,杨勇.粉煤灰与磷矿渣对水泥水化热及胶砂强度的影响[J].水利水电科技进展,2009,29(04):55-58+62.

[4] 史凤香.大体积混凝土裂缝控制研究[D].武汉:武汉理工大学.2003.

[5] 孔祥明,路振宝,石晶,等.磷酸及磷酸盐类化合物对水泥水化动力学的影响[J].硅酸盐学报,2012,40(11):1553-1558.

[6] 余鑫,于诚,冉千平,等.羟基羧酸类缓凝剂对水泥水化的缓凝机理[J].硅酸盐学报,2018,46(02):181-186.

[7] 李立辉,田波,韩根生,等.有机膦酸对水泥早期水化特征的影响[J].建筑材料学报,2020,23(2):247-254.

[8] 庞晓凡,王子明,申和庆,等.促凝组分对掺葡萄糖酸钠水泥浆体的缓凝消除作用及其机理[J].硅酸盐学报,2018,46(05):677-682.

第7章　高原混凝土的泵送性能

7.1　混凝土泵送技术

混凝土工程施工中，“泵送”是常用的混凝土输送与浇筑方法，不仅可以大幅度缩短工程建设时间，减轻工人的劳动强度，而且能够向待浇筑地点持续供应新拌混凝土，大幅度提高了混凝土建筑的施工效率。

当其他条件相同时，海拔高程变化产生的压差（一个标准大气压约为0.1MPa）与泵送管内压力相比可忽略不计，且对泵送管内混凝土状态影响较小，见表7-1。但不能忽略因海拔高程变化对混凝土拌合物入泵性能的影响，以及高原与非高原地区混凝土工作性、流变参数等差异变化对“可泵性”的影响。

不同泵送条件下管内压力　　表7-1

泵送条件	普通泵送混凝土	100～200m扬程泵送	大于300m高扬程泵送
管内压力（MPa）	2～4	3～10	6～20

本章从混凝土的“可泵性”出发，阐述高原混凝土“可泵性”的影响因素，泵送过程中管道内混凝土和压力变化规律，以及如何评价混凝土的泵送性能。

7.1.1　可泵性

泵送混凝土技术发展至今，在配制“泵送性能好”的混凝土拌合物方面，技术的发展相对落后，一直缺乏科学准确、简单易行的方法来评价混凝土拌合物是否适合以及是否容易泵送。混凝土拌合物的“泵送性能（Pumpability）”可通俗解释为“是否适合泵送”，即混凝土的“可泵性”。一般不会堵塞管道，也不会在泵送过程失去工作性，是泵送施工顺利进行的前提条件。“可泵性”对混凝土拌合物的要求包括：

（1）有一定的流动性（坍落度大于120mm），易于充满泵的缸体，在适当的泵压力推动作用下能够在管道中移动。

（2）有良好的黏聚性，在输送过程和压力作用下，不会产生过量的泌水、离析、分层等不良现象，在正常泵送或重新启动时发生堵泵、堵管的可能性很小。

（3）在泵送压力和剪切作用下，混凝土拌合物不会产生过大的流动性（工作性）损失，即“剪切稠化”现象（图7-1）。

图 7-1　泵送过程剪切稠化

(4)不会在泵送中断时因处于静置状态,当再次剪切运动时屈服应力过大,而导致重新启动泵送的阻力过大或无法恢复流态。

7.1.2　润滑层理论

在泵送过程中,混凝土并非一个均质的流体,在泵管内壁附近会形成一个 1 ~ 5mm 厚的富浆层,也称润滑层。润滑层的存在极大地减小了混凝土泵送所需要的泵压。

根据力与变形的关系,泵压提供了新拌混凝土在泵送过程中所需的动力,因此,泵管内的新拌混凝土会产生沿着泵管方向的变形。这种变形确保了新拌混凝土在泵送过程中的压力传递。在新拌混凝土的组成中,粗集料不易变形,因此,水泥砂浆在传递泵压方面起到主要作用。Choi 通过在泵管壁设置超声波测速仪,间接测得了润滑层的厚度为 1 ~ 2mm,结合试验观测和理论计算,证明其性质类似于混凝土中的水泥砂浆。

从流变学的角度来看,新拌混凝土的屈服应力一般远远大于其组成砂浆的屈服应力,新拌混凝土的塑性黏度也远远大于其组成砂浆的塑性黏度。当新拌混凝土的剪切应变速率与其组成砂浆的剪切应变速率相等时,新拌混凝土所受到的剪切应力就会远远大于其组成砂浆的剪切应力。根据泵送过程的边界条件假设,紧贴泵管壁的新拌水泥基材料在泵送过程中流速为零。如果新拌水泥基材料能够在泵压的作用下沿着泵管运动,则在泵送的水泥基材料内部必然会产生剪切滑移。如果泵送过程中没有形成润滑层,则泵压就需足够大以确保在新拌混凝土内部能够产生剪切滑移,且需确保有适当大小的剪切应变速率,这种情况下混凝土内部所受到的剪切应力非常大,根据力平衡得知所需的泵压就会非常高。然而实际上,在泵送过程中剪切滑移的现象主要出现在润滑层中。由于润滑层的屈服应力与塑性黏度非常小,因此所需的泵压不会很高,这就使得新拌混凝土能够在泵管内运动。Kaplan 通过自制摩擦仪测得了混凝土与管壁间的润滑层性质，并建立混凝土泵送模型，通过试验证明了混凝土泵送过程中的泵压损失主要来源于润滑层的剪切变形。

形象地说，混凝土在管道中的流动是一个固体核心在一个高应变速率的薄浆层介质中的滑动。图7-2为混凝土在管道内的流动模型，包括混凝土中心部位的“栓流”以及“栓流”部分以外的剪切滑移层。R_G 表示“栓流”部分的半径，R_L 表示在管道中被输送的混凝土的半径，R_P 为泵送管道的内径。Choi 等研究认为，压力作用下混凝土在管道内形成“栓流”时，最外润滑层的速度最小，中心的混凝土速度最大，为类似“弹头形状”的管内运动。

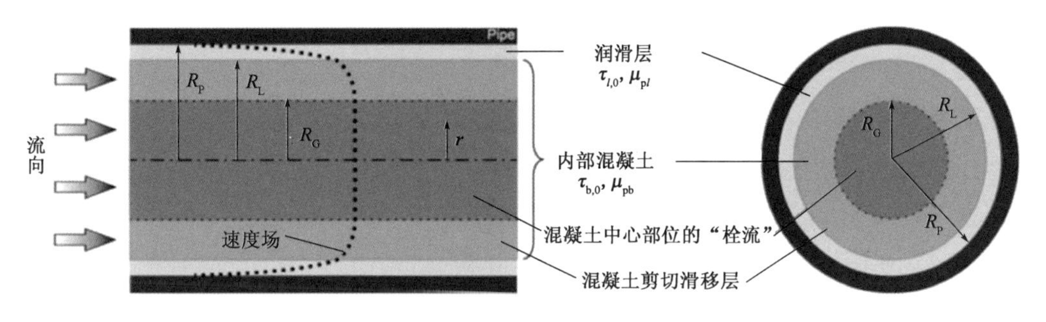

图7-2　混凝土在泵送管道内的流动模型

7.1.3　可泵性评价

国外曾用泵送压力直接反映拌合物的可泵性，但该方法不宜用于常规试验。从理论上讲，用同轴回转黏度计测量拌合物的屈服力和黏度系数，可以从根本上揭示拌合物的性能，评价其可泵性，但这种方法测试困难，不利于工程中应用。有一种理想的方法就是模拟泵送，通过“真实泵送”模拟管道中的感应来反映泵送压力及摩擦阻力的变化，但该方法设备复杂不利于推广（如图7-3所示迪拜塔混凝土泵送性模拟测试）。此外，还有采用管内摩擦试验、水平压送试验测试压降等方法，但由于试验装置庞大，目前还很难用于施工现场。

图7-3　迪拜哈利法塔（Burj Khalifa）工程测试混凝土泵送性能的600m水平泵送管线

我国《混凝土泵送施工技术规程》（JGJ/T 10—2011）和《普通混凝土拌合物性能试验方法标准》（GB/T 50080—2016）中没有规定混凝土“可泵性”的评价方法和指标，其原因在于目前对混凝土“可泵性”没有成熟的评价方法。在《混凝土泵送施工技术规程》（JGJ/T 10—2011）中引用日本的S·Morinaga经验公式，根据混凝土的坍落度计算泵送过程中的压力损失，其中的常数来自日本的经验。由于大流态混凝土的流变性能与塑性混凝土有很大差异，加上我国使用的混凝土原材料和配合比与日本不同,所以基于塑性混凝土性能建立的经验公式不适合我国的现状。

当前,国内施工现场评判混凝土拌合物品质最常用的方法是坍落度试验,但是很多研究者认为坍落度试验对于测定泵送混凝土的“可泵性”存在很多缺陷。首先,坍落度试验虽然可采用目测观察的方法来观察拌合物的黏聚性,但并不能真实地反映泵送混凝土在泵送压力作用下混凝土拌合物的黏聚性;其次,坍落度值反映的是拌合物在自重作用下克服屈服剪切应力而坍陷的程度,对中、低强度等级的泵送混凝土,坍落度试验在很大程度上可以评价混凝土的可泵性,但对水胶比低、胶结料用量大的高强泵送混凝土来说,拌合物的黏性很大,对可泵性有很大影响。研究发现,当坍落度在180mm以下时,高强混凝土和普通混凝土坍落度与坍落扩展度的关系大体相似,但当坍落度大于200mm时,高强混凝土的坍落扩展度小于普通混凝土,这是由于黏度对混凝土流动度有影响,如图7-4所示。

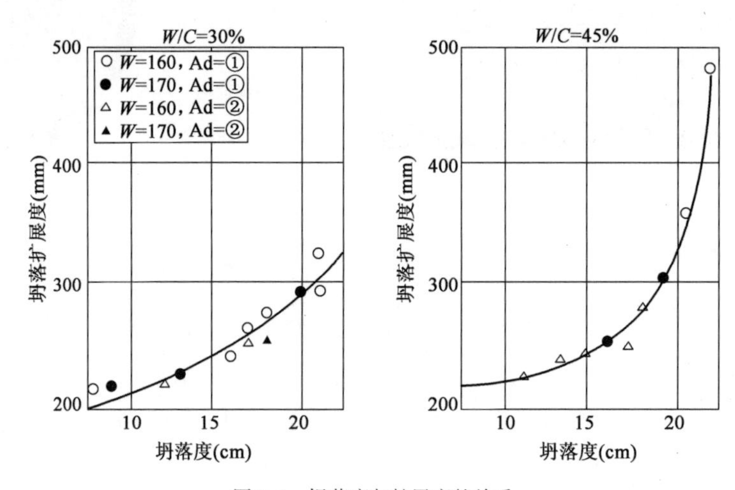

图7-4　坍落度与扩展度的关系

注:Ad表示减水剂。

工程应用也表明,不同配比的泵送混凝土,即使最终坍落度相同,其泵送难易往往呈现较大的差异。因此,用单一的坍落度试验不能全面反映混凝土的可泵性。

研究确认混凝土拌合物的泵送阻力本质上是泵送过程形成“润滑层”的摩擦阻力。并发现“泵送压力-流速关系”近似线性,直线的截距和斜率参数就反映了摩擦阻力的高低。这样,通过测试钢-混凝土拌合物界面的摩擦阻力,交通部公路院采用同轴黏滞阻力测试仪[图7-5a)],德国成功设计出科学简易的试验装置——滑管式流变仪(Sliding Pipe Rheometer),[图7-5b)],可以方便地直接测试压力与流速的关系和评价易泵性。

英国R. D. Browne和P. B. Bamforth经过长达8年的泵送试验研究,试图建立检验新拌混凝土泵送性能特征值的测试方法,他们认为,在压力作用下混凝土拌合物的“快速脱水”是导致堵管的重要原因。

a)同轴黏滞阻力测试仪

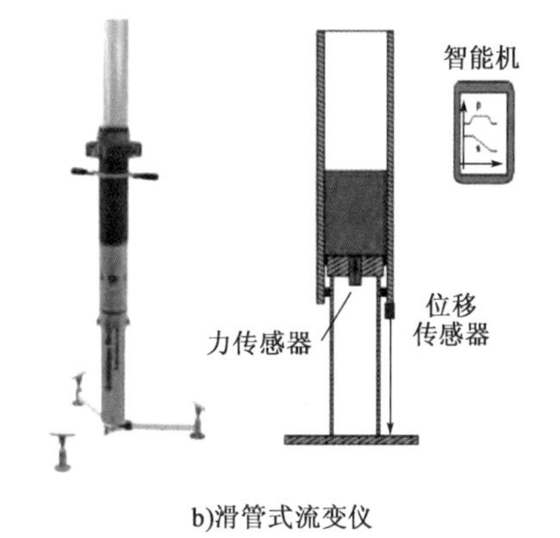

b)滑管式流变仪

图7-5 黏滞阻力测试仪

7.2 泵送混凝土的性能影响

7.2.1 原材料的影响

(1)水泥

水泥用量过少则强度达不到要求,而且水泥浆体的黏度太小,容易在集料之间的空隙流动,导致缺少水泥浆的干硬集料在管路中发生阻塞。水泥用量过大,则混凝土的黏性大、泵送阻力增大、泵送难度增加。

(2)粗集料

粗集料粒径越大,越容易造成堵管。对于高压泵送,管道内压力大,容易出现离析,粗集料最大粒径与管径之比宜小于1∶5。同时,针片状的集料过多可能引起堵管,应尽量减小针片状集料的含量。

(3)细集料

砂率过小,则水泥砂浆在管道内壁的附着能力较差,且混凝土拌合物易分层、离析、泌水,导致粗集料堆积而堵塞管道。砂率过大,则会降低混凝土强度,增加拌合物与管道的黏滞阻力,使泵送压力增大,导致管道堵塞。

(4)引气剂

引气剂不仅能够提高混凝土的抗渗性能、抗冻性能,而且能使新拌混凝土在搅拌过程中形成直径约为0.05mm的微细气泡,这些细小、封闭、均匀分布的稳定气泡,起到了“滚珠轴承”的作用,使集料颗粒间摩擦力减小,增加了水泥浆体的体积,降低了混凝土的塑性黏度。同时,还能降低混凝土拌合物的泌水和离析现象,对混凝土“可泵性”有较大的影响。

引气剂的泡沫稳定性与液相表面张力、气泡初始尺寸、气泡液膜强度、水泥浆体的黏度、环境温度等因素相关,同时引气气泡受集料特性、超塑化剂、振捣方式等因素影响较大。研究表明,适宜地引入气泡不会对混凝土的抗压强度产生较大影响,否则会影响硬化混凝土的力学性能。通过水平盘管泵送试验发现:经过长距离泵送后,混凝土拌合物的含气量增加约1倍,塑性黏度有明显下降,且相比未经压力输送的混凝土强度降低10%。因此,适量引入气泡可改善拌合物的黏度、流动性和匀质性,提高混凝土的泵送性能。

(4)矿物掺合料

高原低气压环境下,引气困难时,可掺入矿物掺合料来提高混凝土的泵送性能。从流变学的观点来看,粉煤灰、矿粉等硅质矿物掺和料的掺入可显著降低混凝土拌合物的塑性黏度,提高混凝土拌和物的泵送性能,其中以硅质球形颗粒[图7-6a)]效果较为明显。微小的球形颗粒在水泥颗粒之间起到“滚珠润滑”作用,从而降低了水泥颗粒之间的黏滞阻力,减小了水泥浆的屈服应力,降低了黏度。与引气剂相比,他们具有可促进水泥浆体二次水化,增强混凝土抗压强度、密实性和抗渗性等优点。从物理性能上来看,由于粉煤灰颗粒在泵送过程中起着“滚珠”的作用,大大减少了混凝土与管壁的摩阻力。苏广洪等针对广州珠江新城西塔混凝土工程,通过优化配合比、采用小粒径粗集料、加入硅灰等措施,明显降低了泵送压力,增强了混凝土的工作性能、黏度和抗离析性。张海伟等研究了磨细矿粉与粉煤灰双掺在高扬程建筑泵送混凝土中的应用,减少了泵送过程中混凝土的摩阻力和温升,满足一次性垂直泵送混凝土192.5m的要求。蒲心诚认为,超细微硅灰粉具有一定增塑作用,可降低拌合物的黏度,减小泌水现象。冯乃谦等采用微珠、硅灰和复合高效减水剂,获得了低黏度、高流动性、长保塑的超高性能混凝土。作者测试了微珠的微观结构,发现其粒径小、活性高、减水性好、填充性佳且需水量很小,是超高性能混凝土中的重要组分,可显著提高混凝土的流动性,大大降低超高性能混凝土的黏度,减小混凝土泵送阻力,如图7-6b)所示。

a)扫描显微图像

b)低黏C70泵送混凝土

图7-6 微珠显微形貌与应用

(5)降黏材料

复合降黏剂具有调节混凝土拌合物流变特性的作用。主要采用精选沉珠,也称微珠粉(WZ),它是由高温经急速冷却形成的微米级颗粒,其晶体形态为玻璃态,体积平均粒径为2.3μm,d(0.5)也称中值粒径,为1.98μm,颗粒直径是水泥颗粒的1/10,绝大部分颗粒为正球形结构,具有良好的填充性能和较高的表面能。

微珠等多种材料复合而成的复合降黏剂(VR),体积平均粒径为12.4μm,d(0.5)为8.66μm,其主要成分为微珠粉、吸水树脂、硅灰粉、粉煤灰和聚丙烯酰胺按照一定比例均匀混合的混合物。

图7-7为微珠(WZ)与复合降黏剂(VR)两种黏度条件材料在不同掺量下对混凝土拌合物流变参数的影响规律。

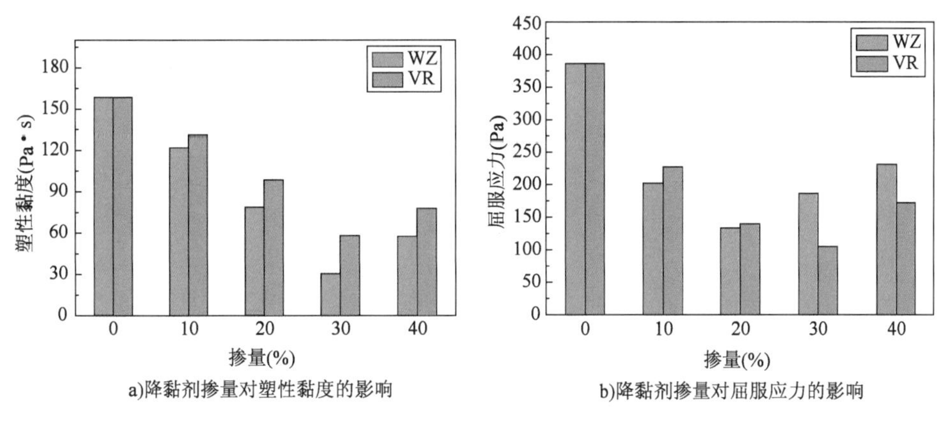

图7-7 降黏剂掺量对拌合物流变参数的影响

随着降黏材料掺入量的提高,新拌混凝土的塑性黏度和屈服应力呈先减小后增大的规律。掺量大于30%时,屈服应力和塑性黏度均随着掺量的增加而增大,其原因是WZ和VR的作用机理均是在新拌混凝土中引入正球形固体小颗粒,降低了浆体颗粒之间的摩擦阻力,使得混凝土拌合物剪切运动阻力更小,剪切稀化更容易(图7-7);当过量微小颗粒引入打破了浆体悬浮粗集料的平衡点,造成粗集料下沉,ICAR流变仪测试时,叶片旋转阻力增大,导致塑性黏度和屈服应力增大。当复合降黏剂掺量均>20%时,混凝土拌合物塑性黏度均小于100Pa·s,属于低黏度泵送混凝土。相同掺量条件下,WZ黏度改性性能优于VR,当掺入量达到30%时,掺入WZ混凝土拌合物黏度仅为30.2Pa·s,是同掺量VR的一半,这与两种材料的性质有关,WZ几乎全为球形颗粒,而VR含有一定量的高吸水性微小颗粒,不易使得浆体黏度过低,导致离析现象。

7.2.2 拌合物性能

管道中如果拌合物发生泌水或泌浆离析,粗、细集料失去浆体的包裹润滑,集料与管壁的摩擦阻力会骤然增大,就可能发生堵管。同样,如果拌合物入泵时就发生离析,很可能导致堵泵。因此“可泵”的首要条件是拌合物不离析,至少不产生过度离析。

为了模拟混凝土浇筑间断对泵送性能的影响,采用新拌混凝土静停放置0min(连续浇筑)、30min 和 60min 这三种方式,研究静停时间对拌合物屈服应力的影响,比较分析 Y_{30min}/Y_{0min}和 Y_{60min}/Y_{0min}的比值(图7-8)。

新拌混凝土的静停放置时间越长其屈服应力越大(图7-8),这是由于无外力作用时,颗粒之间相互物理性点接触形成骨架结构,包括早期水化产物对颗粒接触点的化学黏结。化学黏结较弱时,重新施加剪切作用可以破坏点接触,恢复颗粒悬浮状态而降低屈服应力,对于低水胶比高黏度拌合物,浆体颗粒的凝聚速率可能会较高而呈现高触变性,即静置状态,屈服应力迅速增加。高触变性混凝土即使没有离析也会因为流动性损失大,增大泵送重新启动和恢复流动的难度。

因此,不是混凝土拌合物的塑性黏度越低越好,而是存在一个合理范围,这个范围使得混凝土拌合物是一个触变性的黏性混合物,要避免过分降低浆体的黏度,从而破坏了浆体的匀质性能,增大了泵送初始阻力。通过统计163例泵送混凝土的实况(图7-9),发现上述“合理范围”可用塑性黏度和分层度来表征,其表达方式为:[(0,塑性黏度)∩(0,分层度)]。

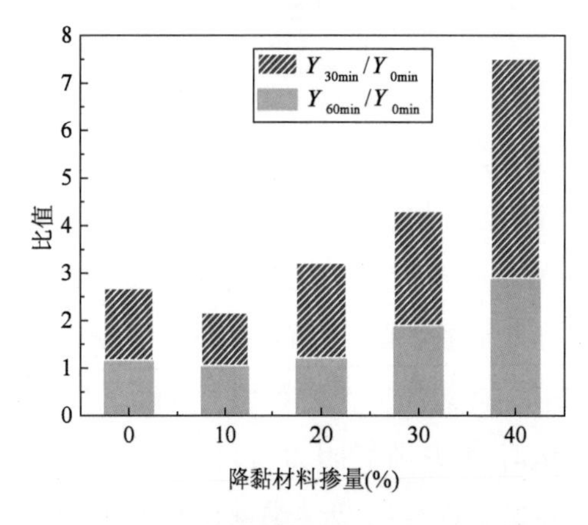

图7-8　静停时间对屈服应力的影响

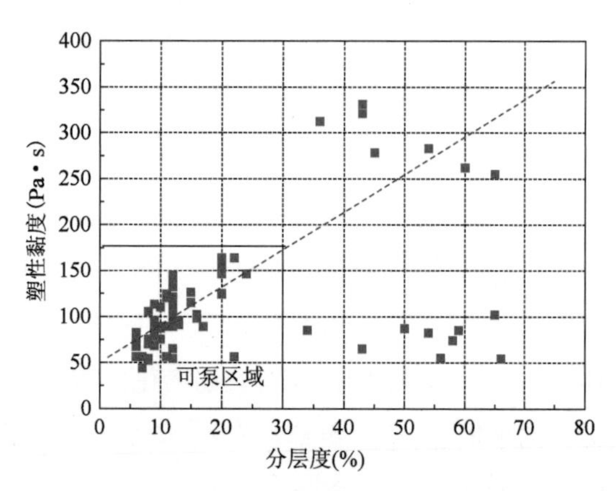

图7-9　泵送性与塑性黏度及分层度的关系

实现混凝土输送管道稳定流动的技术关键就是降低混凝土的黏度和摩擦阻力,保证其良好的工作性和匀质性能,不能出现分层离析现象。多年实践发现,混凝土在压力作用下沿输送管道流动的难易程度以及稳定程度的特性,主要表现为流动性和内聚性。即混凝土拌合物失去应力作用后其具有凝聚性,不出现离析分层,当重新加以剪切应力,立刻恢复“流动”,保持良好的均质性。因此,无论是高原还是非高原泵送混凝土,可否成功泵送的关键是如何调控混凝土拌合物黏度与稠度的平衡关系。

7.3　泵送过程管内混凝土的压力

7.3.1　管内压力测试

通过水平盘管的方式真实模拟高扬程泵送混凝土的各项性能与管道内压力变化。试验采用380根3m长的ϕ150mm泵管和38个90°、$R=1$m的弯管组成水平泵送管道阵列(图7-10,图7-11)。

图7-10　模拟试验鸟瞰图

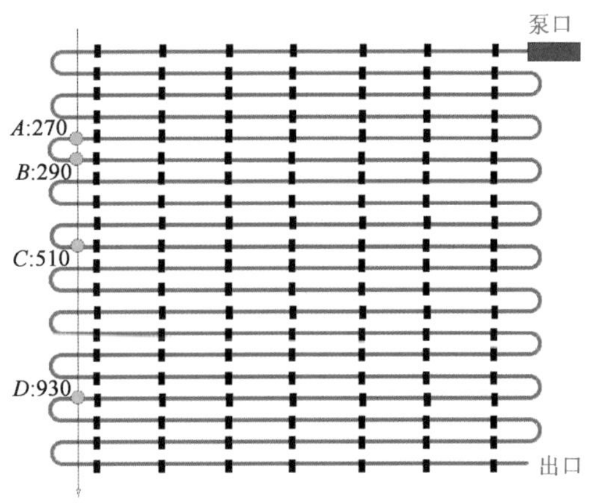

图7-11　压力传感器监测位置

注:图中A、B、C、D所标注的距离,均忽略弯长度,仅计算直管长度。

采用专用的压力传感器进行数据采集,压力传感器选用wika压力传感器,型号为S-10+990.36,最大量程为40MPa,如图7-12所示。

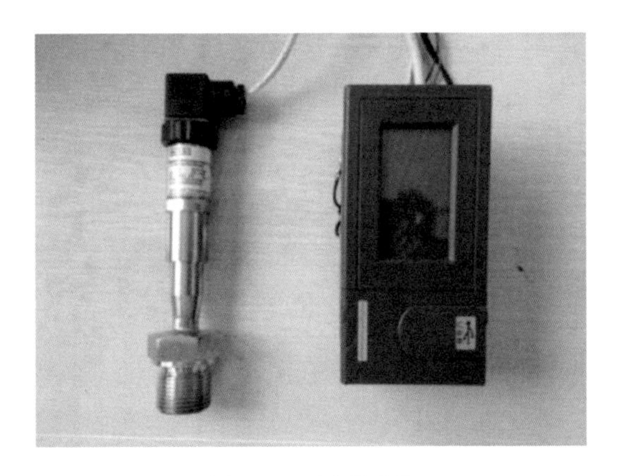

图7-12　压力传感器

压力传感器伸出管道内壁2mm(因润滑层厚度为1~5mm),检测介质状态是流层,按图7-13在泵送管道的顶端穿孔安装。

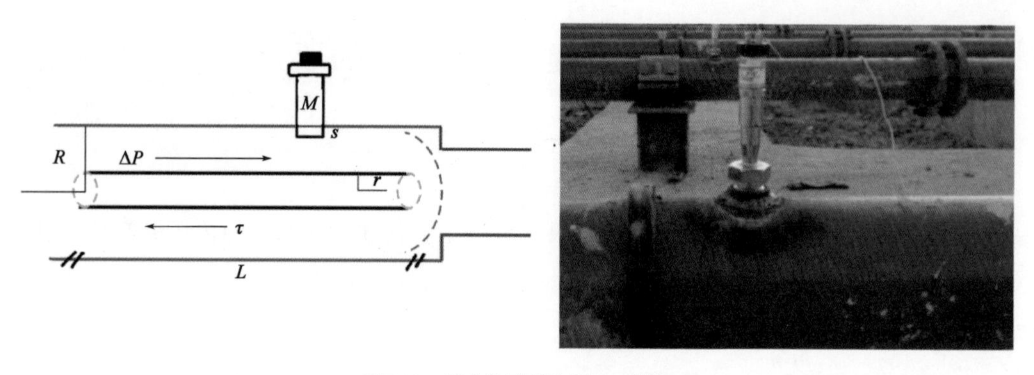

图 7-13　压力传感器的位置与安装

7.3.2　管内混凝土压力变化规律

(1)全过程压力分析

泵机出口压力的高低与泵送介质和排量有关系,泵送过程中泵机出口压力变化和排量见表 7-2。

泵机压力和排量　　表 7-2

泵 送 介 质	主系统压(MPa)	方量(m^3)	排量(m^3/h)	备　注
水	4	24	40	单机低压
净浆	4 ~ 5	6	40	单机低压
砂浆	5 ~ 8	32	40	单机低压
混凝土	8 ~ 11	30	40	双机低压
	12 ~ 14		50	单机低压
砂浆	6 ~ 7	16	40	单机低压
净浆	5	6	50	单机低压
水	4	30	60	单机低压

图 7-14 ~ 图 7-17 分别显示了监测点 A、B、C 和 D 在 11:44 ~ 13:14 时间段管道中的压力变化情况。

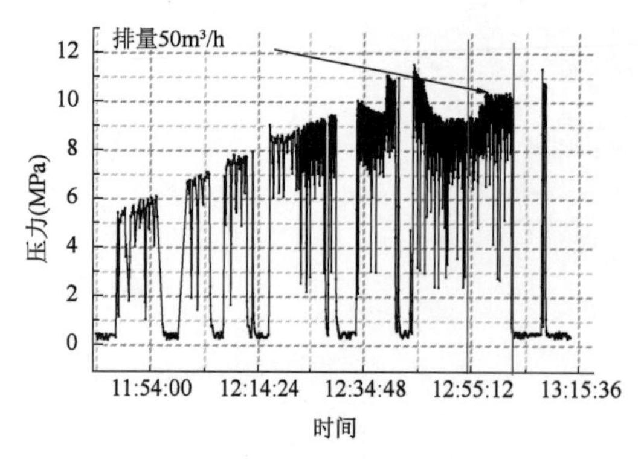

图 7-14　监测点 A 的压力变化

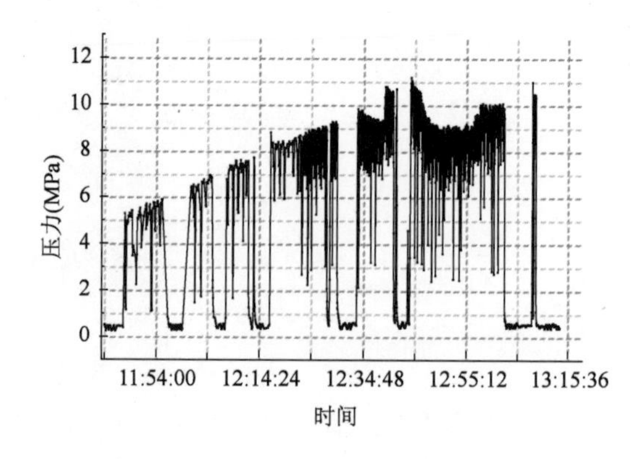

图 7-15　监测点 B 的压力变化

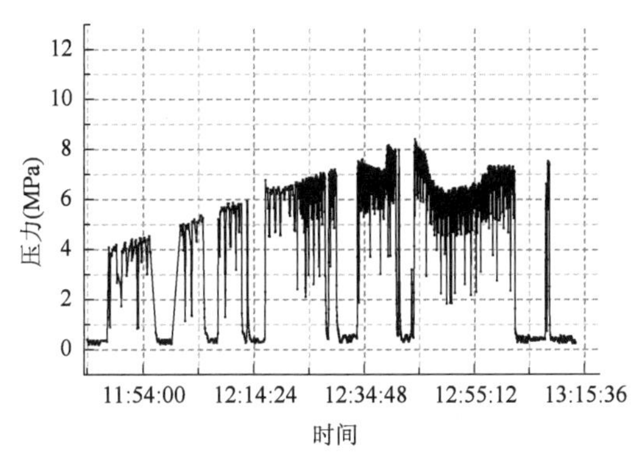

图 7-16　监测点 C 的压力变化

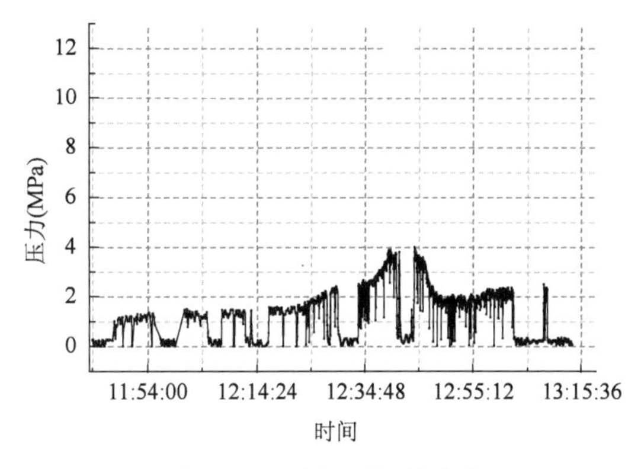

图 7-17　监测点 D 的压力变化

混凝土拌合物的出机温度为16.1℃,坍落度为260mm,扩展度为790mm×760mm。泵送水时泵机压力一般维持在4.0MPa。在10:44～11:14时段内管道中的泵送介质为砂浆,压力由5.0MPa逐渐上升到8.0MPa,由于泵管内的砂浆量逐渐增加,介质的屈服应力变大。压力为零的时间段为换罐车时的停机时间。在11:24～12:32时段内为混凝土泵送阶段,泵送了15m^{3}混凝土,管道内填充混凝土的长度达849m,这一过程中管道内的压力在8.8～11.0MPa间波动。12:43时泵管远端流出砂浆与混凝土的混合物,管道内的压力达到最大值12.0MPa。随后管道内的混凝土形成层流流动,压力趋于稳定。

(2)不同排量及泵送介质的压力变化

泵送前后砂浆和混凝土拌合物的工作性变化,见表7-3。

泵送前后砂浆和混凝土工作性能变化　　表7-3

材料	动作	时间	温度(℃)	扩展度(mm)	V形漏斗通过时间(s)	屈服应力(Pa)	塑性黏度(Pa·s)
水	—	9:40	43.5	—	2.1	—	0.65×10^{-3}
砂浆	入泵	10:15	19.4	990×960	2.5	50.2	4.3
	出泵	11:39	23.6	850×860	3.2	69.6	3.5
混凝土	入泵	11:48	15.0	790×760	8.4	176.9	64.9
	出泵	12:45	20.1	660×640	5.5	329.6	11.8

混凝土拌合物泵送前扩展度为790mm×760mm,经过长距离泵送后变为660mm×640mm。砂浆和混凝土拌合物经过长距离泵送后温度有所上升;其塑性黏度均降低,屈服应力均增加。由此造成长距离泵送后混凝土拌合物坍落扩展度减小,V形漏斗通过时间缩短。另外,泵送过程中部分浆体和外加剂组分参与管壁润滑层(2～4mm)的构造,由于润滑层的运动速度几乎为零,所以造成经过泵送后的拌合物失去部分水分和减水组分而导致和易性发生变化。

流体层流运动时,流体流动过程中产生边界层分离而引起机械能损耗,这种阻力称形体阻力。流体沿壁面流动时的流动阻力称摩擦阻力,流体运动时推动力等于摩擦阻力。研究发现,泵送过程的压降(压力损失)与流体(介质)塑性黏度、屈服应力和泵送速率有关系。

水的泵送压力 < 砂浆 < 混凝土,黏度越大的介质的摩擦阻力越大;当以 $40m^3/h$ 排量泵送混凝土时,在270m处的管内压力为8MPa,而以 $50m^3/h$ 排量时泵送混凝土时,该处管内压力为11.0MPa(图7-18和图7-19)。排量越大,流体介质与管道壁摩擦所损耗能量越大,所需泵送压力越大,在实际泵送过程中可以通过控制排量来控制泵送压力,特别在高扬程泵送过程中,减小泵送速率能有效地降低堵泵、爆管等现象发生的概率。

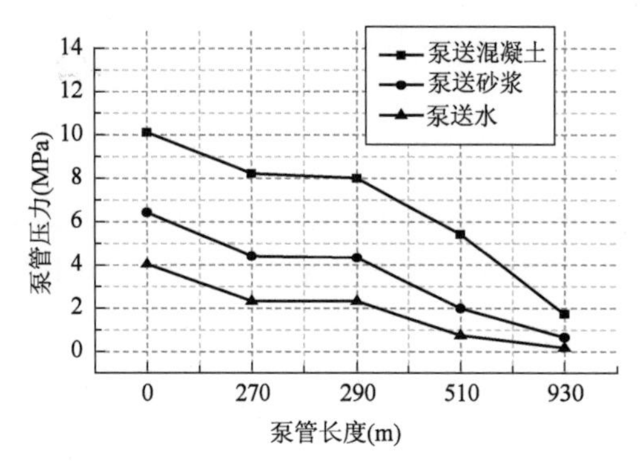

图7-18 排量为 $40m^3/h$ 时各种介质的内压力

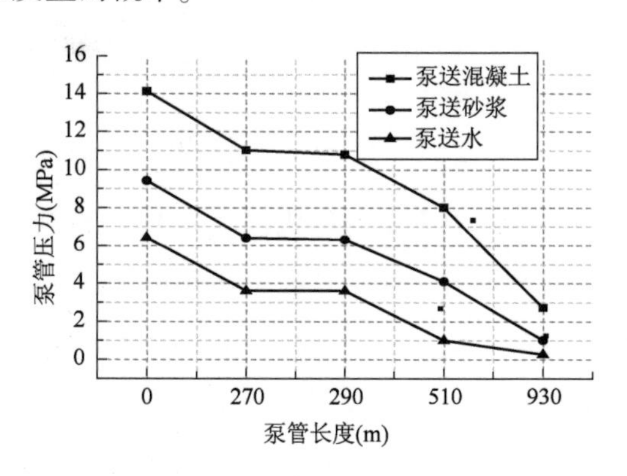

图7-19 排量为 $50m^3/h$ 时各种介质的内压力

(3)弯管与水平管压力

设置监测点 A 和 B 来测量弯头处的压降,设置监测点 C 和 D 来测量水平管道内的压降。图7-20是 A 点与 B 点的压力关系拟合曲线,$A = -0.08 + 1.03B$,线性度为0.998。这说明弯头处的压力变化很稳定,具有代表性,他们之间对应的是一对90°、$R = 1m$ 的弯管 +20m 直管的压力损失,压力损失统计分布如图7-21所示,当管道内充满混凝土介质时,弯头处压力损失也趋于稳定,弯头的平均压降为0.014MPa/m,最大压降为0.025MPa/m。

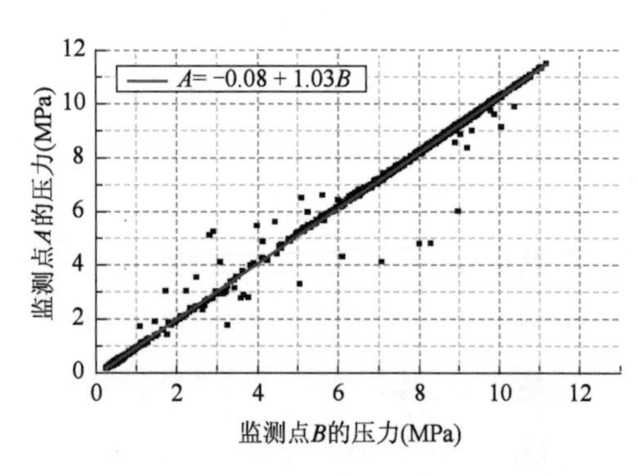

图7-20 A 点与 B 点的压力关系拟合曲线

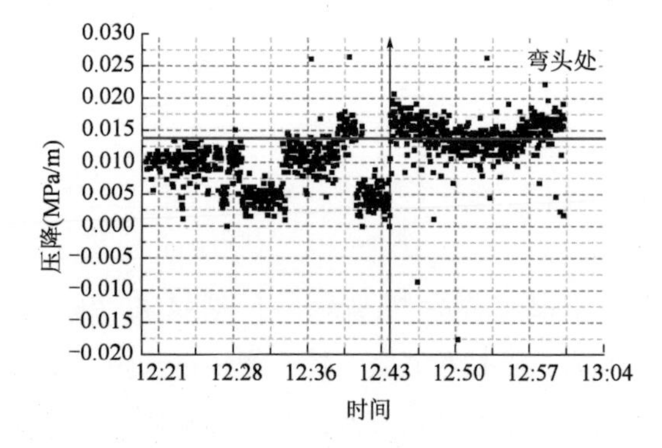

图7-21 弯管处的压力损失分布统计

图7-22是 B 点与 C 点的压力关系拟合曲线,$B = 0.05 + 1.32C$,线性度为0.921。长距离泵送过程中管道内压力波动变化规律明显。他们之间对应的是四对90°、$R = 1m$ 的弯管 +220m直管的压力损失,压力损失统计分布如图7-23所示,当管道内充满混凝土介质时,水

平管道内的压力损失也趋于稳定，水平管道内的平均压降为0.011MPa/m，最大压降为0.015MPa/m。

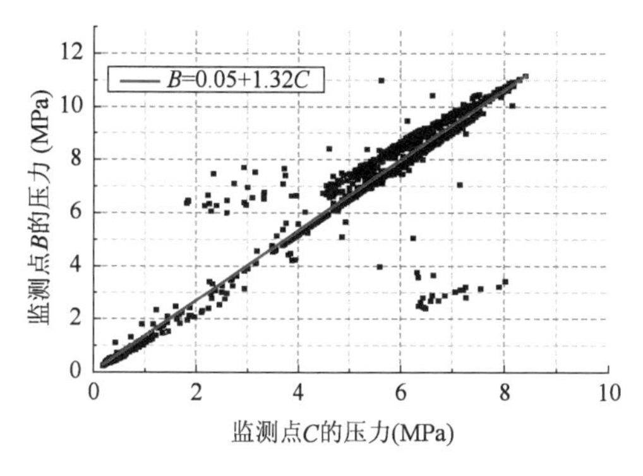

图7-22 B点与C点的压力关系拟合曲线

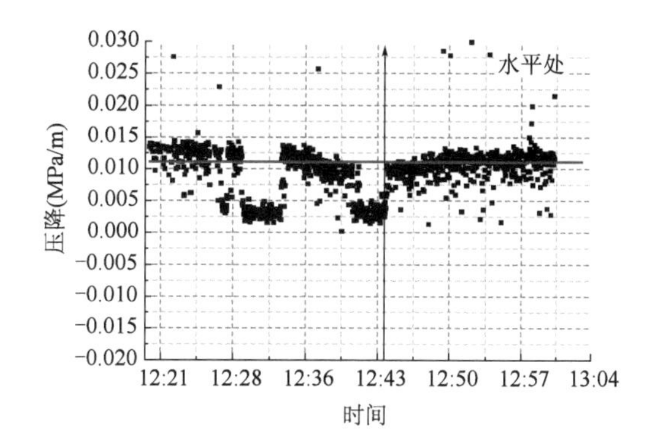

图7-23 水平管道内的压力损失分布

《混凝土泵送施工技术规程》(JGJ/T 10—2011)附录中所给出的混凝土泵送管道内每米压力损失的计算公式，即S·Morinaga经验公式，见式(7-1)。

$$\Delta P = \frac{2}{r}\left[K_1 + K_2\left(1 + \frac{t_2}{t_1}\right)v_2\right]a_2 \tag{7-1}$$

式中：ΔP——单位长度(m)的沿程压力损失，MPa；

r——混凝土输送管半径，m；

K_1——黏着系数，取$K_1 = 300 - S$；

K_2——速度系数，取$K_2 = 400 - S$；

S——为混凝土坍落度，mm，取270mm；

$\frac{t_2}{t_1}$——混凝土泵分配阀切换时间与活塞推压混凝土时间的比值，当设备性能未知时，可取0.3；

v_2——混凝土在管道内的流速($v_2 = Q/A = 4Q/\pi d^2$)。当排量$Q = 40\text{m}^3/\text{h}$时，直径为150mm的输送管内的混凝土流速约为0.63m/s；

a_2——径向压力与轴向压力的比值，约为0.9。

经计算得到的混凝土泵送管道内的压力损失$\Delta P = 0.0033\text{MPa/m}$，与实际测量得到的0.011~0.015MPa/m的数据不符合。其原因是S·Morinaga经验公式中黏着系数(K_1)和速度系数(K_2)的计算方法适用普通泵送混凝土，而大流态自密实混凝土的流变性能与塑性混凝土有很大不同，其塑性黏度与坍落度之间并不具有线性关系。仅根据混凝土的坍落度大小来计算泵送管道内的压力损失必然误差很大。因此，还需要进行系统研究，积累大量实测数据来建立适用于大流态混凝土的压力损失计算公式，以便适应当前混凝土高扬程或长距离泵送的现状。

此外，根据泵机主系统压力数值与泵管长度(弯管等未换算水平)的比值，同管道上压力传感器监测的每米压力损失近似相近。由表7-2可知,当管道完全被混凝土填充时,其主系统压力值为12~14MPa,泵送管道长度为1100m,则每米平均压力损失值为0.011~0.013MPa/m,而此时传感器监测值为0.011~0.015MPa/m,两者极为相近,这一关系得以多次验证。为此,可以通过观测泵机主系统压力值来评判混凝土与管道之间的摩擦阻力值,这一结论为今后"可泵性"预判数据积累提供了重要理论支撑。

7.3.3 泵送前后性能变化规律

试验时混凝土拌合物泵送前后性能变化见表7-4和表7-5。

混凝土拌合物入泵时,坍落扩展度为790mm×760mm,而经过长距离泵送后损失为660mm×640mm,损失120mm,不经过泵送损失为50mm。试验未确定何原因造成长距离泵送后拌合物坍落扩展度减小,可能的原因是泵送过程中部分浆体和外加剂组分参与润滑层(2~4mm)的构造,由于润滑层的运动速度几乎为零,所以造成经过泵送的拌合物失去部分水分和减水组分而造成损失程度大于未泵送的损失程度,结论有待验证;试验发现,经过泵送后混凝土的含气量几乎增加1倍,混凝土泵送的整个过程是一个密闭过程,无外界气体的引入,因此,拌合物含气量的增加可能是材料开孔引入气体经过高压挤压形成气体;经过长距离泵送后混凝土温度上升5℃,这是由于泵送介质与管壁摩擦产生的热量,与泵送速度和泵送长度有关。

泵送工作性能变化 表7-4

试验	时间	坍落扩展度(mm)	倒坍时间(s)	温度(℃)	含气量(%)
入泵	11:48	790×760	2.3	15.0	—
出泵	12:45	660×640	2.0	20.1	2.6
空白	12:50	710×720	3.4	14.6	1.4

拌合物经过泵送后塑性黏度降低82%,其原因可能与含气量的增加有关系;屈服应力值增加86%,与此同时塑性黏度与V形漏斗排空时间成正比例关系,塑性黏度越大V形漏斗排空时间越长;但是屈服应力与T_{500}的关系,希望通过屈服应力与T_{600}(放大T_{500})来建立,同样未经过泵送的拌合物塑性黏度与屈服应力变化趋于平缓,见表7-5。

经过泵送前后流变性变化 表7-5

试验项目	时间	屈服应力(Pa)	T_{500}(s)	塑性黏度(Pa·s)	V形漏斗时间(s)
搅拌	8:45	84.9	4.4	60.2	12.0
入泵	11:48	176.9	3.0	64.9	8.4
出泵	12:40	329.6	2.7	11.8	5.5
未泵	12:50	241.2	3.2	78.1	8.5

7.3.4 管道内压力传递规律

混凝土泵工作示意图如图7-24所示。

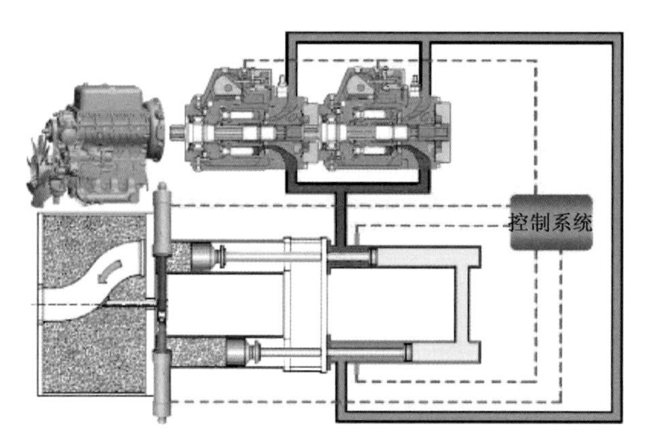

图 7-24　混凝土泵送系统示意图

目前的混凝土泵送系统多采用液压双缸形式的活塞式混凝土泵,两个液压油缸在分配单元的换向作用下,交替推送与其相连的两个混凝土组,产生交替往复运动,将混凝土不断地从料斗吸入输送缸,再加压经过分配阀泵入附在布料杆上的输送管道内,最后从布料杆顶端软管源源不断地泵出。

这种交替往复运动形成的动力致使输送管道内的混凝土介质之间的挤压力也呈现脉冲式规律。

假设泵送混凝土为不可压缩流体,泵机产生的脉冲压力通过混凝土介质传递与时间无关,不论距离多远,只要形成稳定层流,压力起始端给一个变量,管道中所有部位立刻发生相应的变化,如图 7-25 和图 7-26 所示。

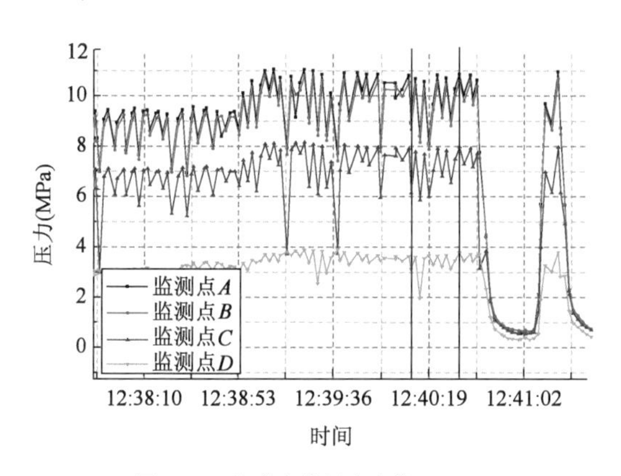

图 7-25　管道中的压力变化(4min)

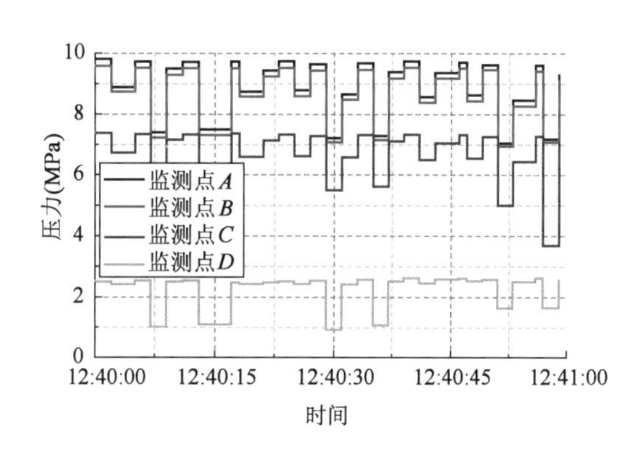

图 7-26　管道中的压力变化(1min)

7.3.5　泵送管道安全评估方法

目前,对混凝土输送管仅有的相关规定现行《建筑施工机械与设备　混凝土输送管　型式与尺寸》(JB/T 11187)和《混凝土泵送施工技术规程》(JGJ/T 10)。前者规范了管子的尺寸,后者提出了管路的布置要求。而施工单位往往根据经验提出混凝土输送管的安全使用管理要求,对混凝土输送管安全性的判断缺乏数据支持。因此,对混凝土输送管的安全性进行分析是必要的。

(1)基本假设

①混凝土在管内是理想流体;②混凝土管符合材料力学的基本假设:连续、均匀、各向同性;③在混凝土输送管内混凝土稳定流动,或是密闭容器。

(2)受力分析

混凝土在输送泵的活塞推力 P 作用下,对输送管内壁产生径向压应力,在混凝土内应力作用下,管壁径向膨胀产生径向压力和摩擦引起的轴向拉应力(只计算的是径向爆裂,因此忽略)。

在管壁的径向压应力沿壁厚方向分布是不均匀的,内大外小,管壁越厚差值越大,反之越薄趋向均匀。

(3)理想状态下管壁安全性计算

一般混凝土输送管最小内径为 $\phi100 \sim \phi125\text{mm}$,厚度为 $5 \sim 10\text{mm}$;壁厚 δ 和内径 D 之比 $\leqslant 1/10$;材料为无缝钢管;属于薄壁结构,假定应力均匀分布。

管壁厚度按式(7-2)计算:

$$\delta \geqslant \frac{pD}{2[\sigma]} \tag{7-2}$$

$$[\sigma] = \frac{\sigma_b}{n}$$

式中:δ——管壁厚度;

p——泵机混凝土缸出口压力;

D——混凝土管内径;

$[\sigma]$——混凝土管材料许用拉应力。

σ_b——材料的抗拉强度极限;

n——安全系数。

(4)泵管临界安全计算

算例:下面分别对 A 钢和 16Mn(低合金高强度结构钢)进行最小壁厚(δ)计算:

设混凝土出口泵送压力等于输送管内压力为 12MPa,设混凝土输送管内径为 $\phi125\text{mm}$。

①当用 A 钢时,$\sigma = 372\text{MPa}$,取 $n = 1$ 时,根据式(7-2),$\delta \geqslant \frac{pD}{2[\sigma]} = \frac{12 \times 125}{2 \times 375} = 2.00\text{mm}$。

②当用 16Mn 钢时,$\sigma = 510\text{MPa}$,取 $n = 1$ 时,根据式(7-2),$\delta \geqslant \frac{pD}{2[\sigma]} = \frac{12 \times 125}{2 \times 510} = 1.47\text{mm}$。

混凝土在管路运动过程中,对管路的磨损到极限厚度时,将会发生管路爆裂。其磨损的速度与混凝土的材料、坍落度、泵送压力和速度、管路材料等因素有关。例如,根据经验数据,集料为石灰岩泵送混凝土对 A 钢的管壁径向半径磨损速度为:每泵送 10000m^3 磨损约 3mm。

因此,当混凝土为理想液体时,泵管的最小壁厚为:当用 A 钢时,管壁厚度 $\delta > 2.00\text{mm}$;当用16Mn钢时，管壁厚度$\delta > 1.47$mm。这为泵管布设时泵管壁厚选择提供参考，同时泵送过程中对于管壁磨损临界安全判断提供依据。泵管使用过程磨损厚度小于最小临界厚度时，则应立刻换新管，否则可能发生爆管风险。与此同时，还需要考虑水平管与弯管压力差异，以及弯管处磨损大于水平管的实际。

7.4　泵送混凝土可泵性预评价

高扬程混凝土泵送过程中，混凝土在管道中的压力由管道阻力(P_f)与混凝土自重(P_G)组成，其压力与高度的函数关系见式(7-3)。

$$P_{max} = P_f + P_G \geqslant \Delta P\left(H_{max} + \frac{H_{max}}{4}\right) + \rho g H_{max} \tag{7-3}$$

式中：P_{max}——泵机最大出口压力(Pa)，其压力一般为额定压力值的80%；

ΔP——每米管道平均压力损失值(Pa/m)；

H_{max}——混凝土垂直浇筑高度(m)；

ρ——混凝土表观质量(kg/m^3)；

g——重力加速度(N/kg)。

将式(7-3)简化为：

$$H_{max} \leqslant \frac{P_{max}}{1.25\Delta P + \rho g} \tag{7-4}$$

由式(7-4)可知，理论上混凝土泵送高度满足$f\left(\frac{P_{max}}{\Delta P}\right)$，其是泵送设备最大压力和泵管摩擦阻力($\Delta P$)的函数关系，即由混凝土与管道之间的$\Delta P$可粗略判断其泵送高度。最大泵送压力计算原理简图见图7-27。研究表明，ΔP与混凝土拌合物的塑性黏度和V形漏斗排空时间有密切关系。因此，可通过滑管仪间接预测混凝土拌合物与泵管之间的摩擦阻力，并建立不同高度下泵送混凝土"可泵性"指标控制参数。

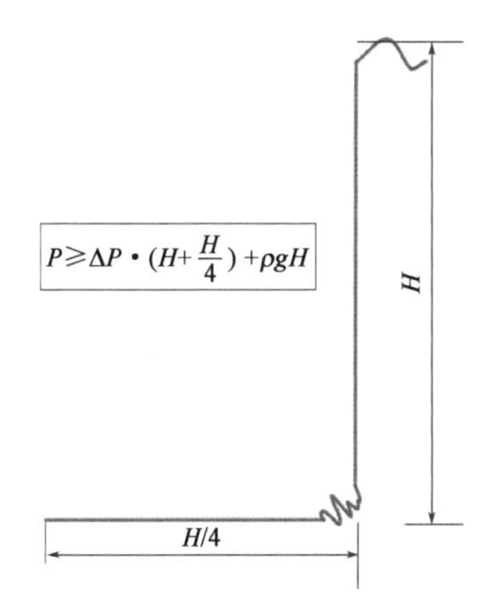

图7-27　最大泵送压力计算原理简图

利用滑管仪测试不同混凝土的每米压力(ΔP)，统计结果见表7-6。

不同流变参数下混凝土滑管预测压力(ΔP)　　表7-6

塑性黏度范围(Pa·s)	V形漏斗排空时间(s)	分层度(%)	扩展度值(mm)	滑管仪预测压力ΔP(MPa/m)
<80	<15	<30	700~750	0.011~0.020
80~100	15~30		650~750	0.020~0.060
100~200	不堵塞		650~750	0.060~0.200
>200	堵塞		500~650	堵塞

混凝土拌合物的塑性黏度小于80Pa·s且V形漏斗排空时间小于15s时，滑管仪预测压力值在0.011～0.020MPa/m之间；混凝土拌合物的塑性黏度为80～100Pa·s且V形漏斗排空时间在15～30s时，滑管仪预测压力值在0.020～0.060MPa/m之间；当混凝土拌合物的塑性黏度为100～200Pa·s时，滑管仪预测压力值在0.060～0.200MPa/m之间；当塑性黏度大于200MPa/m且V形漏斗试验堵塞时，其滑管仪压力变化值偏大，且无明显规律。

以国内常用HBT90 50CH超高压拖泵为例，其输出最大压力为30MPa，按照式(7-4)和表7-6可粗略预测不同混凝土性能下的理论泵送高度，见表7-7。

泵送混凝土流变参数与理论泵送高度的预测值 表7-7

塑性黏度范围(Pa·s)	V形漏斗排空时间(s)	扩展度值(mm)	滑管仪预测压力 ΔP (MPa/m)	理论泵送高度(m)
<80	<15	700～750	0.011～0.020	650～500
80～100	15～30	650～750	0.020～0.060	500～300
100～200	不堵塞	650～750	0.060～0.200	300～100
>200	堵塞	500～650	—	—

根据现行《自密实混凝土应用技术规程》(JGJ/T 283)、《自密实混凝土应用技术规程》(CECS 203)、模拟试验以及工程实际施工经验，给出不同扬程混凝土“可泵性”简易评价指标参考值，见表7-8。

不同扬程“可泵性”简易评价指标参考值 表7-8

<table>
<tr><th colspan="2">工程工况</th><th colspan="2">一般性能</th><th colspan="3">主控指标</th></tr>
<tr><th>泵送净高(m)</th><th>泵送水平长度(m)</th><th>含气量(%)</th><th>分层度(%)</th><th>T_{500} (s)</th><th>扩展度(mm)</th><th>V漏斗排空时间(s)</th></tr>
<tr><td>100～200</td><td>300～600</td><td>≤5.0</td><td rowspan="2">≤30</td><td><8</td><td>≥650</td><td>≤30</td></tr>
<tr><td>200～300</td><td>600～900</td><td>≤4.0</td><td><6</td><td rowspan="2">≥680</td><td>≤20</td></tr>
<tr><td>>300</td><td>>900</td><td>≤3.0</td><td>≤20</td><td><5</td><td>≤12</td></tr>
</table>

7.5 本章小结

(1)海拔高程变化产生的压力差(一个标准大气压约为0.1MPa)与泵送管内压力相比可忽略不计，且对泵送管内混凝土状态影响较小。

(2)混凝土在压力作用下沿输送管道流动的难易程度以及稳定程度的特性，其主要表现为流动性和内聚性，即混凝土拌合物失去应力作用后其具有凝聚性，不出现离析分层，当重新加以剪切应力，立刻恢复“流动”，保持良好的均质性。并不是混凝土拌合物的塑性黏度越小就越容易泵送，而是存在一个“合理范围”，这个范围使得混凝土拌合物是一个触变性的黏性混合物，要避免过分降低浆体的黏度，从而破坏浆体的匀质性能，增大泵送初始阻力。这个“合理范围”可用塑性黏度和分层度来表征，其表达方式为：[(0，塑性黏度)∩(0，分层度)]。

(3)管道内的混凝土介质之间的挤压力是脉冲式;保持恒定泵送排量的前提下,泵送压力与泵送介质的塑性黏度成正比例关系;泵送压力随着泵送排量增大而增大;弯头处的每米压降大于水平管道的每米压降;泵管末端压降小于前端压降。

(4)实践发现,根据《混凝土泵送施工技术规程》(JGJ/T 10—2011)附录B中混凝土泵送阻力计算经验公式S·Morinaga推算值与压力表实测数据不符合,相差约一个数量级。其原因是S·Morinaga经验公式中黏着系数K_1和速度系数K_2的计算方法适用于塑性混凝土,而自密实混凝土的流变性能与塑性混凝土有很大不同,其塑性黏度与坍落度之间并不具有线性关系。此外,《混凝土泵送施工技术规程》(JGJ/T 10—2011)附录A表1中输送管道的水平换算长度,不仅与尺寸、材料、形状有关,还与混凝土的黏度有关,黏度越低折算长度越短。

(5)混凝土拌合物可泵性可通过塑性黏度、V形漏斗排空时间、分层度以及坍落扩展度等参数进行综合评判,给出不同泵送高程下混凝土拌合物的可泵性评价指标限值。

本章参考文献

[1] 阎培渝,黎梦圆,韩建国,等.新拌混凝土可泵性的研究进展[J].硅酸盐学报,2018,46(02):239-246.
[2] 赵晓,黎梦圆,韩建国,等.混凝土可泵性的室内与现场评价[J].工业建筑.2018-05-20.
[3] 赵筠.混凝土泵送性能的影响因素与试验评价方法[J].江西建材,2014(12):6-32.
[4] 马保国,彭观良,胡曙光,等.泵送混凝土可泵性评价方法浅探[J].河南建材,2000(03):15-17.
[5] 吴艳青,郭中光,张云飞.高强高性能混凝土超高泵送研究进展[J].商品混凝土,2013(06):25-26+49.
[6] 李立辉,陈喜旺,李路明,等.自密实混凝土泵送压力变化规律分析[J].施工技术,2016,45(12):52-56.
[7] 宁卉.远距离高扬程泵送混凝土施工技术[J].铁道建筑技术,2011(06):89-92+103.
[8] 高雅静,孙双鑫,陈科.微珠粉煤灰在超高性能混凝土中的应用[J].建筑技术,2014,45(01):26-29.
[9] 陈喜旺,张登平,李立辉,等.C70自密实混凝土1590m水平盘管泵送试验的研究[J].混凝土,2016(05):98-101.
[10] 于荣,孙晓洁,孟玉静,等.混凝土泵车臂架半实物仿真控制系统[J].工业控制计算机,2012,25(04):8-9+60.
[11] 赵筠.泵送混凝土易泵性试验评价方法的研究进展[J].混凝土世界,2014(04):44-53.
[12] 宋巍,王俊杰,程湑.高扬程新拌混凝土可泵性简易评价研究[J].水利科学与寒区工程,2019,2(03):39-42.
[13] 李帅,柯国炬,田波.泵送混凝土可泵性的评价指标[J].河南建材,2014(06):28-30.

第 8 章　大温差和低湿度条件下道面混凝土的硬化性能

8.1　内养护与混凝土性能的影响

美国混凝土协会(ACI 308—2001)对内养护材料的定义为:由存在混凝土中额外的水而非拌和用水引起的水泥水化过程的材料。RILEMTC-ICC2003 对内养护材料的定义为:向混凝土中引入可以作为养护因子的组分。具体来说混凝土的内养护是指在混凝土拌和时加入吸水材料来引入额外的水,当混凝土因水化反应导致内部相对湿度下降时内养护材料可以释放出水分进行补充。研究表明,低水胶比混凝土由自干燥引起的内部相对湿度的降低,是自收缩的主要原因。通过内养护可以使混凝土内部的相对湿度维持在比较高的水平上,从而有效地减少混凝土的自干燥现象和由此而引起的收缩。高性能混凝土成型后早期大量的塑性泌水以及快速水化会导致其内部水分不足,这也是其在养护时比较突出的问题。如果内部水分不能及时得到补充,水泥在水化过程中混凝土基体的自干燥会使其发生较大变形,当混凝土结构的自收缩变形被限制,其内部会产生拉应力,拉应力超过混凝土的抗拉强度时就会因此而产生裂缝。

对于混凝土内养护的研究始于 20 世纪 90 年代,混凝土内养护的概念在 1991 年由 Philleo 首次明确提出,实际上早在 1957 年,Shideler 就发现预湿轻集料可以减小混凝土自收缩。2001 年 Janson 等首先进行了以高吸水树脂作为内养护材料的研究。内养护按照养护材料可以分为两类:轻集料(LWA)内养护技术和高吸水树脂(SAP)内养护技术。对于饱水 LWA 内养护,由于轻集料作为内养护材料需要具有多孔且能吸收和释放水分的性质,相比其替代的集料来说比较脆弱,掺量过大会对混凝土的强度和弹性模量等产生不利影响,并且由于水分在混凝土内部迁移的距离有限,使用饱水轻集料进行养护会使混凝土中仍然存在未被养护的部分,从而导致内部水化程度不一而产生有害影响。此外 LWA 的成本相对较高,大量使用会提高混凝土的成本。目前国内对于轻集料(LWA)内养护混凝土的研究主要集中在低强度混凝土,主要的承重结构上对于饱水 LWA 养护的混凝土研究及应用很少。高吸水树脂作为一种新型的内养护技术,具有掺量小、吸水速率快、吸水倍率高等特点,具有十分广阔的发展前景。对于内养护材料的研究还在不断的探索之中,Mitsuo OZAWA 等使用黄麻纤维作为混凝土内养护材料进行了研究,Kawashimas 等对纸浆纤维应用于混凝土内养护进行了研究。

在低水胶比水泥体系中,自干燥现象十分显著,并会随着水灰比的降低而越发严重。使用内养护剂引入额外水分可以有效改善混凝土构件内部的湿度状态以及分布状况，有效减少由于自收缩和干燥收缩引起的破坏。此外，也有少数研究证明，高吸水树脂内养护可以减少水泥基材料的塑性收缩。

高吸水树脂的养护机理在于高吸水树脂分子中含有大量的强亲水性基团，如羧基(—COOH)和羟基(—OH)等，这些强亲水性基团可以与自由水形成氢键，因此高吸水树脂可以吸收大量的自由水，理论上高吸水树脂的吸水量可以达到自身质量的几百倍甚至上千倍。高吸水树脂的饱和吸水率导致外界溶液的渗透压有很大关系，当外界溶液中离子浓度升高时会导致渗透压降低，进而导致高吸水树脂的吸收能力降低，另外混凝土中的二价钙等阳离子与羧酸酯的络合作用也会降低高吸水树脂的吸水能力。高吸水树脂具有三维交联网络结构，可通过溶胀作用将自由水固定在聚合物网络内部，所以其具有很强的保水能力。高吸水树脂的吸水速率相较轻集料要快很多，如广泛应用的聚丙烯酸类内养护剂，在数分钟之内就可以基本达到饱和吸水率。当外界 pH 值或者离子浓度变大时，SAP 会释放出水分从而起到内养护作用。

高吸水树脂作为内养护材料的主要目的是减缓高强度混凝土的收缩开裂，但是内养护材料和额外水量的引入会对混凝土各项性能造成不同程度的影响。

(1)SAP 内养护对混凝土收缩的影响

内养护的主要目的就是保证混凝土内部的湿度，减少混凝土由于内部干燥造成的收缩和开裂。何真等通过使用非金属矿物高分子吸水释水复合材料对混凝土进行内养护，使混凝土的自收缩和干燥收缩得到了明显改善，提高了混凝土的抗开裂性能。朱长华通过研究得出，SAP 可显著减小混凝土的塑性收缩，SAP 的粒径对于养护效果有一定影响，其减小塑性收缩的效果随着粒径的增大而提高，最大可降低至基准混凝土的 50% 左右。孔祥明研究发现预吸水 SAP 的掺入对高强混凝土的早期自收缩的减缩效果非常显著，减缩率达 90% 以上。内养护减少混凝土收缩这一性质已经被充分证明并且得到了广泛的认可。

由于水化反应、蒸发所消耗的水分被内养护所引入的额外水分补偿，水泥基材料毛细孔溶液负压降低，水泥基材料内部相对湿度的降低得到了缓解。因此超吸水树脂具有十分显著的减缩效果，最大减缩率可达 90% ，是减少高强混凝土收缩开裂的一种非常有效的内养护材料。

(2)SAP 内养护对混凝土力学性能的影响

Lam 和 Hooton 通过在水灰比为 0.35 的混凝土中掺入相当于水泥质量 0.3% 的高吸水树脂，发现抗压强度降低了 50% 以上。Piérard 等通过在水灰比为 0.35 的混凝土中加入相当于水泥质量的 0.3% 和 0.6% 的预吸水 SAP，发现混凝土强度在 28d 时分别降低 7% 和 13% 。Lura等发现掺入相当于水泥质量 0.4% 的预吸水 SAP 对于水灰比为 0.3 的水泥砂浆强度几乎没有影响，对于水灰比为 0.4 的水泥净浆则使其 7d 强度降低了 20% 。Mechtcherine 等对水灰比为 0.22 的混凝土掺入相当于水泥质量 0.3% 和 0.6% 的预吸水 SAP，混凝土的 7d 抗压强度分别降低了12%和30%,28d抗压强度分别降低了4%和20%。还有一些文献得出了与前述文献相反的结果。Geiker M R等的研究表明,掺入SAP使得混凝土的水化程度得到提高,因此掺入SAP的混凝土抗压强度相较于对照组增高了。Gao等对水灰比为0.4的铝酸盐水泥净浆分别掺入相当于水泥质量0.2%和0.6%的无预吸水SAP,发现水泥净浆的抗压强度由空白组的36.1MPa提高到40.5MPa和44.4MPa。

高吸水树脂对于混凝土的强度影响并未有一致结论,这可能是由于:

①高吸水树脂吸水后属于凝胶体,在拌和时由于其吸水后颗粒发生团聚,导致养护材料分散不均匀影响养护效果。释水后聚集成团的高吸水树脂颗粒体积会缩小,从而在混凝土内部形成蜂窝状孔洞,对混凝土构件的耐久性和强度等产生很大影响。

②高吸水树脂在使用时引入的额外水量并没有相关的细则规定,在实际应用中如何适当控制其引入水量仍然存在疑问,这也是导致SAP内养护混凝土强度测试结果互相矛盾的原因之一。

③SAP颗粒的粒径以及化学结构对于其养护效果有着很大影响,但是目前针对这一方面的研究相对比较缺失。

(3)SAP内养护对混凝土耐久性的影响

孔祥明等通过压汞试验、扫描电镜观察以及氯离子扩散系数快速测定等手段得出以下结论:掺入预吸水SAP引入了额外内养护水,使得硬化水泥浆的总孔隙率增大了,但对阈值孔径的影响不大;在水泥浆硬化干燥后,由于失水SAP颗粒粒径变小会在水泥浆体中引入少量几百微米大小的形状不规则的大孔,这些孔会对混凝土的抗冻性产生一定的影响;掺入预吸水SAP及简单增大拌和水量都会增大混凝土的氯离子扩散系数,预吸水SAP颗粒会在水泥水化的过程中释放出水分,进而在混凝土构件内部形成孔隙,降低了混凝土的抗冻性。王德志等研究发现使用超吸水聚合物进行内养护可以改善混凝土的抗冻性,通过250次冻融循环试验后,内养护混凝土的抗压强度损失相比对照组减少了4%~8%。

预吸水高吸水树脂在释放水分后会在混凝土中留下孔隙,这些孔隙相当于在混凝土中加入引气剂引入的气泡,可以提高混凝土的抗冻性能。SAP内养护对于氯离子扩散也产生了一定影响。混凝土构件的耐久性与其内部孔隙率及孔隙尺寸分布密切相关,但是目前对于SAP对水泥基材料孔隙的影响尚未统一:Mechtcherine等使用压汞法研究发现,SAP的加入会显著增大水泥基材料的总孔隙率;Mönnig则通过压汞法研究发现,在总水灰比相同时加入SAP会略微降低总孔隙率。由于这方面仍存在着分歧和矛盾,针对此应该展开更加深入和系统的研究。

(4)SAP内养护材料的选择和使用

在对混凝土构件进行内养护时,选择合适的养护材料及其掺量和引水量非常重要,不同的材料掺量和引水量会使养护效果产生很大差异。Henkensiefken等研究发现即使是在内养护水量相等的情况下,内养护材料的空间分布对养护效果也有很大影响。对于高吸水树脂来说,由于其吸水后的凝胶性质,实际应用中同样会存在预吸水材料分布对于养护效果影响的问题。除此之外,高吸水树脂的粒径以及引水方式对于内养护效果也有很大影响。

SAP 典型的掺量为水泥质量的 0.3% ~0.6%。SAP 使用方式一般为预吸水后在拌和混凝土时加入。也有研究直接加入干燥的高吸水树脂,这样可以解决预吸水 SAP 因为其凝胶性质产生的不均匀分布问题,但是干燥的 SAP 在加入后会吸收混凝土中的自由水分从而降低新拌混凝土的工作性。SAP 内养护水量依据的是 Powers T C 和 Brownyard T L 在 1948 年提出的水泥水化模型,即 Powers 模型。Jensen O M 根据此模型给出了内养护水量的理论计算方法,见式(8-1)和式(8-2)。

$$\text{当 } W/C<0.36 \text{ 时}, W_{sap}/C=0.18W/C \tag{8-1}$$

$$\text{当 } 0.36\leqslant W/C\leqslant 0.42 \text{ 时}, W_{sap}/C=0.42-W/C \tag{8-2}$$

当水灰比大于 0.42 时,无须引入内养护水,因此一般对于 SAP 的应用研究都集中于低水灰比混凝土,但是亦有较高水灰比内养护的相关文献,如 D Snoeck 等用高掺量 SAP 对水灰比为 0.5 的混凝土做内养护的效果进行了研究。

上述公式是理论上 SAP 需要引入的内养护水质量,但是因为存储在 SAP 中的水的释放被限制,实际引入水量要大于理论计算量,但是具体细则并没有定论。因为养护水在混凝土中迁移距离有限,所以部分理论认为应该增加实际引入水量,目前对于实际应引入的内养护水量还需要更多系统的研究和工程实践经验。

通过比较两种不同品牌吸水树脂对水泥胶砂的流动度、力学性能和干缩的影响,以及对混凝土强度、开裂性能、孔结构的影响,对高吸水树脂的应用进行了全面、系统的研究评价。细集料:河砂,细度模数为 2.67,表观密度为 2.65g/cm^3,含泥量为 0.7%。各项指标均符合规范的相关要求。

破碎石灰石,粒径为 4.75 ~26.5mm,连续级配。粗集料的技术指标见表 8-1。

粗集料技术指标

表 8-1

表观密度(kg/m^3)	压碎值(%)	针片状(%)	坚固性(%)	含泥量(%)	吸水率(%)
2690 ~2800	15.5	4.8	4.2	0.5	0.49

减水剂为引气型减水剂(固含量为 20%)。高吸水树脂编号为 1 号和 2 号,平均粒径分别为 100μm 和 125μm。高吸水树脂掺量均为水泥质量的 0.1%。

高吸水树脂的吸收性能对其应用有很大影响,水泥水化的碱性溶液环境以及混凝土中的等阳离子与羧酸酯发生络合作用都会降低高吸水树脂的吸水能力,因此高吸水树脂必须与碱性溶液有较好的相容性并且有较高的吸收倍率。使用尼龙网袋法对两种吸水树脂在碱性溶液中的吸收性能进行测试:配制饱和氢氧化钙溶液 500g,取 1 号吸水树脂和 2 号吸水树脂各

0.5g,分别测试两种高吸水树脂在 5s、10s、15s、30s、1min、2min、3min、5min、8min、10min、20min、30min 时的吸收质量。

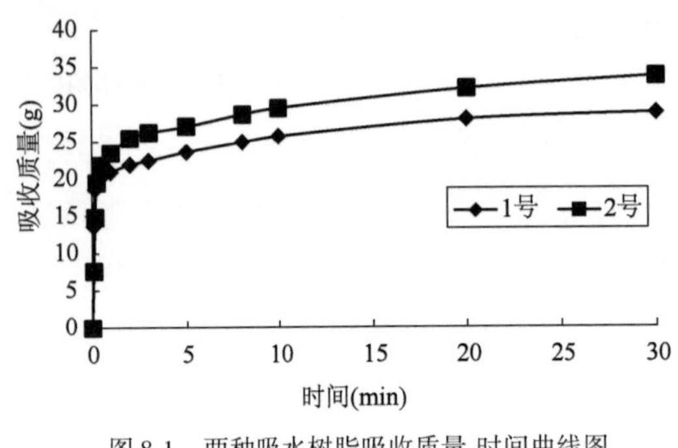

图 8-1　两种吸水树脂吸收质量-时间曲线图

30min 时高吸水树脂已经基本饱和(图 8-1)。1 号 SAP 对于饱和氢氧化钙溶液的吸收倍率为 57.7,达到饱和吸水时间(吸水倍率达到 30min 吸水倍率为 90%)约为 9min。2 号 SAP 对于饱和氢氧化钙溶液的吸收倍率为67.4,饱和吸水时间约为 12min。前 15s,1 号 SAP 的吸收速率大于 2 号 SAP。

8.1.1　掺吸水树脂砂浆性能

为了研究掺入高吸水树脂对于不同水灰比水泥胶砂流动性的影响,试验分别设置了低水灰比组别(A 组)和高水灰比组别(B 组)。A 组基准水灰比为 0.38,B 组基准水灰比为 0.5,并加入掺有预吸水 SAP 的分组,试验配合比设计见表 8-2。搅拌完成后即进行流动度测试,测试完成后移入容器内并用湿布覆盖,1h 后再进行一次流动度测试并分别计算每组的流动度损失。

流动性试验配合比设计　　表 8-2

<table>
<tr><th>编号</th><th>水灰比</th><th>水泥(g)</th><th>水(g)</th><th>河砂(g)</th><th>减水剂(%)</th><th>高吸水树脂</th></tr>
<tr><td>A1</td><td>0.35</td><td rowspan="10">600</td><td>210</td><td rowspan="10">1200</td><td>0.7</td><td>—</td></tr>
<tr><td>A2</td><td>0.35</td><td>210</td><td>0.7</td><td>1 号</td></tr>
<tr><td>A3</td><td>0.38</td><td>228</td><td>0.7</td><td>1 号</td></tr>
<tr><td>A4</td><td>0.35</td><td>210</td><td>0.7</td><td>2 号</td></tr>
<tr><td>A5</td><td>0.38</td><td>228</td><td>0.7</td><td>2 号</td></tr>
<tr><td>B1</td><td>0.50</td><td>300</td><td rowspan="5">—</td><td>—</td></tr>
<tr><td>B2</td><td>0.50</td><td>300</td><td>1 号</td></tr>
<tr><td>B3</td><td>0.53</td><td>318</td><td>1 号</td></tr>
<tr><td>B4</td><td>0.50</td><td>300</td><td>2 号</td></tr>
<tr><td>B5</td><td>0.53</td><td>318</td><td>2 号</td></tr>
</table>

注:减水剂掺量为对水泥质量百分比。

按照《水泥胶砂强度检验方法(ISO 法)》(GB/T 17671—1999)制备水泥胶砂试件并进行强度检验,试验配合比设计见表 8-2。成型后的水泥胶砂试件尺寸为 40mm × 40mm × 160mm,24h 后脱模移入标准养护室进行养护并测试水泥胶砂试件 6d 强度和 28d 强度。

按照《水泥胶砂干缩试验方法》(JC/T 603—2004)进行胶砂试件成型,基准水灰比为 0.35 和 0.50,吸水树脂通过预吸水方式掺入,24h 后脱模测试试件长度作为基准长度,测试完成后放入干缩养护室进行养护,在 1d、2d、3d、5d、7d、21d、28d 使用比长仪分别测试试件长度,试件长度减去基准长度即为水泥胶砂试体收缩值。试验配合比和分组见表8-3。

水泥胶砂试体干缩试验配合比设计　　表8-3

<table>
<tr><th>组别</th><th>水灰比</th><th>水(g)</th><th>水泥(g)</th><th>砂(g)</th><th>减水剂(%)</th><th>高吸水树脂</th></tr>
<tr><td>A1</td><td>0.35</td><td>175</td><td rowspan="6">500</td><td rowspan="6">1000</td><td>0.4</td><td>—</td></tr>
<tr><td>A2</td><td>0.38</td><td>190</td><td>0.6</td><td>1号</td></tr>
<tr><td>A3</td><td>0.38</td><td>190</td><td>0.6</td><td>2号</td></tr>
<tr><td>B1</td><td>0.50</td><td>250</td><td>—</td><td>—</td></tr>
<tr><td>B2</td><td>0.53</td><td>265</td><td rowspan="2">—</td><td>1号</td></tr>
<tr><td>B3</td><td>0.53</td><td>265</td><td>2号</td></tr>
</table>

注:减水剂掺量为水泥质量百分比。

为了研究两种高吸水树脂对于不同水灰比混凝土工作性和强度的影响,分别设计了低水灰比(A组)和高水灰比(B组)两组,基准水灰比为0.32和0.50,并分别设置了添加预吸水SAP的对照组。混凝土搅拌完成后即按照《普通混凝土拌合物性能试验方法标准》(GB/T 50080—2016)进行坍落度测试,试验每组成型两组150mm×150mm×150mm的标准试块,24h后脱模移入标准养护室进行养护,并测试7d抗压强度和28d抗压强度。试验设计配合比见表8-4。

试验配合比设计　　表8-4

<table>
<tr><th>编号</th><th>水灰比</th><th>水泥(g)</th><th>水(g)</th><th>河砂(g)</th><th>石子(g)</th><th>减水剂(%)</th><th>高吸水树脂</th></tr>
<tr><td>A1</td><td>0.35</td><td rowspan="10">480</td><td>168</td><td rowspan="10">718.3</td><td rowspan="10">1033.7</td><td>1.3</td><td>—</td></tr>
<tr><td>A2</td><td>0.35</td><td>168</td><td>1.5</td><td>1号</td></tr>
<tr><td>A3</td><td>0.38</td><td>182.4</td><td>1.3</td><td>1号</td></tr>
<tr><td>A4</td><td>0.35</td><td>168</td><td>1.5</td><td>2号</td></tr>
<tr><td>A5</td><td>0.38</td><td>182.4</td><td>1.3</td><td>2号</td></tr>
<tr><td>B1</td><td>0.50</td><td>240</td><td>—</td><td>—</td></tr>
<tr><td>B2</td><td>0.50</td><td>240</td><td>0.2</td><td>1号</td></tr>
<tr><td>B3</td><td>0.53</td><td>254.4</td><td>—</td><td>1号</td></tr>
<tr><td>B4</td><td>0.50</td><td>240</td><td>0.2</td><td>2号</td></tr>
<tr><td>B5</td><td>0.53</td><td>254.4</td><td>—</td><td>2号</td></tr>
</table>

注:减水剂掺量为水泥质量百分比。

通过Rapid Air 457设备,使用直线贯穿法(linear-traverse method)对混凝土孔结构进行分析(表8-5)。混凝土拌和完成后成型一组边长为100mm的立方体试件,24h脱模后放入标准养护室养护14d取出制成尺寸为100mm×100mm×10mm的切片并抛光,经过黑白增强处理后进行孔结构分析。

孔结构分析试验配合比设计　　表 8-5

组别	水灰比	水(g)	水泥(g)	砂(g)	石子(g)	减水剂(%)	高吸水树脂
A1	0.35	168	480	718.3	1033.7	1	—
B1	0.35	168	480	718.3	1033.7	1	1 号
C1	0.35	168	480	718.3	1033.7	1	2 号

注:减水剂掺量为水泥质量百分比。

高吸水树脂在掺入初期会继续吸收新拌混凝土中的自由水,对混凝土早期塑性收缩产生影响。混凝土在约束状态下早期抗裂性能测试和评价设备采用 7 道刀口截面形状为等腰直角三角形底边和正方形联结而成的平板能够有效诱导受约束的混凝土开裂。将混凝土浇筑至模具内使用平板表面式振捣器振捣,在试件成型 30min 后,使用电风扇直吹试件表面,风向与试件表面平行,从混凝土搅拌加水开始起算时间,观测并记录 24h 内的裂缝。根据所测量得到的裂缝数据计算初始开裂时间、平均开裂面积、单位面积的裂缝数目和单位面积上的总开裂面积等参数。

掺加高吸水树脂对于水泥胶砂试件流动性的影响如图 8-2 ~ 图 8-5 所示。

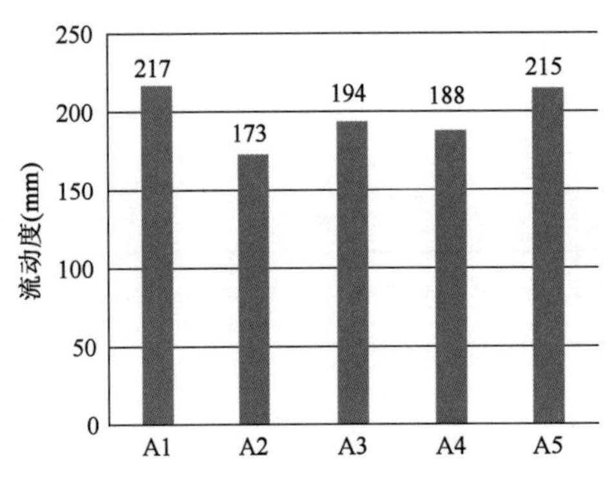

图 8-2　低水灰比两种 SAP 初始流动度

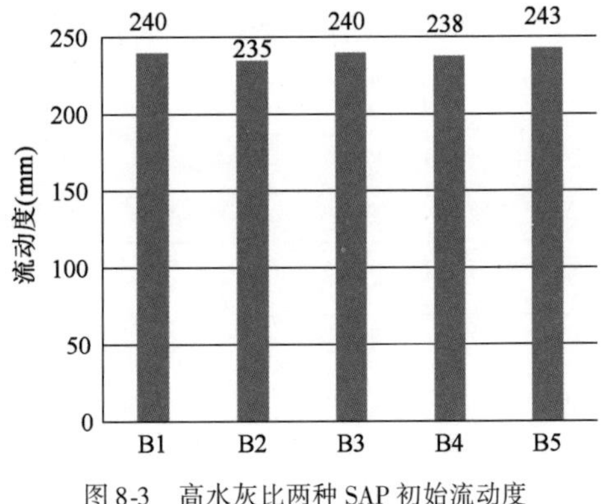

图 8-3　高水灰比两种 SAP 初始流动度

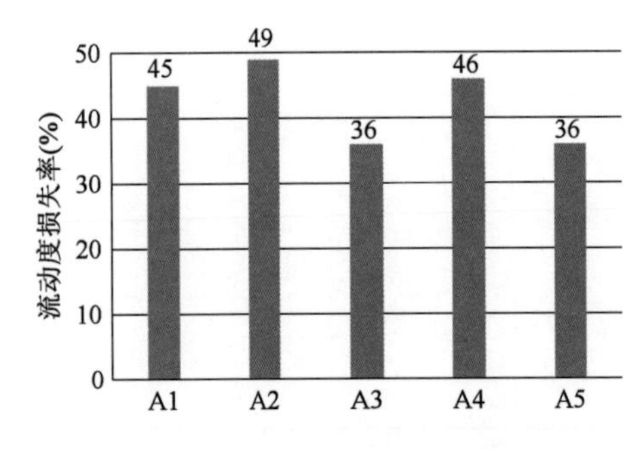

图 8-4　低水灰比两种 SAP 流动度损失

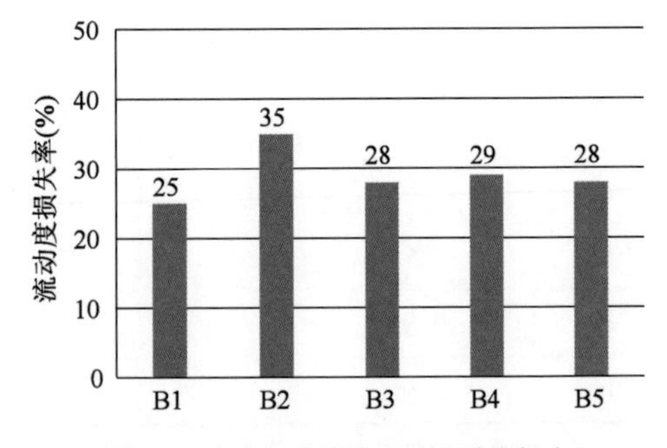

图 8-5　高水灰比两种 SAP 流动度损失

由图 8-2 可以看出,在低水灰比中掺加高吸水树脂会降低水泥砂浆初始流动性,适当增加引入水量可以有效地减少初始流动性的损失。1 号 SAP 对于水泥砂浆初始流动性的影响大于 2 号 SAP,原因是 1 号 SAP 在饱和氢氧化钙溶液中初始吸水速率大于 2 号 SAP。由图 8-3 可以看出,高水灰比中掺加高吸水树脂对于水泥胶砂试体流动性影响不大。

由图 8-4 和图 8-5 可以看出,两种高吸水树脂对于流动度损失影响差别并不明显,这是因为两种高吸水树脂饱和吸水倍率相差不大。适当增加水量甚至可以使流动性损失小于基准试体流动性损失。

在低水灰比时两种 SAP 对水泥胶砂试件抗折强度的影响不大,掺加 1 号 SAP 的试件在后期抗折强度甚至有所增强。在高水灰比时掺入高吸水树脂会降低试块抗折强度,前期两种 SAP 差别不大,后期 1 号 SAP 对抗折强度的影响优于 2 号 SAP,如图 8-6 ~ 图 8-9 所示。

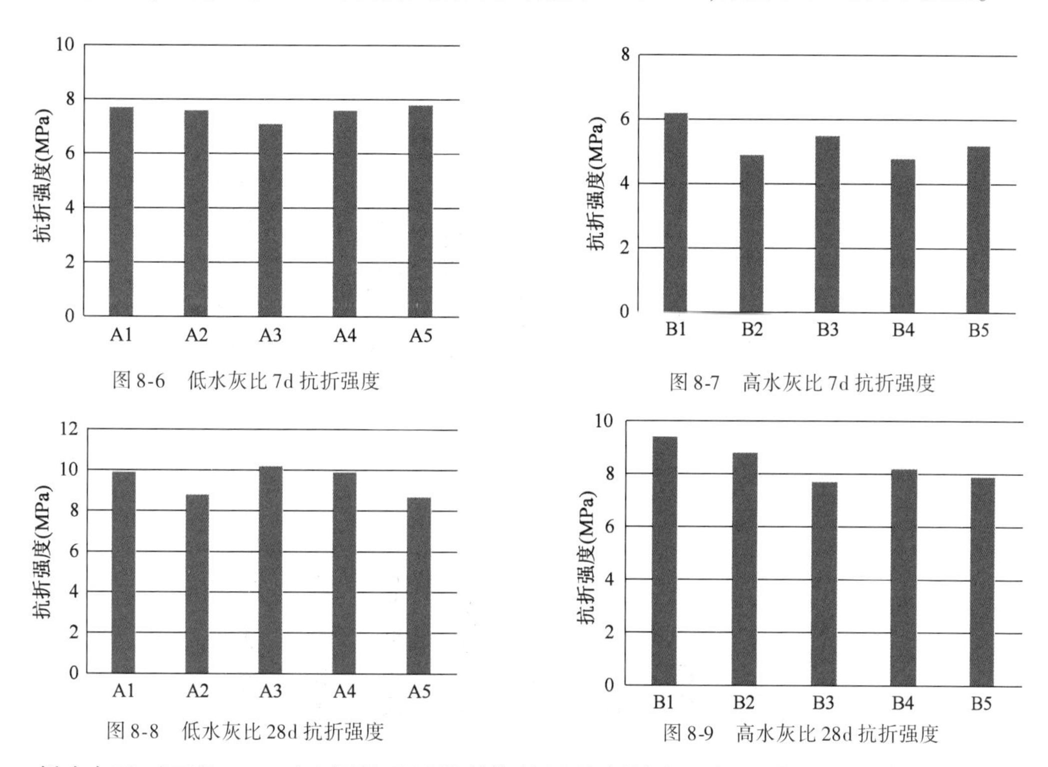

图 8-6　低水灰比 7d 抗折强度

图 8-7　高水灰比 7d 抗折强度

图 8-8　低水灰比 28d 抗折强度

图 8-9　高水灰比 28d 抗折强度

低水灰比时两种 SAP 对水泥胶砂试件前期抗压强度影响不大,2 号 SAP 组前期抗压强度甚至有所提高,在 28d 抗压强度中掺加高吸水树脂降低较为明显,2 号 SAP 表现优于 1 号 SAP。高水灰比时 1 号 SAP 对抗压强度降低作用较 2 号 SAP 更为明显,如图 8-10 ~ 图 8-13 所示。

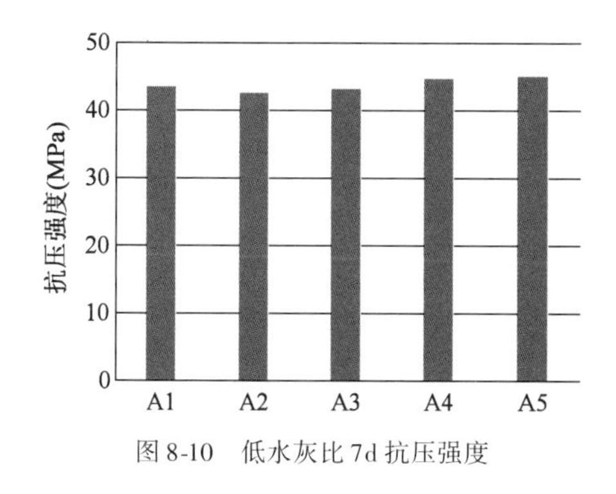

图 8-10　低水灰比 7d 抗压强度

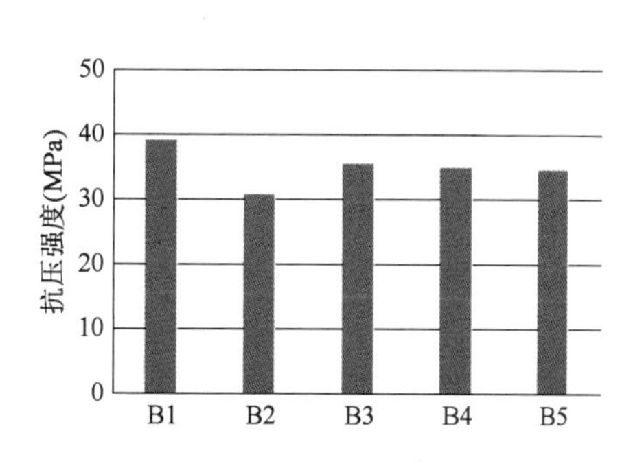

图 8-11　高水灰比 7d 抗压强度

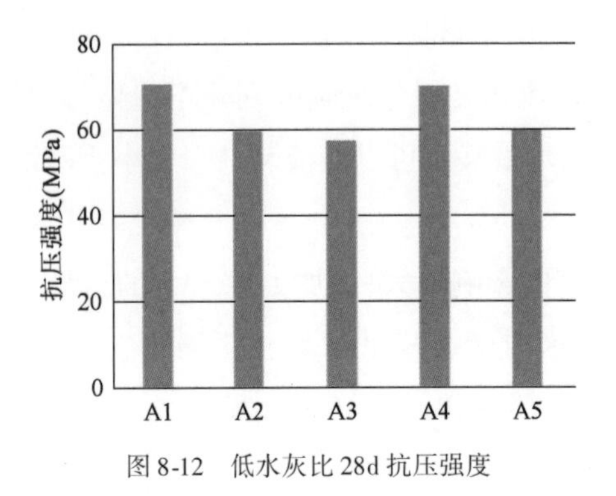

图 8-12　低水灰比 28d 抗压强度

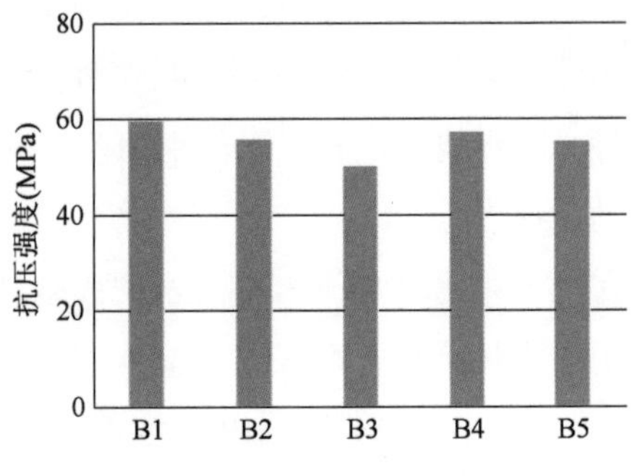

图 8-13　高水灰比 28d 抗压强度

掺加高吸水树脂对水泥胶砂试件干缩的影响如图 8-14 和图 8-15 所示。

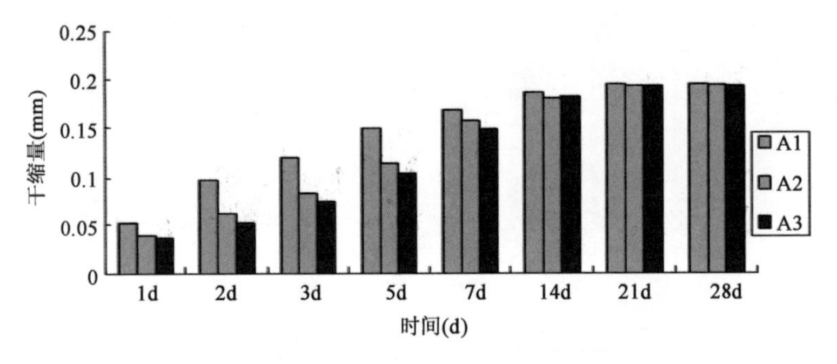

图 8-14　低水灰比掺加两种 SAP 对水泥胶砂试件干缩的影响

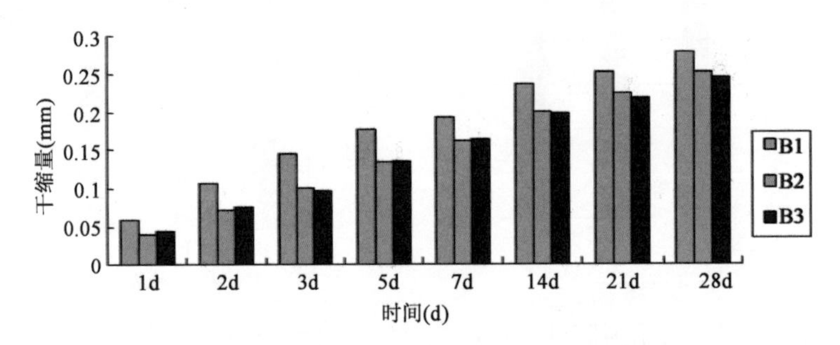

图 8-15　高水灰比掺加两种 SAP 对水泥胶砂试件干缩的影响

低水灰比使用预吸水 SAP 进行内养护可以大幅减少水泥胶砂试件早期干缩,在 2d 时减缩幅度达到 45%。但是在后期逐渐失去减缩效果,原因可能是水泥胶砂试块体积较小,导致在外界环境干燥时高吸水树脂中储存的水分逐渐通过胶砂试件的孔隙流失所致。高水灰比时由于水泥胶砂试件内部水分较为充足,因此减缩效果不如低水灰比时明显,最高为 34%,但是长期减缩效果优于低水灰比组别。两种高吸水树脂相比较,在低水灰比时 1 号 SAP 前期减缩的效果较差,但是两者差别并不明显。

8.1.2　掺高吸水树脂混凝土性能研究

比较了掺入两种不同高吸水树脂的新拌混凝土的坍落度,坍落度试验结果见表 8-6。

新拌混凝土坍落度(单位:mm)　　表 8-6

A1	A2	A3	A4	A5	B1	B2	B3	B4	B5
230	240	231	225	234	180	179	180	182	188

由表 8-6 可以得出结论:掺入高吸水树脂对新拌混凝土工作性有不利影响,增加引入水量和增加减水剂掺入量都可以减少高吸水树脂对工作性的影响。对于 1 号 SAP,增加减水剂使用量效果优于增加引入水量,对于 2 号 SAP,则与之相反。高水灰比时,掺加高吸水树脂对混凝土工作性影响不大,2 号 SAP 甚至出现了坍落度增加的情况。

混凝土抗压强度是混凝土构件极其重要的指标,因此研究高吸水树脂对于混凝土抗压强度的影响是非常必要的。

掺入两种 SAP 对混凝土强度都有降低作用,尤其对低水灰比的混凝土早期强度降低尤为明显,28d 强度降低幅度明显变小,这是因为加入 SAP 会减缓早期水化程度、增加后期水化程度。掺加 1 号 SAP 试块的表现优于掺加 2 号 SAP 试块,说明 1 号高吸水树脂更加适宜应用,如图 8-16 ~ 图 8-19 所示。

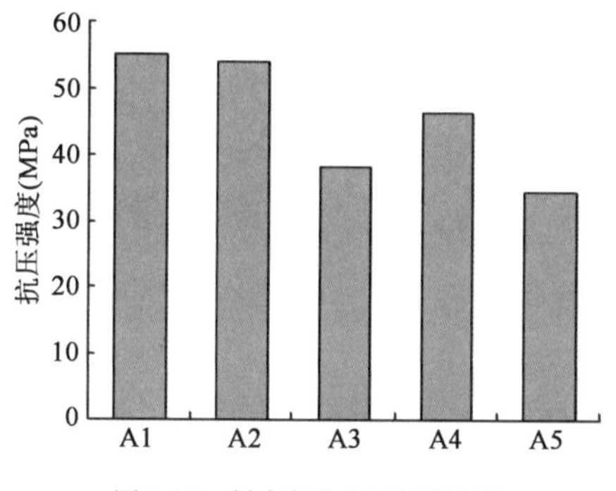

图 8-16　低水灰比 7d 抗压强度

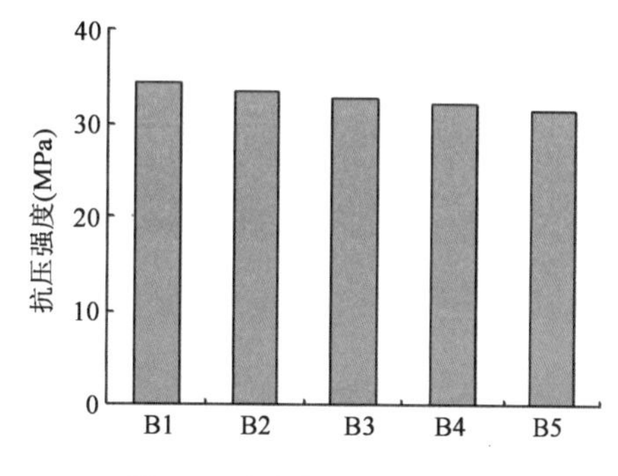

图 8-17　高水灰比 7d 抗压强度

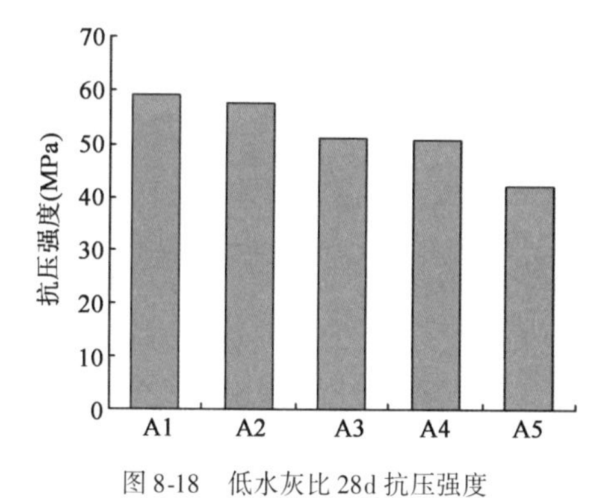

图 8-18　低水灰比 28d 抗压强度

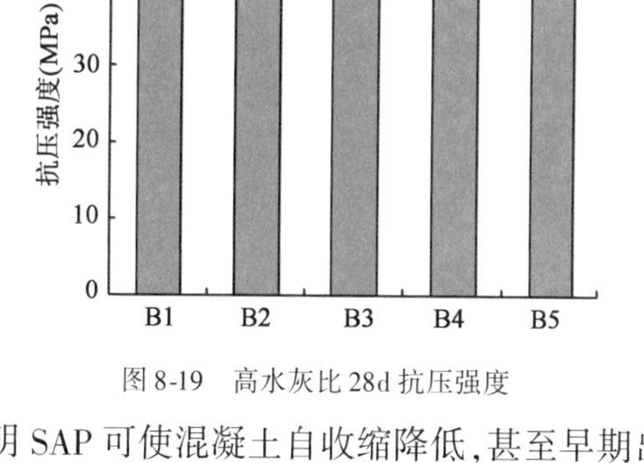

图 8-19　高水灰比 28d 抗压强度

随着 SAP 掺量的增加,混凝土自收缩降低,表明 SAP 可使混凝土自收缩降低,甚至早期出现一定的膨胀,抑制混凝土的自收缩(图 8-20)。高吸水树脂能有效降低混凝土的干燥收缩,且掺量越多效果越明显(图 8-21)。

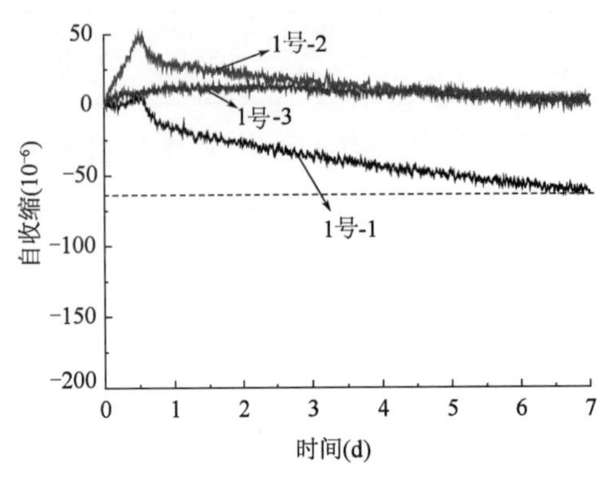

图 8-20　1 号 SAP 对混凝土自收缩的影响

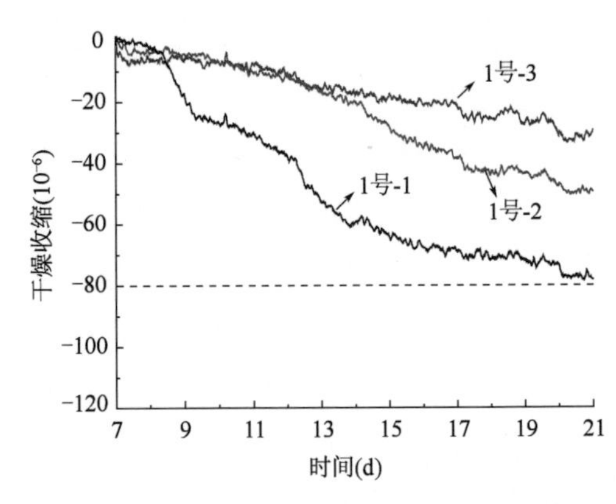

图 8-21　1 号 SAP 对混凝土干燥收缩的影响

图 8-22 表明,高吸水树脂的掺量越大,其内部湿度值提高幅度越大;混凝土内部湿度越小,干燥收缩越大,两者有一定相关性。由于未掺吸水树脂的混凝土的早期水分挥发较快,在毛细管力的作用下出现收缩,而高吸水树脂对水分的束缚力减缓了混凝土表面的水分挥发速率,当混凝土内部相对湿度下降时能缓慢向周围释水,补充混凝土内部水分消耗,使混凝土内部湿度能保持在较高水平,抑制自干燥的发生,从而有效降低混凝土的自收缩和干燥收缩。从工程应用角度出发,高吸水树脂可以解决常规外部养护对高强混凝土早期减缩防裂效果不佳的难题,并且在干旱缺水或不便进行人工养护的施工条件下,内养护也可缓解由于养护不足而造成的早期开裂。

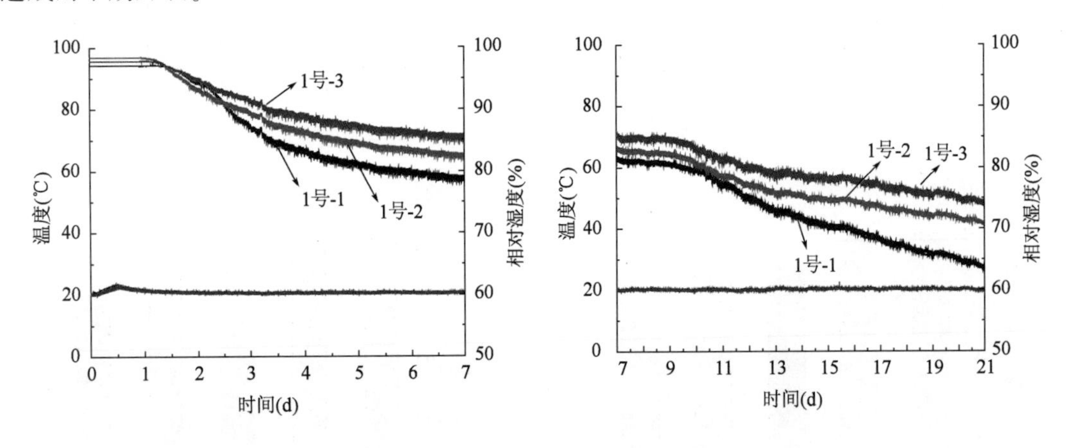

图 8-22　高吸水树脂对混凝土内部温湿度的影响

在混凝土研究发展过程中,混凝土的孔结构重要性已经越发明显,混凝土在拌和过程中会引入空气,掺加高吸水树脂的混凝土在高吸水树脂失水坍缩后也会形成孔洞。混凝土气孔的体积、尺寸、连续性都会对混凝土的抗冻性和抗渗性产生很大影响。混凝土气孔结构各项参数见表 8-7。

混凝土气孔结构参数　　表8-7

编号	含气量(%)	气孔间距系数(mm)	孔比表面积(mm^{-1})	胶孔比	大孔所占体积(%)
A1	5.29	0.137	34.36	6.33	53.1
A2	5.14	0.154	30.54	6.29	63.5
A3	5.43	0.163	30.67	5.95	64.8

注:大孔为直径大于200μm的孔。

掺加高吸水树脂对含气量的影响并不明显,但是由于引入高吸水树脂使孔结构中大孔含量增多(通过显微镜观察这些大孔多为球形,与所使用的高吸水树脂颗粒形状一致),气孔间距系数增大,孔的比表面积降低。2号SAP释水后坍缩形成的孔径相对更大,这是因为2号SAP粒径比1号SAP大,吸水后粒径直径也更大,导致坍缩时增大了混凝土中大孔的体积。高吸水树脂的粒径及形状对混凝土的早期开裂性能有一定的影响(表8-8)。

混凝土早期开裂性能试验结果　　表8-8

编号	初始开裂出现时间(min)	裂缝条数	裂缝平均开裂面积(mm)	单位面积裂缝条数(条)	单位面积上的总开裂面积(mm/m^2)	最大裂缝宽度(mm)
A1	248	3	14.72	6.3	92.0	0.36
A2	233	17	29.17	35.4	1033.1	0.51
A3	200	16	35.74	33.3	1191.5	0.52

掺加高吸水树脂使混凝土初始裂缝出现时间提前,裂缝条数增多,宽度增大,大大增加了混凝土在受约束情况下早期开裂的性能。说明掺加高吸水树脂使混凝土的内部泌水速率小于蒸发速率,因而增加了早期的塑性收缩,因此掺加高吸水树脂对早期塑性收缩是有害的,在使用混凝土进行内养护时应该进行覆盖。

8.2　喷洒养护材料对混凝土早期收缩变形的影响

国外在混凝土养护剂方面的研究比较早,20世纪40年代初期,由美国科学家首先提出并研制了混凝土薄膜养护剂,即在混凝土表面喷涂或刷涂一层涂液,使其在空气中自然成膜,可防止水分损失从而达到养护混凝土的目的。随后,英国和日本等也相继研制出多种混凝土养护剂,并大量应用于现场浇筑混凝土的养护,具有明显的技术经济效果。50年代后期,英国即明文规定在飞机场混凝土跑道、公路混凝土行车道等工程上推行混凝土养护剂,之后应用范围扩大,并制定了相应的技术标准和试验方法。美国于1958年也颁布了养护混凝土的液体结膜剂技术标准ASTMC309-58。苏联在70年代初期开始研究养护剂,最初用于养护经热模处理后的装配式钢筋混凝土构件,随后用于养护剂脱模后的整体钢筋混凝土工程,迄今为止广泛用于道路、机场延伸结构和水利工程的混凝土养护。苏联建材部制定的混凝土养护剂标准(21-170-86)要求养护剂除了起到混凝土表面高的保水作用外,还应预防由于阳光照射引起的混凝土表面过热,因此建议采用浅色的养护剂。

我国在混凝土养护方面的研究起步比较晚,早期主要以洒水、覆盖薄膜等养护方式为主,养护剂在施工中的应用较少。随着养护技术的发展,养护剂在水泥混凝土养护中的优势日趋突显,但国内养护剂产品养护效果较差且喷洒工艺仍不完善,致使养护效果欠佳。

根据国内外养护剂的研究现状分析,养护剂按表面特性可分为两类:亲水性型液态养护剂和疏水性液态养护剂。亲水型液态养护剂是指水溶性或水乳型的成膜材料组成的养护剂,主要包括水玻璃类,乳化石蜡类,有机高分子乳液类等。疏水型液态养护剂是指采用有机溶剂的成膜材料组成的养护剂,主要包括氯丁橡胶、丙烯酸树脂、乙烯类树脂等的溶液。其中以有机溶剂为介质的养护剂中有机溶剂的挥发造成环境污染严重。因此,该类养护剂的应用受到较大的限制。

水玻璃类养护剂的主要成分为硅酸钠,喷洒到混凝土表面后,可渗透到混凝土表面1~3mm,并与混凝土内部氢氧化钙发生反应生成硅酸钙和氢氧化钠,氢氧化钠可以活化砂子表面膜,促进水泥水化。潘卫采用硅酸钠、尿素、氯化镁等材料研制出一种硅酸盐类养护剂。其中尿素起到分散稳定效果,而氯化镁为润湿剂,具有较强的潮解性,保持混凝土表面的湿度。但由于该养护剂中引入了氯离子,对钢筋有锈蚀作用,使其应用受到限制。齐晓东等人研究出一种在负温环境下进行养护的硅酸盐类混凝土养护剂(LNC-7),通过添加氟铝酸盐、氟硅酸盐等材料对其改性,其与混凝土内部水化产物发生反应生成 $Ca_3Al_2F_{12}$、$CaSiF_6$、$CaSiO_3$ 等坚硬的化合物,该生成物可把水泥中具有柔性侵蚀能力的石灰组分转化为硬化的、不会被破坏的氟化合物,明显提高了混凝土表面硬度、密度和强度。周文华采用硅酸钠、尿素、硅酸铝等材料研制出一种养护剂,该养护剂中的活性硅酸铝可以保持乳液的稳定性,并促进液膜向混凝土表面渗透,生成水化硅酸钙、水化铝酸钙和钙钒石等物质,黏结形成坚硬致密的封闭层,使水分难以挥发。

水玻璃类养护剂不能在混凝土表面形成一层连续的密闭的薄膜,保水性较差。针对这一情况,吴少鹏等人采用硅酸盐溶液和石蜡乳液进行复配,利用均匀设计与调优软件对养护剂配方进行设计,合成了复合型养护剂。通过试验发现,复合型养护剂不仅保水性好,而且对混凝土的强度和耐磨性均有显著的提高或改善。覃立香等人研制开发了 SF-A 型混凝土养护剂,该养护剂主要由水玻璃等无机材料和有机高分子复合而成,具有良好的成膜性和一定的渗透性。该养护剂既可以在混凝土表面形成一层连续的密闭的薄膜,又可以渗透到混凝土表面1~3mm内,与水泥水化产物反应,生成物将混凝土表面毛细孔隙堵住,起到双重保水的效果。

付景利等人以石蜡为主要成膜材料,添加亚麻籽油、三乙醇胺、硬脂酸等材料制备了养护剂,通过正交试验,优选出最佳配合比:石蜡 15 份,亚麻籽油 22.6 份,三乙醇胺 3.66 份,硬脂酸 5 份,水 61 份,总份数为 107.26 份。试验表明,喷洒该养护剂可以有效地保持混凝土中的水分,提高混凝土的强度。赵天波、李凤艳通过添加微晶蜡和液蜡对石蜡乳液进行改性,提高石蜡的成膜性,增加石蜡膜的抗开裂能力。通过均匀设计与调优软件进行配合比优化,研制出以石蜡、微晶蜡和液蜡复配为主要成膜物质的乳化蜡型混凝土养护剂。试验结果表明,该养护剂养护的混凝土试件失水率、吸水率明显下降,经养护剂养护的试件抗压强度比普通养护方法提高了10%左右。为了进一步提高石蜡乳液的性能,赵天波、李凤艳在前面研究成果的基础上又添加高聚物树脂作为成膜物质对石蜡乳液进行改性,以提高石蜡膜的韧性及黏附能力。张振雷等人通过将有机高分子乳液与石蜡乳液混合进行改性,有效地提高了石蜡乳液的成膜能力、成膜韧性及与混凝土表面的黏附能力。

寿崇琦等人研制了一种以高分子乳液为成膜物质的养护剂,该养护剂具有较好的黏附性,喷洒在混凝土表面,由于有机高分子材料的分子内含有不饱和键和末端的再反应性官能团,使其在碱性环境下,受到工期的氧化作用,能形成连续的柔性薄膜,并且能在表面活性剂和渗透剂的作用下比较容易地渗入混凝土表层,然后与水泥中某些成分发生化学作用形成致密的表层,达到良好的保水效果。通过试验结果发现,该养护剂养生的混凝土保水性、抗压强度及抗折强度均明显提高。

综上所述,混凝土养护剂的种类较多,单一成膜组分的养护剂养护效果较差,为了提高养护效果,必须结合各种成膜材料的特性,将多种成膜材料进行复配,改善养护剂的性能。

8.2.1　湿度场测试

空气相对湿度的测量方法很多,大体分为三类:①将干、湿球温度计接到数字表上,直接显示相对湿度值;②由湿度传感器与数字表组成的相对湿度测量仪;③由两支特性一致的铂电阻温度计组成的干、湿球温度计,测量干球和湿球之间的温差,查相对温度表而得到相对湿度值。干、湿球测湿仪一般要求在通风的情况下测试,不适于测试狭小空间的相对湿度,因此,测量混凝土内部相对湿度通常采用湿度传感器。但湿度传感器在高湿度环境下易产生漂移,为避免漂移带来的试验误差,本试验采用湿度传感器插入式测量方法,在待测部位预留测试孔,测试时将湿度传感器插入测孔测定内部相对湿度,之后取出湿度传感器并迅速将测孔密封,以阻止内外湿度交换。此种测定方法的优势在于湿度传感器可随时标定,从而保证测量结果真实可靠。

试验采用芬兰VAISALA公司生产的HMP42型温湿度探头配以手持式显示表对混凝土内部相对湿度进行测试,探头直径为4mm。测试前准备:在混凝土成型过程中,在内部不同位置处预埋内径为6mm的塑料管,管内置一根直径为6mm的钢筋,钢筋长度超出塑料管两端各10mm。初凝后缓慢拔出钢筋,立即用橡胶塞封口,并用密封胶密封塑料管外侧与模具的接触面,测试装置示意图如图8-23所示。进行湿度测试时,预先将楔形橡胶套安装在温湿度探头测杆上,迅速拔下橡胶塞并将探头插入,用楔形橡胶套塞紧塑料管口,待显示湿度值稳定后读

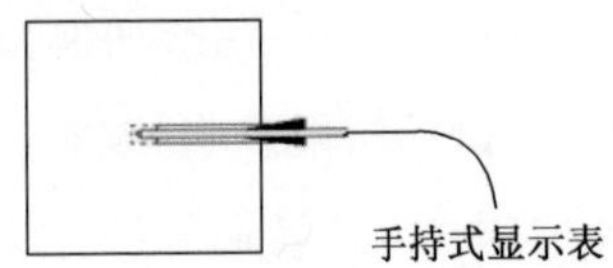

图 8-23　测试装置示意图

取数值。

试验采用尺寸为 300mm × 300mm × 200mm 的模具进行，分别测试不同水灰比情况下，养护方式对混凝土内部不同深度处相对湿度的影响。试验用混凝土配合比见表 8-9，分别测试不同水灰比情况下，混凝土内部相对湿度的变化情况。试验分三组，每组三个试件，具体试验方案为：①基准组（无养护组），不做任何养护处理；②养护剂组，喷洒养护剂进行养护；③覆膜组，覆盖塑料薄膜进行养护。试验环境条件为：温度为（20 ± 2）℃，相对湿度为（60 ± 5）%，所有试件采用单面养护，其他五个面密封。为降低试验误差，确保混凝土从加水搅拌到成型放入环境条件内进行养护的时间在 3 ~ 7min 内。混凝土成型时，在混凝土中心位置距离表面深度分别为 1cm、3cm、5cm、10cm 处预埋塑料管，如图 8-24 所示。

混凝土配合比及养护情况　　表 8-9

水灰比	水泥（kg/m^2）	砂率（%）	外加剂（%）	坍落度（mm）	开始测量时间（h）	喷洒时间点（h）	喷洒量（g/m^2）	喷洒方法
0.37	454	36	0.48	40 ~ 60	4	0.5	250	分两次喷洒
0.42	400		0.43			1		
0.47	357.5		0.3			2.5		

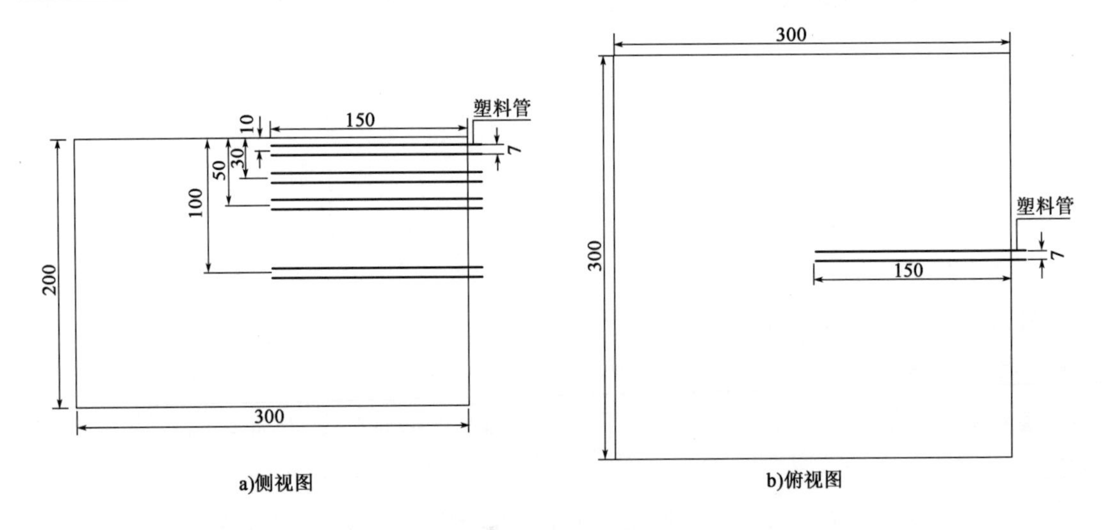

图 8-24　混凝土预埋塑料管位置（尺寸单位：mm）

混凝土外部环境条件及养护方式对其内部相对湿度的变化有显著影响，不同水灰比情况下，混凝土内部相对湿度存在较大的变化，且大量研究表明，在外界环境条件影响下，混凝土内部相对湿度的变化主要在混凝土的表层，即混凝土表层几厘米范围内。因此，试验重点研究了不同水灰比情况下混凝土表层 10cm 范围内相对湿度的变化情况。

(1)水灰比为0.37条件下,不同养护方式对混凝土内部相对湿度的影响

图8-25为未进行养护(基准组)的混凝土7d内不同深度处的内部相对湿度变化曲线。从图中数据曲线可以看出,不同深度处混凝土内部相对湿度变化比较大,具体相对湿度情况为:10cm处>5cm处>3cm处>1cm处。且在前3d内,不同深度处相对湿度的下降较快,不同深度处相对湿度差较大,其中养护3d后,5cm处比3cm处相对湿度高2.4%。3d以后,混凝土内部相对湿度变化率有所降低,但1cm处相对湿度与3cm处相对湿度的差距明显加大,最高相差2.8%。

未进行养护的混凝土内部相对湿度出现上述变化情况,其主要原因是:混凝土本身水灰比较低,内部自由水较少,由于没有进行保水养护,部分自由水通过毛细孔隙进行迁移,扩散到空气中。另外,水泥水化也消耗大量自由水,造成混凝土表层10cm范围内相对湿度变化较大。对于低水灰比混凝土,混凝土内部结构比较密实,水分扩散困难,随养护龄期的增长,混凝土内部不同深度处的相对湿度差越来越大,因此,造成混凝土1cm处相对湿度明显低于其他深度处相对湿度。

图8-26为喷洒养护剂养护(养护剂组)的混凝土7d内不同深度处的内部相对湿度变化曲线。与未进行养护的混凝土相比,喷洒养护剂对混凝土内部湿度变化有明显的抑制作用。混凝土内部相对湿度分布情况为:10cm处>5cm处>3cm处>1cm处,但从整体上看,不同深度处的相对湿度较未养护混凝土内部相对湿度高。养护3d内,喷洒养护剂组不同深度处相对湿度变化较缓慢,混凝土表面1cm处和3cm处的湿度梯度较小,而5cm处和3cm处湿度梯度较大。3d以后,混凝土内部不同深度处相对湿度变化缓慢,但仍保持较大的湿度梯度,尤其是3cm处与5cm处、5cm处和10cm处。

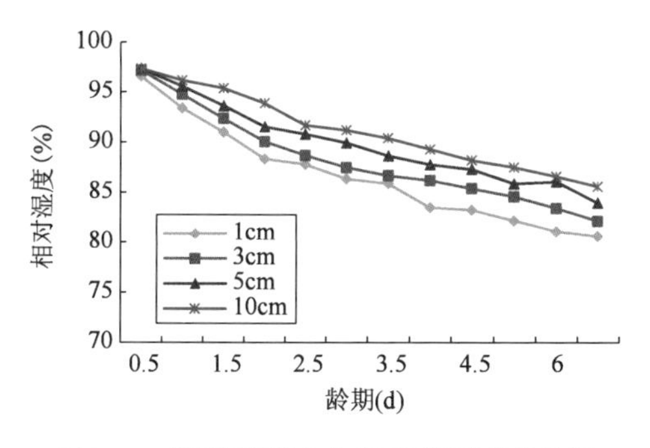

图8-25 基准组混凝土内部不同深度处的湿度(水灰比为0.37)

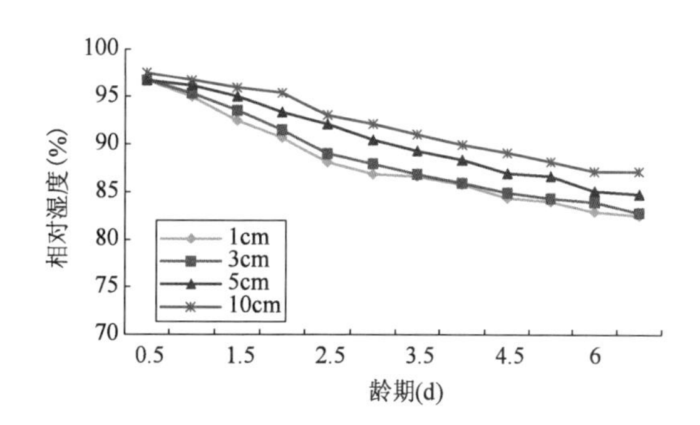

图8-26 养护剂组混凝土内部不同深度处的湿度(水灰比为0.37)

养护剂养护对混凝土内部水分散失有较好的抑制作用,有效地减缓了混凝土内部相对湿度的下降。由于混凝土水灰比较低,且混凝土内部水化需水量较大,造成混凝土表面1cm处和3cm处相对湿度的快速下降,而混凝土内部自由水较少且混凝土内部结构紧密,自由水向上迁移困难,造成1cm、3cm处与5cm处、10cm处产生较大的湿度梯度。

图 8-27 为覆盖薄膜养护(覆膜组)混凝土 7d 内不同深度处的内部相对湿度变化曲线。覆盖薄膜对混凝土内部相对湿度有很大的影响,混凝土内部相对湿度分布为:10cm 处 > 1cm 处 > 5cm 处 > 3cm 处。养护 3d 内,混凝土内部相对湿度下降较快,其中 3cm 和 5cm 处下降最快,且湿度梯度较小,而 1cm 处相对湿度下降较慢,且湿度值明显高于 5cm 和 3cm 处,对于 10cm 处相对湿度最高且下降缓慢。养护 3d 以后,混凝土内部相对湿度变化较缓慢,混凝土表层 5cm 深度范围内相对湿度均匀变化,湿度梯度较小,而 10cm 处相对湿度仍明显高于其他深度处相对湿度。

混凝土覆盖薄膜养护,对混凝土早期抑制水分散失有明显的作用。混凝土表层 5cm 深度范围内相对湿度下降较快,且 1cm 处相对湿度明显高于 3cm 处和 5cm 处,是由于混凝土表面覆盖薄膜,早龄期混凝土 5cm 内部自由水向上迁移到混凝土表面,致使 1cm 处相对湿度明显较高。低水灰比混凝土自身结构较密实,自由水迁移较困难,随养护龄期的增加,水泥水化产物将混凝土内部毛细孔隙堵住,造成混凝土 10cm 处相对湿度与其他深度处产生较大的湿度梯度。

(2)水灰比为 0.42 条件下,不同养护方式对混凝土内部相对湿度的影响

图 8-28 为未养护(基准组)的混凝土 7d 内不同深度处的内部相对湿度变化曲线。养护 3d 内,混凝土表层 5cm 范围内相对湿度下降较快,且混凝土内部湿度梯度变化较大,在 1.5d 时达到湿度梯度最大值。随龄期的增长,5cm 范围内湿度梯度先降低达到短暂的湿度平衡而后缓慢增大。

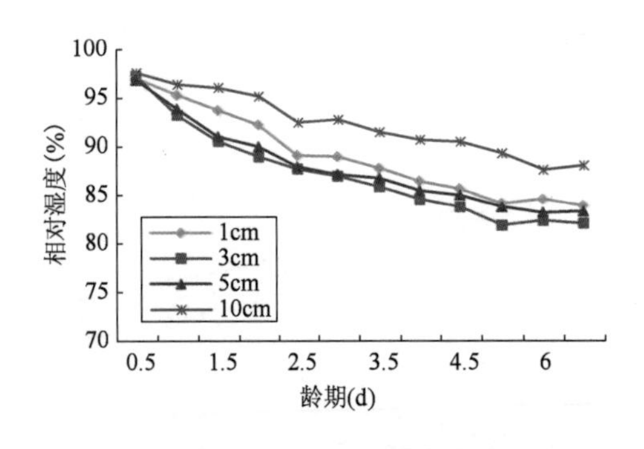

图 8-27　覆膜组混凝土内部不同深度处的相对湿度变化(水灰比为 0.37)

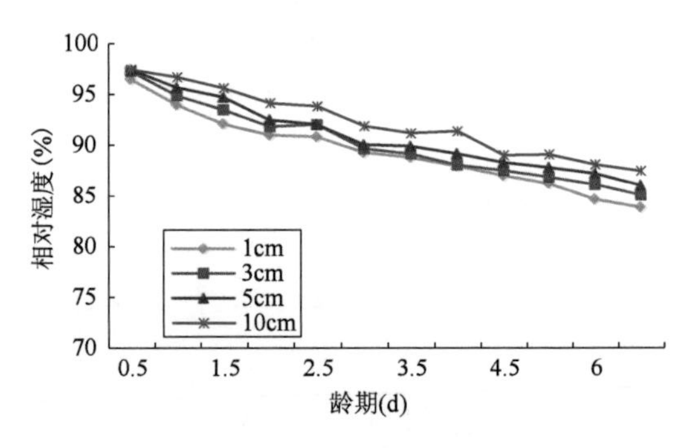

图 8-28　基准组混凝土内部不同深度处的湿度(水灰比为 0.42)

未采取养护措施是导致混凝土表层 5cm 范围内相对湿度下降的主要原因,随混凝土表层相对湿度下降,混凝土内部自由水向上迁移,使得 5cm 范围内出现短暂的湿度平衡。水泥水化继续进行,混凝土内部孔隙逐渐被封闭,阻止了自由水的迁移,随水泥水化消耗大量水分,导致混凝土表层 5cm 范围内湿度梯度增大。

图 8-29 为喷洒养护剂养护(养护剂组)的混凝土 7d 内不同深度处的内部相对湿度变化曲线。混凝土相对湿度分布情况为:10cm 处 > 5cm 处 > 1cm 处 > 3cm 处。养护 3d 内,3cm 处相

对湿度明显下降,而1cm、5cm和10cm处相对湿度下降缓慢,且1cm和5cm处湿度梯度较小。3d以后,1cm和5cm处相对湿度下降较快,而3cm处相对湿度下降较平缓,混凝土表层5cm范围内湿度梯度逐渐降低且趋于平衡,而10cm处相对湿度与5cm范围内相对湿度相差越来越大。从图中曲线明显发现,喷洒养护剂养护对混凝土表层5cm范围内相对湿度分布具有较大的影响。混凝土内部自由水较多,早期养护剂阻止1cm处自由水的散失,而混凝土内部自由水向上迁移,导致养护3d内1cm处相对湿度下降缓慢且明显高于3cm处的相对湿度。3d后,随混凝土结构逐渐密实,自由水迁移受阻,混凝土表层5cm范围内相对湿度趋于相对平衡,但与10cm处存在较大的湿度梯度。

图8-30为覆盖薄膜养护(覆膜组)的混凝土7d内不同深度处的内部相对湿度变化曲线。混凝土内部相对湿度分布情况为:10cm处>1cm处>3cm处>5cm处。养护3d内,5cm处相对湿度迅速下降,而1cm和3cm处相对湿度下降较缓慢。3d后,混凝土表层5cm范围内相对湿度均匀下降,湿度梯度趋于稳定。对于10cm处相对湿度,覆盖薄膜对其影响较小。

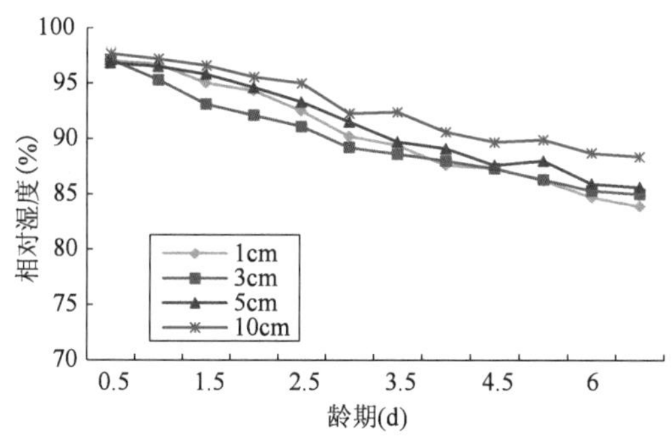

图8-29 养护剂组混凝土内部不同深度处的湿度(水灰比为0.42)

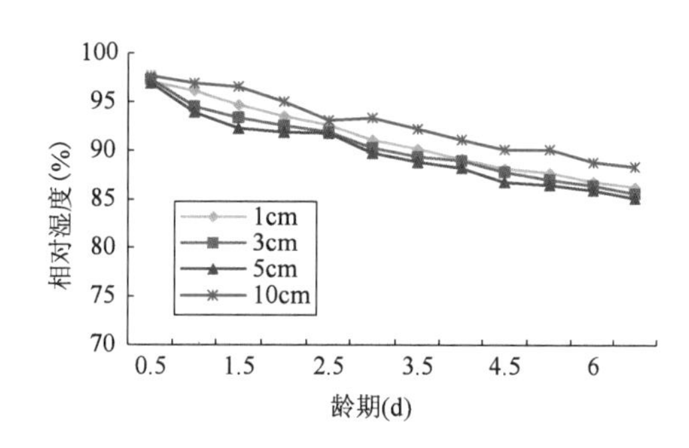

8-30 覆膜组混凝土内部不同深度处的相对湿度的变化(水灰比为0.42)

混凝土早期内部自由水较多,大量自由水向混凝土表面迁移,使得混凝土表层1cm处相对湿度明显提高。对于覆盖薄膜养护,混凝土与薄膜之间很难紧密黏结在一起,造成混凝土表面与薄膜之间存在少量的空气。因此,混凝土表层1cm处大量的自由水以水蒸气的形式扩散到混凝土表面与薄膜之间的封闭空间中。混凝土表层5cm处自由水持续向上迁移,直至混凝土表层5cm范围内相对湿度与封闭空间中相对湿度达到平衡。因此,混凝土早期5cm处相对湿度迅速下降。

(3)水灰比为0.47条件下,不同养护方式下混凝土内部相对湿度的影响

图8-31为未养护(基准组)的混凝土7d内不同深度处的内部相对湿度变化曲线。混凝土内部相对湿度分布情况为:10cm处>5cm处>3cm处>1cm处。养护3d内,混凝土表层5cm范围内相对湿度梯度较小,随养护龄期的增加,混凝土内部湿度梯度逐渐增大,尤其是混凝土表层3cm处与5cm处、10cm处的湿度梯度缓慢变大。

图8-32为喷洒养护剂养护(养护剂组)的混凝土7d内不同深度处的内部相对湿度变化曲

线。图中数据曲线表明,混凝土内部湿度分布为:10cm 处 >5cm 处 >1cm 处 >3cm 处。混凝土养护早期,由于养护剂在混凝土表面成膜,阻止表层自由水散失,使得 1cm 处相对湿度高于 3cm 处。随养护龄期的增长,混凝土内部自由水逐渐减少且迁移困难,混凝土内部湿度梯度有所增大,1cm 处相对湿度下降较快。养护 7d 时,1cm 处相对湿度已略低于 3cm 处相对湿度。

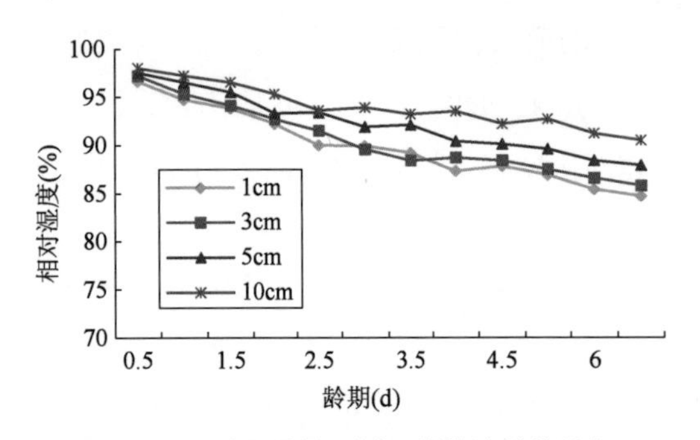

图 8-31　基准组混凝土内部不同深度处的湿度（水灰比为 0.47）

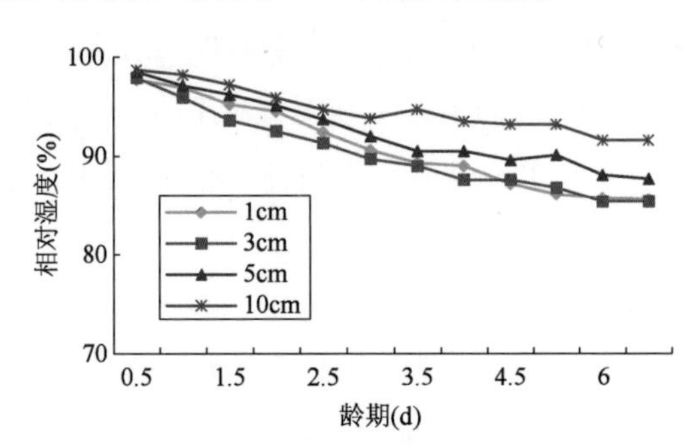

图 8-32　养护剂组混凝土内部不同深度处的湿度（水灰比为 0.47）

图 8-33 为覆盖薄膜养护(覆膜组)的混凝土 7d 内不同深度处的内部相对湿度变化曲线。

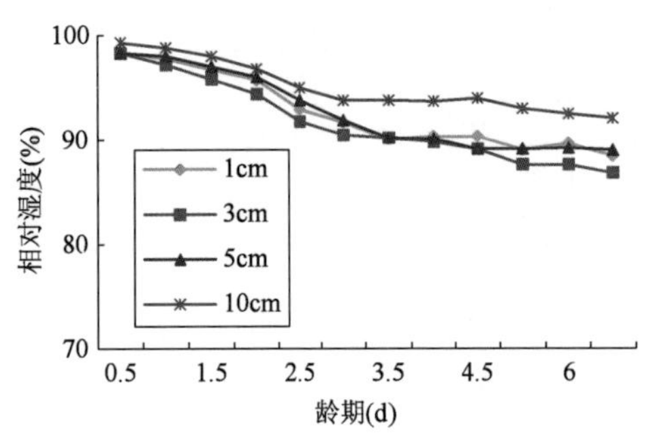

图 8-33　覆膜混凝土内部不同深度处相对湿度的变化（水灰比为 0.47）

从图中曲线发现,混凝土养护早期,内部相对湿度下降缓慢且湿度梯度较低,相对湿度分布情况为:10cm 处 >5cm 处 >1cm 处 >3cm 处。养护 2d 后混凝土内部相对湿度迅速下降,尤其是混凝土 5cm 范围内,主要是因为自由水向上迁移扩散到混凝土表面与薄膜之间的空间中。随混凝土内部自由水扩散过程的缓慢进行,逐渐达到湿度平衡,养护 4d 后,混凝土内部相对湿度梯度趋于平稳,混凝土内部相对湿度分布为:10cm 处 >5cm 处 >1cm 处 >3cm 处。

(4)混凝土内部不同深度处相对湿度的变化情况

试验测试了混凝土内部 1cm、3cm、5cm、10cm 共 4 处相对湿度的变化情况,研究了不同养护方式下混凝土内部相同深度处的相对湿度变化规律,确定了不同养护方式对混凝土内部湿度场的影响,为混凝土早期养护提供依据和方法;同时还研究了不同水灰比对混凝土内部相同深度处相对湿度的影响,对比了不同水灰比下三种养护方式对混凝土内部相对湿度的影响。

①混凝土内部 1cm 处相对湿度的变化情况。

喷洒养护剂和覆盖薄膜对混凝土 1cm 处的水分散失有明显的抑制作用。图 8-34 表明,三种养护方式下,混凝土内部 1cm 处相对湿度分布情况大致为:覆膜组 > 养护剂组 > 基准组。

对于不同水灰比混凝土,内部1cm处相对湿度有所不同,随水灰比的增加,三种养护方式下混凝土内部相对湿度均有所提高。养护3d内,养护剂组和覆膜组1cm处相对湿度均明显高于基准组,且随水灰比的增大湿度梯度更加明显。养护3d后,不同养护方式对混凝土1cm处相对湿度的影响有所变化,覆膜组相对湿度下降较慢,与养护剂组、基准组的湿度差越来越大,且随水灰比的增大,养护剂组与基准组的湿度梯度越来越小,而养护剂组与覆膜组之间的湿度梯度逐渐变大。

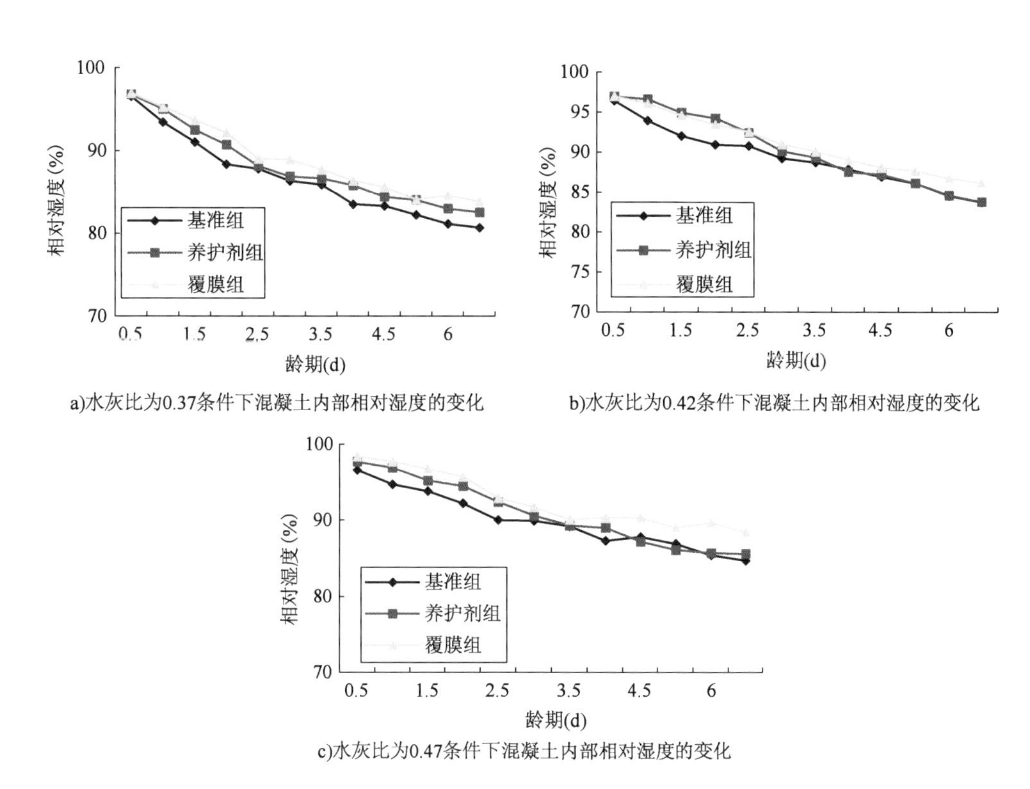

图8-34　不同水灰比混凝土内部1cm处相对湿度的变化情况

②混凝土内部3cm处相对湿度的变化情况。

图8-35中数据曲线表明,水灰比为0.37时,混凝土内部3cm处相对湿度分布规律为:养护剂组 > 基准组 > 覆膜组。由于混凝土水灰比较低,内部结构较密实,导致混凝土内部自由水扩散困难,且覆膜组会出现混凝土内部部分自由水以水蒸气的形式散失到混凝土表面与覆膜之间的封闭空间中,致使覆膜组混凝土内部3cm处相对湿度明显低于其他两组的相对湿度。水灰比为0.42时,混凝土内部3cm处相对湿度分布情况为:覆膜组 > 养护剂组 > 基准组,混凝土内部3cm处相对湿度梯度较小。水灰比为0.47时,混凝土内部3cm处相对湿度分布为:覆膜组 > 养护剂组 > 基准组,覆膜剂组3cm处相对湿度略高于基准组和养护剂组。混凝土内部3cm处相对湿度分布受养护方式的影响较小,且随混凝土水灰比的增加,不同养护方式下湿度梯度变化较小。

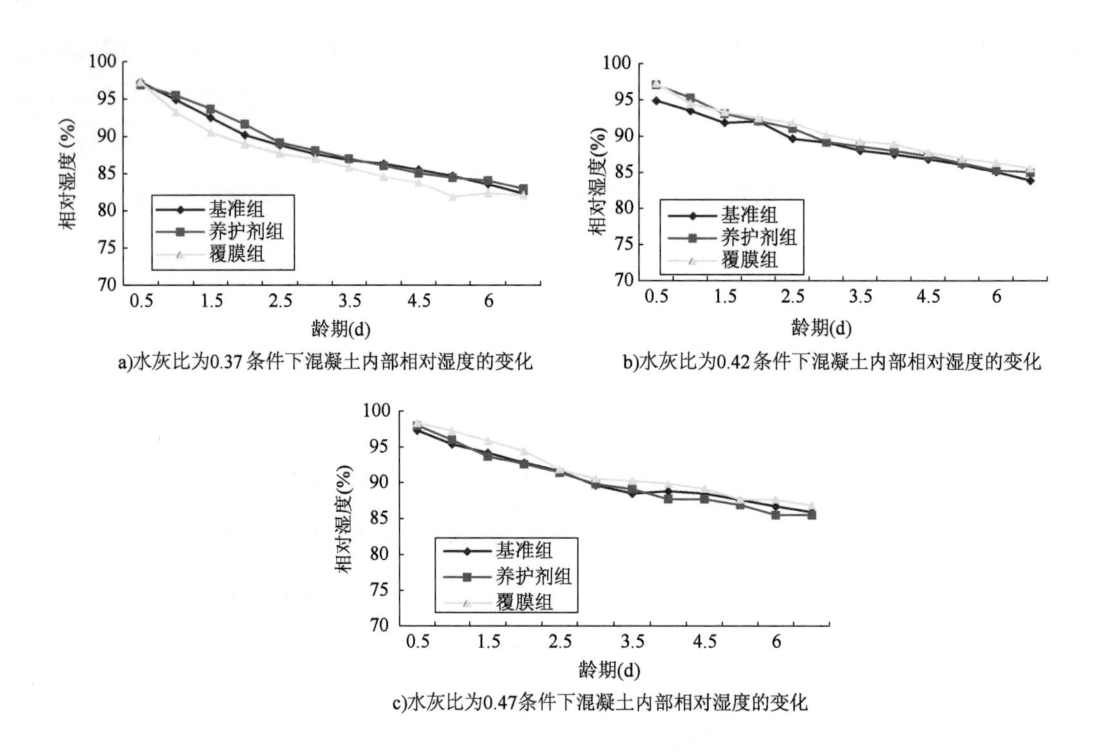

a)水灰比为0.37条件下混凝土内部相对湿度的变化

b)水灰比为0.42条件下混凝土内部相对湿度的变化

c)水灰比为0.47条件下混凝土内部相对湿度的变化

图8-35 不同水灰比混凝土内部3cm处相对湿度的变化情况

③混凝土内部5cm处相对湿度的变化情况。

图8-36中数据曲线表明,不同养护方式对混凝土内部5cm处相对湿度的影响较大,水灰比为0.37时,混凝土内部5cm处相对湿度分布为:养护剂组 > 基准组 > 覆膜组,不同养护方式下混凝土内部5cm处湿度梯度较大,且随混凝土水灰比的提高,不同养护方式下混凝土相对湿度梯度逐渐变小。水灰比为0.42时,养护3d内,养护剂组5cm处相对湿度明显高于其他两组,3d后三种养护方式下混凝土内部5cm处相对湿度梯度较小。水灰比为0.47时,养护3d内,混凝土内部5cm处相对湿度分布为:覆膜组 > 养护剂组 > 基准组,且三种养护方式下相对湿度梯度较小。3d以后,三种养护方式下5cm处相对湿度基本相同,7d时,覆膜组相对湿度较其他两组有所提高。

④混凝土内部10cm处相对湿度的变化情况。

图8-37中数据曲线表明,不同养护方式对混凝土内部10cm处相对湿度影响较小,且三种养护方式下湿度梯度也较小。不同水灰比情况下,三种养护方式混凝土内部10cm处相对湿度分布情况为:覆膜组 > 养护剂组 > 基准组,随水灰比的增大,混凝土内部10cm处相对湿度逐渐变大。

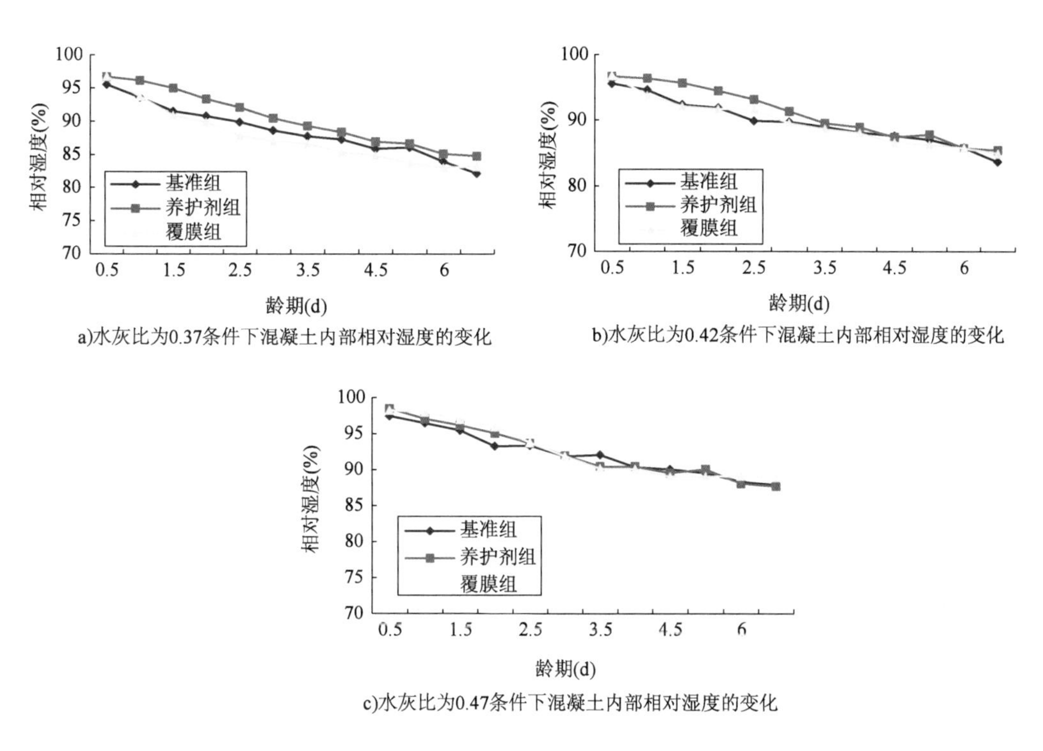

a)水灰比为0.37条件下混凝土内部相对湿度的变化

b)水灰比为0.42条件下混凝土内部相对湿度的变化

c)水灰比为0.47条件下混凝土内部相对湿度的变化

图8-36 不同水灰比混凝土内部5cm处相对湿度的变化情况

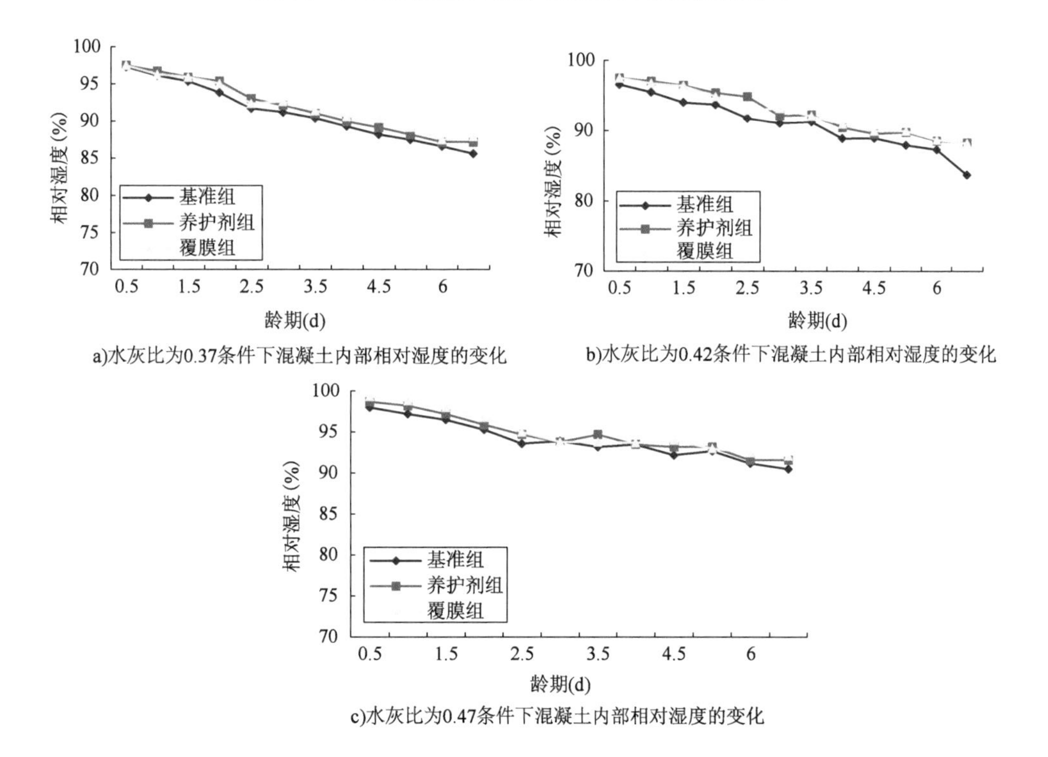

a)水灰比为0.37条件下混凝土内部相对湿度的变化

b)水灰比为0.42条件下混凝土内部相对湿度的变化

c)水灰比为0.47条件下混凝土内部相对湿度的变化

图8-37 不同水灰比混凝土内部10cm处相对湿度的变化情况

8.2.2 收缩性能

混凝土从初凝到硬化过程中,由于水泥水化、水分扩散等原因造成不同程度的收缩变形。研究表明,当混凝土水灰比较大时,混凝土受水分扩散引起的干燥收缩影响较大,水泥水化消耗自由水引起的自收缩影响较小;当水灰比较小时,由于混凝土内部自由水较少,水泥水化消耗毛细孔中的水分引起的自收缩明显,而水分蒸发引起的干燥收缩较小。

对于混凝土早期收缩的测量,除了要有较高的应变测量精度外,还需在混凝土早期尚无强度时开始测量。目前,国内外学者根据各自的研究目的提出了相应的早期收缩测试方法,主要有以下几种:Radocea 在混凝土试件两端分别埋入两个线性差动位移传感器,测量混凝土早期收缩,如图 8-38 所示。这种方法受人为影响较小,操作简单,但在测试时,每个混凝土试件均需配备两个传感器,造价较高。钱晓倩等人通过对日本测量方法进行改进,研制出了混凝土早期收缩装置,如图 8-39 所示。混凝土试件尺寸为 100mm × 100mm × 500mm,其中测头可以拆卸,用千分表测量早期收缩,数字温度测定仪测量混凝土温度变化。该装置可以较好地测量混凝土早期收缩,但采用千分表不能实现数据的自动采集与处理。

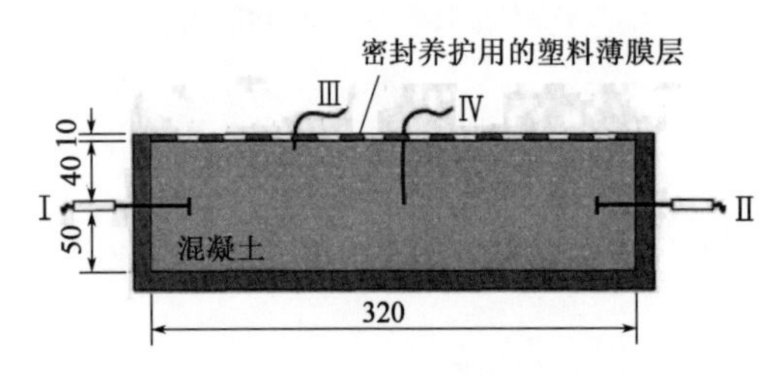

图 8-38 差动位移传感器测量混凝土收缩变形的示意图(尺寸单位:mm)

Ⅰ、Ⅱ-差动位移传感器;Ⅲ、Ⅳ-热电偶

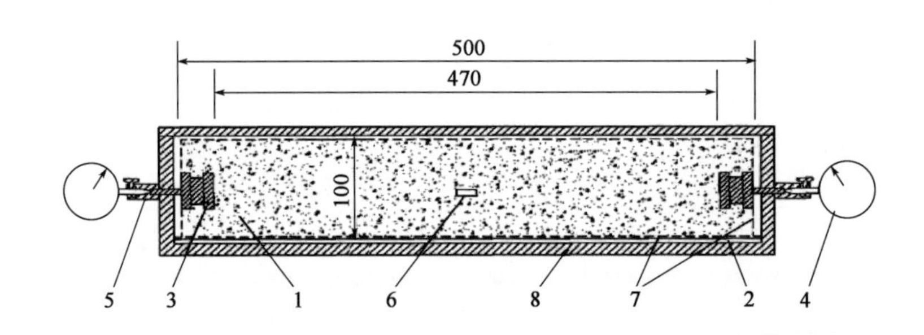

图 8-39 接触式混凝土早期收缩装置示意图(尺寸单位:mm)

1-混凝土试件;2-特富纶板;3-钢测头;4-千分表;5-千分表架;6-热电偶;7-塑料薄膜;8-钢试模

采用非接触式混凝土收缩变形仪,通过涡流传感器输出电压值的改变来测量传感器端头与测头间距离的变化。该方法克服了传统测量方法中只能在混凝土拆模后才能测量的弊端,可以从混凝土初凝后即可连续地测量混凝土的收缩变形。试验采用尺寸为 100mm × 100 × 400mm 的模具,在模具内壁刷一层 1mm 的凡士林,然后在模具内壁垫一层聚四氟乙烯板,随后将混凝土浇入试模内,并将反射靶埋入混凝土中。待混凝土初凝后,将试模侧壁的聚四氟乙烯板拔出,然后固定传感器,确保传感器与反射靶之间的距离在 0.8 ~ 1.5mm 之间,如图 8-40 所示。

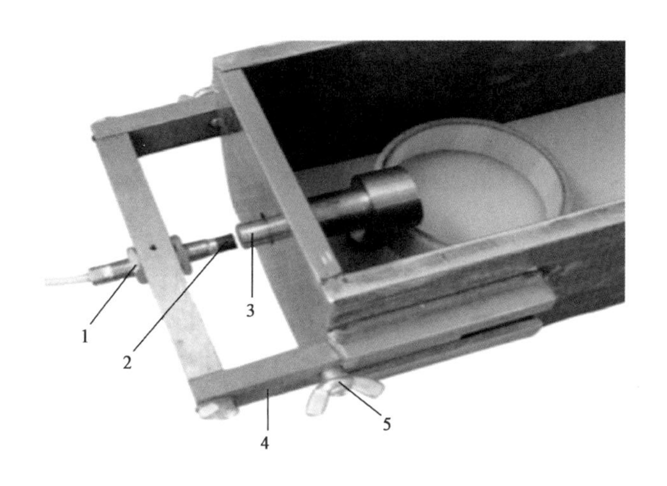

图8-40　传感器探头的安装

1-探头锁紧装置;2-传感器探头;3-反射靶;4-把手;5-把手锁紧装置

收缩率试验采用三种不同水灰比混凝土进行测试,每种混凝土配合比试验分为三组:一组为基准组(未养护),第二组为覆膜组,第三组为养护剂组,每组三个试件,测试结果取平均值。覆膜组成型后即用塑料布将其封闭,基准组一直处于单面暴露在空气中,而养护剂组则根据最佳喷洒工艺进行养护剂喷洒,待混凝土初凝后,三组试件同时开始测试混凝土收缩变形,每隔60min采集一次数据,测试72h。为了消除外部环境条件的误差,试验均在温度20℃±2℃、相对湿度60%±5%环境下进行。

(1)不同水灰比情况下混凝土的自收缩变化

自收缩是由于混凝土发生水化反应消耗了水产生内部自生干燥所引起的体积收缩。图8-41为混凝土在恒温恒湿环境下,密封处理后测量的混凝土早期3d的自收缩变形量。从图中数据曲线发现,混凝土在测试开始的7~24h收缩变形较快,且随水灰比的减小收缩变形更快,2d以后,收缩变形逐渐减缓。固定单方混凝土用水量,随水灰比的减小,混凝土中水泥的用量增多,因水泥水化引起的自干燥现象提前发生,因而混凝土早期自收缩值明显增大,水灰比从0.47降低到0.37,混凝土收缩值最高相差99.7×10^{-6}。混凝土早期几个小时内,出现了微膨胀,且随水灰比的增加,这种膨胀现象更加明显。这是由于混凝土水灰比较大时,在表面出现较多的泌水,封闭条件下这些表面泌水会随水泥水化的进行再次进入混凝土内而引起的。

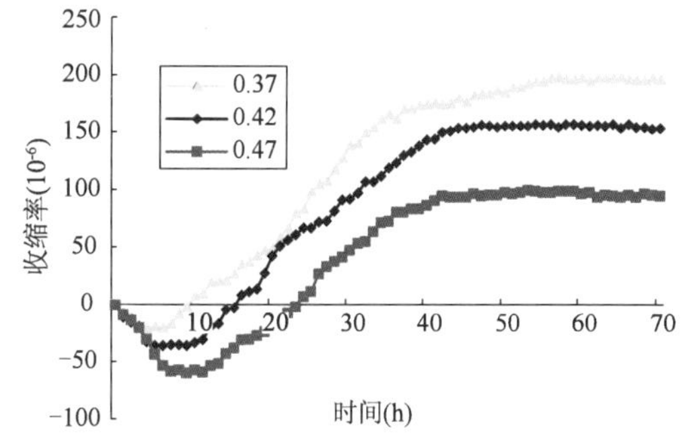

图8-41　覆盖薄膜养护的混凝土自收缩变化

(2)不同水灰比情况下不同养护方式对混凝土早期收缩变形的影响

试验通过三种不同养护方式进行对比,观察不同养护方式对混凝土早期收缩变形的影响,图8-42为不同水灰比混凝土在三种养护方式下3d内的收缩变形情况。基准组混凝土在成型后5~10h内收缩变形较快,随后收缩变形逐渐减缓,直至平衡。养护剂组在混凝土成型后5~10h收缩变形量较小,在10~20h内收缩率增长较快,而后逐渐减缓。养护剂对于早期收缩变形具有一定延缓作用,且随水灰比的增加,这种延缓作用更加明显。通过与基准组对比发现,养护剂组不仅减缓了混凝土早期的收缩变形,而且养护剂组的收缩率在3d时较基准组有明显的降低,随水灰比的减小,收缩率差距越来越大。

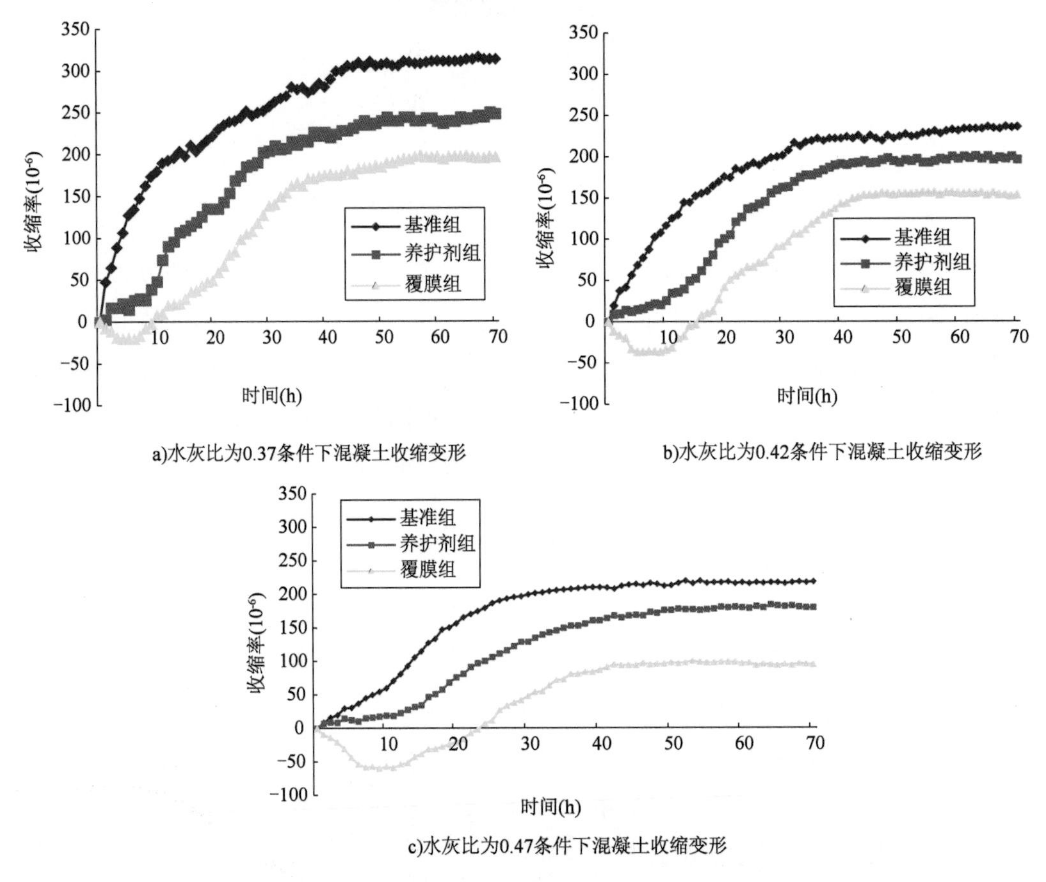

图8-42 不同养护方式下混凝土的收缩变形(温度20℃,相对湿度6%)

8.3 本章小结

高原低湿度大风环境下混凝土早龄期水分蒸发远远高于平原地区。因此,保湿养护成为高原混凝土硬化、抗裂的关键,本章开展了高吸水树脂内养护剂和成膜养护剂对混凝土性能的影响,并取得以下结论:

(1)高吸水树脂(SAP)会降低新拌混凝土的流动性,但可通过预吸收或补水方式进行调控;SAP 释水后所留孔隙会对混凝土强度产生不利影响,但是,合适粒径、掺量及额外引水量条件下可以有效抑制混凝土自收缩及干燥收缩,降低程度可达 50% 以上,并能够延缓微裂纹产生时间;另外,SAP 释水后在混凝土内部留下微孔隙,增加了混凝土内部含气量,从而改善混凝土抗冻性。

(2)喷洒养护剂可以明显提高混凝土表层的相对湿度,喷洒养护剂后混凝土内部相对湿度分布为:10cm 处 >5cm 处 >1cm 处 >3cm 处。相比喷洒养护剂,覆盖薄膜对混凝土保水性更加明显。但覆盖薄膜往往不能较好地黏附在混凝土表面,混凝土表面泌水以水蒸气的形式扩散到薄膜与混凝土表面形成的封闭空间内,造成混凝土内部 3cm、5cm 处相对湿度下降明显。

(3)养护剂养护可以明显降低混凝土早期收缩变形,并且喷洒养护剂可以推迟混凝土开始收缩变形的时间,随水灰比的增加,推迟收缩变形更加明显,对减缓因早期强度不够而引起的塑性裂缝有明显作用。

本章参考文献

[1] 张珍林.高吸水性树脂对高强混凝土早期减缩效果及机理研究[D].北京:清华大学,2013.

[2] 孔祥明,张珍林.高吸水性树脂对高强混凝土浆体孔结构的影响[J].硅酸盐学报,2013,41(11):1474 - 1480.

[3] 朱长华,李享涛,王保江,等.内养护对混凝土抗裂性及水化的影响[J].建筑材料学报,2013,16(2):221-225.

[4] 马先伟,张家科,刘剑辉.高性能水泥基材料内养护剂用高吸水树脂的研究进展[J].硅酸盐学报,2015,43:12.

[5] 李明,刘加平,田倩,等.内养护水泥基材料早龄期变形行为[J].硅酸盐学报,2017,45(11):1635-1641.

[6] S. Laustsen, M. T. Hasholt, O. M. Jensen, Void structure of concrete with superabsorbent polymers and its relation to frost resistance of concrete[J]. Materials and Structures, 2015, 48 (1):357-368.

[7] S. H. Kang, S. G. Hong, J. Moon. The effect of superabsorbent polymer on various scale of pore structure in ultra-high performance concrete[J]. Construction and Building Materials, 2018, 172:29-40.

[8] Christof Schröfl, Viktor Mechtcherine, Michaela Gorges. Relation between the molecular structure and the efficiency of superabsorbent polymers (SAP) as concrete admixture to mitigate autogenous shrinkage[J]. Cement and Concrete Research. 2012, 42:865-873.

[9] D. Snoeck, D. Schaubroeck, P. Dubruel, et al. Effect of high amounts of superabsorbent polymers and additional water on the workability, microstructure and strength of mortars with a water-to-cement ratio of 0.50[J]. Construction and Building Materials, 2014, 72(Supplement C):148-157.

[10] 于韵,蒋正武,唐晓涛.养护条件对混凝土早期内部相对湿度的影响[J].江西建筑,2003,(1):15 ~ 18.

[11] 黄瑜,祁锟,张君.早龄期混凝土内部湿度发展特征[J].清华大学学报(自然科学版).2007,47(3):309-312.

[12] 董淑慧,葛勇,张宝生,等.混凝土内部相对湿度测试方法[J].低温建筑技术,2008,(6):29-31.

[13] 蒋正武,王培铭.等温干燥条件下混凝土内部相对湿度的分布[J].武汉理工大学学报,2003,25(7):18-21.

[14] 蒋正武,孙振平,王培铭.水泥浆体中自身相对湿度变化与自收缩的研究[J].建筑材料学报,2003,(12):345-349.

[15] 翁家瑞.高性能混凝土的干燥收缩和自生收缩试验研究[D].福州:福建大学,2005.

附录　Sheludko 弹性方程修正过程

Sheludko 基于 Gibbs 模型的两个基本特征,即液膜拉伸单元的体积和溶质含量保持不变,结合 Langmuir 吸附方程 $\Gamma = \frac{\Gamma_{m}c}{B+c}$,推导出弹性系数 E 的表达式如式(附 1)所示:

$$E = \frac{4RT\Gamma_{1m}^{2}c}{h(c+B)^{2}+2\Gamma_{1m}B} \tag{附 1}$$

式中:E——表面弹性系数(dyn/cm^2);

h——薄膜元素总厚度(cm);

Γ——溶液表面浓度(mol/cm^2);

Γ_{m}——溶液表面饱和时的表面浓度(mol/cm^2);

Γ_{1m}——溶液表面饱和时的表面过剩浓度(mol/cm^2);

c——溶液体相浓度(mol/cm^3);

R——为 $8.31 \times 10^{7} erg/(mol \cdot K)$;

T——溶液温度(K)。

该公式的推导过程中,Sheludko 假设溶液表面过剩浓度(Γ_1)≈溶液表面浓度(Γ),然而 Rosen 认为,该假设在气泡液膜研究中并不准确。

Sheludko 给出的薄膜元素的溶质质量模型为:

$$m = cV + 2\Gamma_{1}A \tag{附 2}$$

式中:V——薄膜元素的总体积(cm^3);

Γ_1——溶液表面过剩浓度(mol/cm^2);

A——薄膜元素的单侧表面积(cm^2)。

Rosen 对该模型进行修正,结果如下:

$$m = cV_{b} + 2\Gamma A \tag{附 3}$$

式中:V_b——液膜表层下的溶液体积(cm^3)。

因此,液膜元素的总体积可表示为:

$$V = V_{b} + 2Ah_{f} \tag{附 4}$$

式中:h_f——薄膜元素的表层厚度(cm)。

将式(附 4)代入式(附 2)中有:$m = c(V_b + 2Ah_f) + 2\Gamma_1 A$,化简得:$m = cV_b + 2A(h_f c +$

Γ_1)，即：

$$\Gamma_1 = \Gamma - h_f c \qquad (附5)$$

验证该模型合理。

对式(附3)中“A”进行一阶求导：

$$V_b\left(\frac{dc}{dA}\right) + c\left(\frac{dV_b}{dA}\right) + 2A\left(\frac{d\Gamma}{dA}\right) + 2\Gamma = 0 \qquad (附6)$$

对式(附4)中“A”进行一阶求导：

$$\frac{dV_b}{dA} + 2h_f = \frac{dV}{dA}(取0);\frac{dV_b}{dA} = -2h_f \qquad (附7)$$

对 Langmuir 方程：$\Gamma = \frac{\Gamma_m c}{B + c}$($\Gamma B + \Gamma c = \Gamma_m c$)中“$A$”进行一阶求导：

$B\left(\frac{d\Gamma}{dA}\right) + C\left(\frac{d\Gamma}{dA}\right) + \Gamma\left(\frac{dc}{dA}\right) = \Gamma_m\left(\frac{dc}{dA}\right)$，化简得：

$$\frac{d\Gamma}{dA} = \frac{\Gamma_m - \Gamma}{B + c}\left(\frac{dc}{dA}\right) \qquad (附8)$$

将式(附8)同 Langmuir 方程联立可得：

$$\frac{d\Gamma}{dA} = \frac{\Gamma(\Gamma_m - \Gamma)}{\Gamma_m c}\left(\frac{dc}{dA}\right) \qquad (附9)$$

将式(附7)、式(附9)代入式(附6)中得：

$$V_b\left(\frac{dc}{dA}\right) - 2h_f c + \frac{2A\Gamma(\Gamma_m - \Gamma)}{\Gamma_m c}\left(\frac{dc}{dA}\right) + 2\Gamma = 0 \qquad (附10)$$

化简得：

$$\frac{dc}{dA} = \frac{2(ch_f - \Gamma)}{V_b + \frac{2A\Gamma(\Gamma_m - \Gamma)}{\Gamma_m c}} \qquad (附11)$$

将式(附11)与 Gibbs 吸附方程 $\left(\Gamma_1 = -\frac{cd\gamma}{RTdc}\right)$ 联立得：

$$\frac{d\gamma}{dA} = \frac{2\Gamma_1^2 RT}{V_b c + 2A\Gamma\left(1 - \frac{\Gamma}{\Gamma_m}\right)} \qquad (附12)$$

将式(附12)与 Gibbs 弹性方程 $\left[E = \frac{2dr}{(dA/A)}\right]$ 联立得：

$$E = \frac{4\Gamma_1^2 RT}{h_b c + 2\Gamma\left(1 - \frac{\Gamma}{\Gamma_m}\right)} \qquad (附13)$$

索　　引

A

螯合反应…………………………………………………………………… 153

螯合值……………………………………………………………………… 153

B

泵送混凝土 ……………………………………………………………… 159

泵送压力…………………………………………………………………… 159

标准大气压 ………………………………………………………………… 46

表面张力 …………………………………………………………………… 20

冰点 ………………………………………………………………………… 77

薄膜干涉 …………………………………………………………………… 32

C

超分子化合物……………………………………………………………… 155

成熟度 ……………………………………………………………………… 97

翅片水管…………………………………………………………………… 150

D

大温差 ……………………………………………………………………… 20

低气压 ……………………………………………………………………… 20

低湿度 ……………………………………………………………………… 20

第三极………………………………………………………………………… 1

冻融破坏 …………………………………………………………………… 17

F

防冻剂 ……………………………………………………………………… 78

放热速率…………………………………………………………………… 125

分层度……………………………………………………………………… 166

辐射量………………………………………………………………………… 7

G

干燥收缩……179
高海拔……18
高频次……19
高吸水树脂……178
高原混凝土……1
拐点浓度……23

H

含气量……22

J

剪切稠化……156
降黏剂……165
界面过渡区……57
静稳天气……109
剧变天气……116
绝热温升……121

K

抗冻性……20
可泵性……159
孔结构……20

L

拉应力……109
冷却半径……137
氯离子渗透性……69

M

迈克尔逊干涉……33
毛细管……89
磨光值……9
磨蚀……18

N

耐久性……46

内养护 …………………………………………………………………………… 47
黏滞阻力……………………………………………………………………………… 162

O

耦合作用 …………………………………………………………………………… 18

P

排液速率 …………………………………………………………………………… 29
排液指数 …………………………………………………………………………… 30
泡沫稳定性 ………………………………………………………………………… 23

Q

气泡发育 …………………………………………………………………………… 27
气泡间距系数 ……………………………………………………………………… 40
气泡群 ……………………………………………………………………………… 27
青藏高原……………………………………………………………………………… 1
屈服应力……………………………………………………………………………… 160

R

热流量……………………………………………………………………………… 126
日较差……………………………………………………………………………… 3
润滑层……………………………………………………………………………… 160

S

S · Morinaga 经验公式 ……………………………………………………………… 161
Sheludko 弹性方程 ………………………………………………………………… 205
三萜皂苷 …………………………………………………………………………… 91
湿度场……………………………………………………………………………… 112
衰减模型 …………………………………………………………………………… 90
水化产物 …………………………………………………………………………… 20
水化热抑制剂……………………………………………………………………… 152
水泥稀浆摇泡法 …………………………………………………………………… 91
塑性黏度…………………………………………………………………………… 160

T

弹性模量 …………………………………………………………………………… 57
通水冷却…………………………………………………………………………… 123

W

弯管压力……175
微结构……20
温度场……119
温度收缩……18
温度应力……18
紊流……141

X

吸水率……9
显微硬度……20
相对湿度……17

Y

压力损失……161
液膜厚度……23
液膜弹性……35
引气混凝土……22
引气剂……20
应力水平……115
有机膦酸……155

Z

自收缩……17